重点大学软件工程规划系列教材

软件开发实践

Software Development Practice

郭兵 沈艳 洪玫 刘东权 胡晓勤 等 编著

清华大学出版社

北京

内容简介

全书分为17章，详细介绍了软件开发实践课程的目标、内容、组成、方法与应用。第1章绪论，主要介绍软件的概念及特征、软件技术、软件产业、软件技术专利和标准、软件人才教育和培养模式的比较与分析等内容；第2章实用软件产品开发过程及规范，主要介绍目前业内企业在实际软件开发中，采用的具体软件开发过程及规范等内容；第3章至第17章是具体软件产品的案例分析，是一个较为完整的软件产品分类案例集，希望能够以基于项目驱动的教学方法和模式改革软件工程专业的课程体系。

本书面向高等院校软件工程、计算机科学与技术、电子工程、通信工程等专业二年级以上本科生和研究生，可作为“软件开发实践”和“软件工程开发”等有关课程的教材，同时，也可作为各级职业教育软件开发、设计与应用人员培训的参考书。

图书在版编目(CIP)数据

软件开发实践/郭兵等编著. —北京：清华大学出版社，2010.1
(重点大学软件工程规划系列教材)
ISBN 978-7-302-21068-9

Ⅰ. 软… Ⅱ. 郭… Ⅲ. 软件开发—高等学校—教材 Ⅳ. TP311.52

中国版本图书馆CIP数据核字(2009)第168404号

责任编辑：丁 岭 徐跃进
责任校对：焦丽丽
责任印制：杨 艳
出版发行：清华大学出版社　　**地 址：**北京清华大学学研大厦A座
http://www.tup.com.cn　　**邮 编：**100084
社 总 机：010-62770175　　**邮 购：**010-62786544
投稿与读者服务：010-62776969，c-service@tup.tsinghua.edu.cn
质 量 反 馈：010-62772015，zhiliang@tup.tsinghua.edu.cn
印 刷 者：北京市清华园胶印厂
装 订 者：北京国马印刷厂
经 销：全国新华书店
开 本：185×260　**印 张：**16.75　**字 数：**408千字
版 次：2010年1月第1版　**印 次：**2010年1月第1次印刷
印 数：1～3000
定 价：28.00元

本书如存在文字不清、漏印、缺页、倒页、脱页等印装质量问题，请与清华大学出版社出版部联系调换。联系电话：(010)62770177 转 3103　　产品编号：034226-01

INTRODUCTION

出版说明

随着信息时代的来临，软件已被广泛应用到工业、农业、商业、金融、科教卫生、国防、航空等各个领域，成为国民经济和社会信息化的一个基础性、战略性产业。因此，与之相关联的软件工程专业也越来越受到社会的关注。

从国际范围来看，1996 年美国 Rochester 技术大学(RIT)率先设立软件工程专业，其后美国、加拿大、英国和澳大利亚的许多大学相继跟进。1998 年，ACM 和 IEEE-CS 两大计算机学会联合设立软件工程教育项目(SWEEP)，研究软件工程课程设置。2001 年，IEEE 和 ACM 发布 CC2001 教程，将计算(computing)学科划分为计算机科学、计算机工程、软件工程、信息系统和信息技术五个二级学科。2003 年 6 月，《计算机课程—软件工程》(CCSE)大纲第一稿发表，后正式更名为《软件工程 2004 教程》(SE2004)。

在我国，教育部十分重视软件工程专业的发展。2001 年教育部和原国家计委联合下文，成立了 35 所示范性软件学院(全部下设于重点大学)；2005 年 5 月，教育部和清华大学出版社联合立项支持的研究课题组发布《中国软件工程学科教程》；同年，教育部组织编写了《软件工程专业规范》；2006 年 3 月，在教育部高等学校教学指导委员会成立大会上，宣布成立软件工程专业教学指导分委员会。截至 2007 年初，全国有 139 所高等院校设立了软件工程专业。显然，软件工程已经成为一门迅速兴起的独立学科。

从我国的国民经济和社会发展来看，软件人才的需求非常迫切。随着国家信息化步伐的加快和我国高等教育规模的扩大，软件人才的培养不仅在数量的增加上也在质量的提高上对目前的软件工程专业教育提出更为迫切的要求，社会需要软件工程专业的教学内容的更新周期越来越短，相应地，我国的软件工程专业教育在不断地发展和改革，而改革的目标和重点在于培养适应社会经济发展需要的、兼具研究能力和工程能力的高质量专业软件人才。

截至 2007 年，我国共有 72 个国家一级重点学科，绝大部分设置在教育部直属重点大学。重点大学的软件工程学科水平与科研氛围是培养一流软件人才的基础，而一流的学科专业教材的建设已成为目前重点大学学科建设的重要组成部分，一批具有学科方向特色优势的软件工程教材作为院校的重点建设项目成果得到肯定。清华大学出版社一向秉承清华的“中西兼容、古今贯通的治学主张，自强不息、厚德载物的人文精神，严谨勤奋、求实创新的优良学风”。在教育部相关教学指导委员会专家的指导和建议下，在国内许多重点大学的院系领导的大力支持下，清华大学出版社规划并出版本系列教材，以满足软件工程学科专业课程教学的需要，配合全国重点大学的软件工程学科建设，旨在将这些专业教育的优势得以充分的发扬，强调知识、能力与素质的系统体现，通过这套教材达到“汇聚学科精英、引领学科建设、培育专业英才”的目的。

本系列教材是在软件工程专业学科课程体系建设基本成熟的基础上总结、完善而成，力求充分体现科学性、先进性、工程性。根据几年来软件工程学科的发展与专业教育水平的稳步提高，经过认真的市场调研并参考教育部立项课题组的研究报告《中国软件工程学科教程》，我们初步确定了系列教材的总体框架，原则是突出专业核心课程的教材，兼顾具有专业教学特点的相关基础课程教材，探索具有发展潜力的新的专业课程教材。

本系列教材在规划过程中体现了如下一些基本组织原则和特点。

一、体现软件工程学科的发展和专业教育的改革，适应社会对现代软件工程人才的培养需求，教材内容坚持基本理论的扎实和清晰，反映基本理论和原理的综合应用，在其基础上强调工程实践环节，并及时反映教学体系的调整和教学内容的更新。

二、反映教学需要，促进教学发展。教材规划以新的专业目录为依据。教材要适应多样化的教学需要，正确把握教学内容和课程体系的改革方向，在选择教材内容和编写体系时注意体现素质教育、创新能力与实践能力的培养，为学生知识、能力、素质协调发展创造条件。

三、实施精品战略，突出重点。规划教材建设仍然把重点放在专业核心(基础)课程的教材建设；特别注意选择并安排了一部分原来基础较好的优秀教材或讲义修订再版，逐步形成精品教材；提倡并鼓励编写体现工程型和应用型的专业教学内容和课程体系改革成果的教材。

四、支持一纲多本，合理配套。专业核心课和相关基础课的教材要配套，同一门课程可以有多本具有不同内容特点的教材。处理好教材统一性与多样化，基本教材与辅助教材、教学参考书，文字教材与软件教材的关系，实现教材系列资源的配套。

五、依靠专家，择优落实。在制订教材规划时依靠各课程专家在调查研究本课程教材建设现状的基础上提出规划选题。在落实主编人选时，要引入竞争机制，通过申报、评审确定主编。

六、严格把关，质量为重。实行主编责任制，参与编写人员在编写工作实施前经过认真研讨确定大纲和编写体例，以保证本系列教材在整体上的技术领先与科学、规范。书稿完成后认真实行审稿程序，确保出书质量。

繁荣教材出版事业、提高教材质量的关键是教师。建立一支高水平的、以老带新的教材编写队伍才能保证教材的编写质量，希望有志于教材的教师能够加入到我们的编写队伍中来。

“重点大学软件工程规划系列教材”丛书编委会

联系人：付弘宇　fuhy@tup.tsinghua.edu.cn

PREFACE

序

随着计算机技术在各个领域中应用的继续不断深入，计算学科作为一门基础技术学科的特征越来越明显。为了提供更方便有效的计算机系统和以计算技术为核心的系统，构建高质量的软件系统是非常重要的。因此，培养学生的软件认知、设计、开发、应用能力非常重要。

随着计算技术的发展，软件系统的规模越来越大，复杂度越来越高，同时组成软件的基本程序的非物理特性仍未被改变，更增加了其开发的难度。如何解决这一难题，实践是很重要且很有效的途径！积极开展在理论指导下的实践，以培养学生理论结合实际的能力，设计满足中国学生实际情况的软件工程课程和教材等培养体系，四川大学的“软件开发实践”课程就是一种积极的探索。

“软件开发实践”作为一门独立、实用、综合的软件开发实践与科研训练课程，不同于一般的高级程序设计语言和软件工程的实验课，其目的是通过实际的软件项目与产品开发，激发学生学习和动手实践的兴趣，掌握软件开发技能，培养创造性的工程设计和协同工作意识，提高综合分析和解决问题的能力。《软件开发实践》作为这门实践课程的教材，归纳总结了作者这些年来在四川大学软件学院开展相应教学活动的经验，在这类实践课程的教材建设上做了有意义的探索。

教材首先介绍了关于软件及其开发的一些基本内容，然后以案例的形式介绍操作系统产品、软件工程环境产品、信息安全产品、数字娱乐产品、电子政务产品、电子商务产品、嵌入式系统产品、计算机网络产品、无线通信产品、算法类、多媒体产品、IC 设计产品、构件产品、银行产品、电信产品等典型产品的基本方案、主要开发内容及过程等，这对软件学院教学中目前比较倡导的案例教学的实施将是一个很好的支撑。相信这种努力能够在强化学生的软件开发能力，特别是理论结合实际，解决实际问题的能力上收到良好的效果。

总体上看，实践教材在我国还比较少，难以满足人才培养的需要，大力开展这类教材的研究和编写很有必要，“软件开发实践”的编写本身就是很好的一个实践活动。

全国高校计算机教育研究会副理事长

CCF 教育工作委员会主任、北京工业大学教授

蒋宗礼

2009 年 6 月

FOREWORD

前　言

为了促进中国软件产业的快速发展，国务院于2003年颁布了“鼓励软件产业和集成电路产业发展的若干政策(即18号文件)”，在迄今五年多的时间里，以金山软件、江民科技等为代表的通用软件产品厂家和东软股份、大连华信等为代表的软件外包厂家以及以华为科技、中兴通讯等为代表的嵌入式软件厂家，纷纷加大了投资力度，业务得到了快速发展。由于软件能够明显地提高现有业务处理和工作效率，不同的行业、不同的地区软件又具有不同的应用特点，软件将渗透到每个单位、每个家庭、每个设备，同我们的工作和生活紧密相关，因此，软件产业市场领域广阔，具有良好的发展前景。

2001年12月，教育部、原国家计委批准成立第一批35所国家示范型软件学院，主要目标是培养高层次、国际化和实用型的复合软件人才，满足社会对高层次软件实用人才的迫切需要。软件学院主要承担软件工程工程硕士研究生(双证)、软件工程工程硕士研究生(单证)、四年制软件工程专业本科生、在校转专业本科生和软件工程第二学位本科生等两个层次五个类别学生的教学培养工作。

目前，国内多数软件学院都花了很大代价引进著名的卡耐基-梅隆大学(Carnegie Mellon University，CMU)软件工程本科核心课程，许多专业课采用双语教学和最新英文原版教材，并与国外大学联合招收软件工程硕士研究生。同时，与印度TCS、Infosys、Wipro等著名软件外包公司展开各种形式的教学合作与学生交流。经过七年多的运行，软件学院为社会培养了大批的软件人才，获得了社会、家长和学生的广泛认可。但是，随着计算机技术的不断发展和社会需求的不断提高，软件学院未来进一步发展面临一些突出的问题，包括如何明确软件学院软件工程专业的定位，避免与计算机学院计算机科学与技术专业的“同质化”竞争问题；强调软件学院的办学特色，设计满足中国学生实际情况的软件工程课程和教材等培养体系，做到“国际化”与“本土化”的有机结合等。

软件开发实践课程是四川大学软件学院众多一线任课教师在5年多教学实践基础上提炼的一门特色课程，具有“承上启下”的作用，即在C/C++/Java高级程序设计语言、软件工程、计算机网络、操作系统、数据库等专业基础课的基础上，通过实际的软件项目与产品开发，激发学生学习和动手实践的兴趣，拓展学生市场思维，掌握软件开发技能，培养创造性的工程设计和协同工作意识，提高综合分析和解决问题的能力，为后续课程学习、校外实训、ACM竞赛、萌芽基金、大学生创新性实验计划、毕业设计甚至学生就业和创业奠定坚实的基础。

软件开发实践不同于一般的高级程序设计语言和软件工程的实验课，特色之处包括：

（1）案例化。作为一门独立、实用、综合的软件开发实践课程，针对性强，借鉴管理学科MBA案例分析的思想，基于软件产品案例化教学，提升学生的软件工程和高级程序设计语言等知识和软件工具的综合运用能力，以基于项目驱动的教学模式和方法改革软件工程专业的课程体系。

（2）实用化。课程项目来源的三种途径：

① 课程项目结合教师科研方向，来自教师的真实科研项目，对学生的训练有实际意义；

② 通过引导学生确定市场导向的、感兴趣的项目，培养学生的市场意识和软件产品化能力，做到理论和实际的有机结合；

③ 与企业合作，课程项目来自企业的外包或分包项目，也可实际参与到企业的开发团队中，承担一部分设计与开发工作。

（3）个性化。建立“学生为主体，教师为主导”的教学模式，采用小组化、个体化教学方式，每组4～6人，教师充当教练和师傅，其教学效果远优于一般的大课课堂教学效果，更适合软件开发人才的培养，对学生个性和能力的发展很有帮助。

（4）互动化。建立了教师与学生的一种良好教学关系，教师在课程结束以后继续指导学生进行软件开发工作，并最终取得各方面成绩，为学生未来创业和就业奠定坚实的基础。

（5）成果化。每期课程结束后，进行实践成果的评选，优秀项目编为案例集，并推荐为学院萌芽基金和学校本科生科研训练计划的备选项目，继续资助学生不断研发，成为一个跨多个学期的项目，逐步发展成一个可用的软件产品，改善软件工程专业学生的培养效果和质量。

课程教学方式建议：

（1）将学生分成若干项目组，每组4～6人，推选组长1名。

（2）课堂教学以学生为主，教师采取引导、讨论的方式，最大程度调动学生的积极性，激发学生的开发兴趣，确定项目组开发项目的内容、目标、分工和计划。

（3）课程教学预计需要30～40个学时，主要用于项目进度和问题的分析与探讨，课余学生用于项目开发的时间约为课堂时间的3～4倍。

（4）根据软件工程的流程，按照实际工程的标准合理组织项目的实施，按照需求分析、系统设计、编码实现和测试与文档四个阶段设定节点，加强日常项目管理，并检查项目成果。

（5）虽然提供了较为完整的软件产品分类案例集，但只是对教师和学生的软件开发实践选题提供一个参考，教学方式应采用基于项目驱动的方法，而非基于案例驱动的教学方法，任课教师一般可重点选择介绍一个案例。

（6）评价方式主要采用考查方式，平时表现、项目开发成果及项目报告三个方面结合，评价项目组及每个学生的实践成果。

本书面向高等院校软件工程、计算机科学与技术、电子工程、通信工程等专业二年级以上本科生和研究生，可作为“软件开发实践”和“软件工程开发”等有关课程的教材，同时，也可作为各级职业教育软件开发、设计与应用人员培训的参考书。

在本书的编写和相应教学案例研究与开发过程中，一直得到众多专家的亲切关怀和广大读者的热情支持与帮助。香港理工大学计算机系的邵子立教授、台湾大学电机资讯学院的郭大维教授、美国 Texas 大学 Austin 分校计算机系的 Tao Li 教授、加拿大 St. Francis Xavier 大学的 Laurence T. Yang 教授、美国得州大学 Dallas 分校(Univ. of Texas at Dallas)的 Edwin Sha 教授、澳大利亚 La Trobe 大学的 Dianhui Wang 教授、韩国 Kyungwon 大学软件学院的 Y. S. Kim 教授、美国新泽西工学院的王志刚教授、华东师范大学软件学院的陈慧博士、HP(中国)公司的杨思忠博士、Alcatel(中国)公司的骆志刚博士和吴星勇给了作者很多支持和帮助。本书还从国内外许多关于软件工程、软件管理、软件开发与设计、软件需求分析、软件测试、软件案例分析等高水平著作或与有关专家的讨论交流中吸取了新的营养，这些著作的部分作者和专家是 H. M. Deitel、张少仲、李远明、陈宏刚、林斌、刘天时、俞辉、陈华恩、陈伦艳、赵丰、童畅等，谨向上述教授、专家和朋友表示诚挚的谢意。

本书由郭兵、沈艳、洪玫、刘东权、胡晓勤等执笔完成，参加本书编写工作的还有何军、高伟、李晓华、赵奎、阮树骅、尹皓、赵奎、王湖南、李辉、黄武、周湘、罗刚、李冉、廖海艳、任磊、曾蜀芳、周雪梅、朱建、达波、王奇、黄钦、李奇、胡俊、蒋志发、邓勤林、宋彦、熊冰、何富华等同志。本书在编写过程中，四川大学计算机(软件)学院的有关领导和师生对本书的写作提供了宽松的环境和多方协助，得到了四川大学计算机(软件)学院郃明松书记、章毅教授、周激流教授、李志蜀教授、朱敏教授、唐宁九教授、张建州教授、王俊峰教授、彭舰副教授和电子科技大学计算机学院熊光泽教授的大力支持和悉心指导，在此表示深深的谢意。清华大学出版社的广大员工也为本书的编辑出版付出了辛勤劳动，在此，也向他们深表谢意。

最后，特别感谢国家 863 成都软件产业化基地、成都巅峰软件集团有限公司和微软(中国)有限公司对本项研究工作的支持。

软件是一门非常年轻的学科与技术，仍处于快速发展时期，对许多理论问题和工程方法作者尚未深入研究，一些有价值的新内容也来不及收入本书。由于作者知识和水平有限，加上编写时间较紧，书中错误之处在所难免，希望各位专家、教授和读者批评指正。联系方式：610065 成都市一环路南一段 24 号四川大学计算机(软件)学院郭兵，E-mail：guobing@scu.edu.cn。

郭　兵
于四川大学计算机(软件)学院
2009 年 6 月

CONTENTS

目　录

CHAPTER 1

第 1 章

绪 论

1.1 软件的概念及特征

对于计算机软件(software)的概念,目前尚无一个统一的定义,世界上多数国家和国际组织原则上采用了世界知识产权组织(World Intellectual Property Organization,WIPO http://www.wipo.int)的意见,并在此基础上结合实际加以修改。1978 年世界知识产权组织发表了《保护计算机软件示范法条例》,对计算机软件做了如下定义:计算机软件包括程序、程序说明和程序使用指导三项内容,其中:

(1) 程序是指在与计算机可读介质合为一体后,能够使计算机具有信息处理能力,完成一定功能、一定任务或产生一定结果的指令集合,由数据结构和算法组成。

(2) 程序说明是指用文字、图解或其他方式,对计算机程序中的指令所做的足够详细、足够完整的说明和解释。

(3) 程序使用指导是指除了程序、程序说明以外,用以帮助理解和实施有关程序的其他辅助材料。

在上述定义中,对"程序"的定义不够准确,按照这一定义,源程序(以计算机高级语言编写的程序)可能会被排除在"计算机软件"之外。因此,各国在参考这一定义时,大多数都将"在与计算机可读介质合为一体后"这一条件删除,这样就可以明确无误地将源程序列入"计算机程序"之中。

1980 年,美国版权法案将软件明确定义为"在计算机中被直接或间接用来产生一个确定结果的一组语句或指令",1983 年,IEEE 给出了软件的新定义,即软件是计算机程序、方法、规范及其相应的文稿以及在计算机上运行所必需的数据。

2002 年,在我国颁布施行的《计算机软件保护条例》中指出,计算机软件(以下简称软件)是指计算机程序及其有关文档,其中:

(1) 计算机程序是指为了得到某种结果而可以由计算机等具有信息处理能力的装置执行的代码化指令序列,或者可以被自动转换成代码化指令序列的符号化指令序列或者符号化语句序列。同一计算机程序的源程序和目标程序为同一作品。

(2) 文档是指用来描述程序的内容、组成、设计、功能规格、开发情况、测试结果及使用方法的文字资料和图表等,如程序设计说明书、流程图、用户手册等。

因此,软件可简单描述为"软件＝程序＋文档",是对具有特定功能和用途的程序系统及其说明文件的统称。

软件是采用软件工具开发的智力成果,是一种特殊的产品或服务(Software As A Service,SAAS),具有如下鲜明特征:

(1) 智能性。软件是人类智力劳动的产物。

(2) 抽象性。软件是一种逻辑实体,而不是具体的物理实体。

(3) 系统性。软件是由多种要素组成的有机整体,具有确定的目标、功能和结构。

(4) 依附性。软件的开发和运行常常受到计算机系统的限制,不能完全摆脱硬件而独立运行。

(5) 非竞争性(non-rivalry)。尽管软件开发可能需要很大的固定投入,但一旦软件开发成功,其边际成本几乎为零。经济学的一般原理表明,如果一种产品存在非竞争性,市场往往需要政府这只"看得见的手"进行干预以提高效率。

(6) 非排斥性(non-excludability)。软件产品具有易复制、易改编和易传播的特点,往往成为不法分子盗版和篡改利用的对象。这意味着,如果不能通过技术方法(如加密)或者制度手段(如知识产权保护)提高排斥性,那么软件开发者将最终无法收回成本,从而公共品效应导致最终没有软件供应。

(7) 网络外部性。网络外部性(network externality)的含义是,一种产品给消费者提供的效用随着使用这种产品的人数而增加。网络外部性又分直接网络外部性和间接网络外部性,前者比如说,当使用 Microsoft Word 的人越多,单个消费者使用 Word 的效用越高,因为他可以阅读更多的 Word 版本的文件。

(8) 规模经济。这是软件产品非竞争性的一个延伸,其含义是,当软件产品的销售量越大时,分摊在每个拷贝上的平均成本就越低,从而维持生产者盈亏平衡的产品价格也就越低。

(9) 经验产品。从信息不对称的角度看,产品可以分为搜寻产品(search goods)和经验产品(experience goods),前者表示消费者在购买时就能够知道产品质量,而后者则意味着只有在消费者使用一段时间之后才能知道其内在质量信息,软件产品多表现为经验产品。

(10) 耐用品。从使用寿命的角度看,产品可以分为易耗品和耐用品。显然,软件产品属于后者,这意味着,软件产品的销售面临所谓的跨期替代问题。如果某个消费者一旦购买,他将在很长时间不再购买,即退出市场。假如对产品评价高的人先购买,那么软件厂商将有降价的动机,而这又会导致消费者"持币待购",消费者的跨期替代限制了耐用品厂商的市场力量和盈利能力。

(11) 单位需求。根据定义,单位需求表示消费者要么不够买,要么只购买一个单位的产品。显然,软件产品具有这样的特性。单位需求意味着软件产品的需求量等于购买者的人数。

(12) 语言。软件产品的编写和使用与自然语言紧密相关,这涉及计算机语言字符形式的表达和人-机界面的设计等因素。

(13) 模块化。"分而治之(divide and conquer)"是软件开发的主要思想和方法。

1.2 软件的分类

根据不同的划分标准,软件存在着多种分类方法。通常按功能划分软件系统,包括系统软件和应用软件。

(1) 系统软件,可进一步细分为:

- 操作系统。由驱动程序和内核组成,包括通用、实时、分布式、嵌入式、并行等操作系统。
- 系统实用程序。如设备管理、磁盘管理和文件目录管理。
- 系统扩充程序。如 GUI 用户界面和多种语言字库。
- 网络系统软件。如 TCP/IP 协议栈和网络中间件。
- 数据库系统软件。
- 程序语言处理程序。
- 软件开发工具及 CASE 环境。
- 软件评测工具。
- 网络支持软件。
- 其他支持软件。

(2) 应用软件,可进一步细分为:

- 科学和工程计算软件。
- 文字处理软件。
- 数据处理软件。
- 图形处理软件。
- 图像处理软件。
- 数据库应用软件。
- 事务管理软件。
- 辅助类软件。软件技术用于辅助、实现相关行业的自动化处理工作,如计算机辅助教育(Computer Aided Education,CAE)、计算机辅助设计(Computer Aided Design,CAD)、电子设计自动化(Electronic Design Automation,EDA)等。
- 控制类软件。
- 智能软件。
- 仿真软件。
- 网络应用软件。
- 压缩、安全与保密软件。
- 社会公益服务软件。
- 动漫游戏软件。
- 其他应用软件。

当然,应用软件也可按行业和子行业划分,范围非常广泛,如管理软件可分为财务管理软件、企业管理软件、客户管理软件、物流管理软件和其他管理软件等。

根据软件需求的满足范围和程度，可分为以下两类。

(1) 通用软件产品：开发者根据某一方面或领域潜在用户的需求，设计与开发的软件，它能够满足大量用户特定功能的需要，一般不需要做二次开发，用户可直接购买复制安装、使用，如 Windows/Linux 操作系统产品、微软公司的 Office 软件、通用财务软件等。

(2) 软件项目：开发者根据某个特定用户（如企业、政府部门、个人等）提出的需求和合同约定，设计与开发的软件，它一般只能满足提出需求用户的需要，无法直接满足其他同类型用户的需要，需要进行二次定制开发，如各种管理信息系统软件（Management Information System，MIS）。

按计算机系统分类，软件可分为嵌入式软件、PC 软件、工作站软件、服务器软件、小/中/大型机软件和巨型机软件。

按实现方法分类，软件可分为过程化软件、面向对象软件（object-oriented software）、基于构件的软件（component-based software）、面向方面软件（aspect-oriented software）和面向服务软件（service-oriented software）。

按是否收费，软件可分为免费软件、共享软件和商业软件。

按是否提供源代码，软件可分为开源软件、不开源软件（二进制目标代码软件）和有条件部分开源软件。

按软件架构，软件可分为单机版软件、网络版软件和网构软件（Internetware），网络版软件又分为 C/S 架构和 B/S 架构。

本书的软件案例分类主要按照功能划分，部分结合行业划分。

1.3 软件技术

杨芙清院士等学者认为，软件技术是指支持软件系统的开发、运行和维护的技术，其核心内容是：高效的运行模型及其支撑机制，有效的开发方法学及其支撑机制。

软件作为一门学科，其研究内容可分为三个层次：

(1) 研究软件的本质和模型，即软件的基本元素（软件实体）及其结构模型，这是软件呈现良好结构性并能够有效、高效地运行的基础。同时，相应的形式化模型的研究也是重要的研究课题，这是实现软件生产自动化的必备前提。

(2) 针对特定的软件模型，研究高效的软件开发技术，以提高软件系统开发的效率和质量。研究内容多体现为方法论及相应的工程原则、支撑工具。

(3) 研制领域特定的或应用特定的软件。

软件技术的研究主要指第一和第二层次的研究工作，研究的基本内容又可分为：

(1) 软件语言。软件语言是用以书写软件的语言，包括书写软件需求定义的需求级语言、书写软件功能规约的功能级语言、书写软件设计规约的设计级语言以及书写实现算法的实现级语言，处于不同级别的软件语言均体现了不同抽象层次的软件模型。

(2) 软件工程与软件方法学。软件工程则是研究如何综合应用计算机科学与数学原理高效、高质量地开发软件，主要包括以软件开发方法为研究对象的软件方法学、以软件生命周期为研究对象的软件过程以及以自动化软件开发过程为目标的 CASE 工具和环境。

（3）软件系统。主要指操作系统、语言处理系统、数据库系统等系统软件，这些软件系统是人们开发的各类应用系统的基本运行支撑，如操作系统是用以管理系统资源的软件，旨在提高计算机的总体效用；语言处理系统包括各种类型的语言处理程序，如解释程序、汇编程序、编译程序、编辑程序、装配程序等，用于将用户编写软件翻译为机器可理解和运行的目标程序；数据库系统包括数据库及其管理系统，用于支持涉及大量数据存储和处理的应用系统开发和运行。

与机械技术、建筑技术、电子技术、通信技术、化工技术等相类比，软件科学与技术经过多年的发展，形成了一套完整的理论体系和应用开发方法学，因而采用软件技术强调软件的工程性和应用性比软件工程概念更加全面和准确。

换言之，软件技术主要是指开发和设计软件的方法、工具以及相关的一些专门知识，涵盖了软件工程的范畴，核心是数据结构和算法，计算机硬件是软件的运行基础。

软件技术的研究和开发主要包含两方面的内容。

（1）数据结构和算法本身的研发：如各种基本的或通用的数据结构（包括队列、栈、表、树和图等）及其运算，各种基本的或通用的算法（包括查找、排序、变换等）及其性能分析等。

（2）数据结构和算法应用的研发：在基本数据结构和算法的基础上，形成了许多面向应用、更复杂的数据结构和算法，如DFT（Discrete Fourier Transform，离散傅里叶变换）算法和Huffman压缩/解压缩算法，能够应用于各种软件中，包括建模、编程及测试等语言及编译器，软件工程开发方法及工具，系统软件（如操作系统、数据库、网络协议栈等）、中间件和应用软件（如电子/机械/建筑领域的CAD软件、多媒体领域的处理软件、Internet浏览器软件）等软件。

1.4　软件产业

产业的概念介于微观经济细胞（企业和家庭消费者）与宏观经济单位（国民经济）之间的若干经济单位的“集合”，在现代经济社会中，存在着大大小小的、居于不同层次的经济单位，企业和家庭是最基本的，也是最小的经济单位。整个国民经济为最大的经济单位，介于二者之间的经济单位往往大小不同、数目繁多，因具有某种同一属性而组合到一起的企业集合，又可看成是国民经济按某一标准划分的部分，这就是产业。

软件产业，即以开发、研究、经营、销售软件产品或软件服务为主的企业组织及其在市场上的相互关系的集合，与信息产业中硬件产业相对应。

软件产业是本世纪最具广阔前景的新兴产业之一，作为一种“无污染、微能耗、高就业”的产业，软件产业不但能大幅度提高国家整体经济运行效率，而且自身也能形成庞大规模，拉升国民经济指数。随着信息技术的发展，软件产业将会成为衡量一个国家综合国力的标志之一。因此，发展和扶持软件产业，是一个国家提高国家竞争力的重要途径，也是参与全球化竞争所必须占领的战略制高点。

当前，随着全球化范式的转变，世界软件产业保持高速增长的同时，面临网络化、全球化、服务化、开放化的转型，这给世界各国的软件产业带来机遇的同时也带来了更严峻的挑战。

网络化是第一个明显的趋势。最近数十年，计算机技术和通信技术高速发展，网络技术也得到了长足的发展,网络的影响力已经无处不在,无孔不入,Internet(互联网)将世界各地的计算机连接到一起,网络成为一个崭新的平台,各种基于网络的软件飞速发展起来。

全球化是第二个明显的趋势。航空和运输业的发展,让世界各国人们感觉相互之间的距离越来越短,世界各地的人们如此之近,仿佛同处一个地球村,而地球村效应让市场全球化、资金全球化和人才全球化成为可能,全球国际分工的趋势也越来越明显,全球化已经成为一种必然趋势。

开放化是第三个明显的趋势。网络化和全球化给软件产业打上深深的烙印,这让各国的软件市场成为开放市场。一方面是标准的开放化,全球软件商共同遵循开放标准,保证软件产品的相互兼容,保证软件市场的平等竞争秩序;另一方面是源代码的开放化,开源软件运动大大推动了软件产业的创新,逐渐成为全球软件产业的潮流。

服务化是第四个明显的趋势。开放的软件市场和开源软件的流行,也发展出一种新的软件模式——软件的服务模式。有别于传统软件的产品模式,软件的服务模式是以用户为中心,通过软件不断升级和其他个性化服务,满足用户不断变化需求的软件模式,软件的服务模式正在受到越来越多地关注。

综观世界各国,美国、日本、印度、爱尔兰和德国等国的软件产业正在迅速崛起,已经形成了相当的规模,并形成了适合本国的发展模式。美国面向全球市场,发展全程的产业链;日本面向本国硬件产业,大力发展嵌入式软件;印度积极拓展海外市场,逐渐成为软件外包出口大国;爱尔兰专注分销环节,成为美国产品进入欧洲的分销基地;德国重视应用,兼顾国内与国外市场。

中国软件产业在蓬勃发展,产业规模持续增长,初步展示出软件大国的潜力。但从国家竞争力角度来看,我国目前软件产业整体水平较低,大多数软件企业规模较小,还处于作坊模式阶段,软件产品技术含量相对较低,缺少国际竞争力。

随着中国软件产业在国际分工体系中地位进一步提高,世界跨国公司都将中国市场列为战略重点,中国软件产业别无选择地融入到国际竞争的大舞台中。如何营造和谐的产业发展环境,如何打造完善的软件产业价值链条,如何保护自有软件,完善知识产权,如何通过自主创新突破发展瓶颈等问题,遂成为影响中国软件产业发展的焦点。

总结国际软件强国的产业发展模式,不难发现,各国在发展本国软件产业时,都尽量扬长避短,通过利用本国市场和相关支持产业的相对优势,积极开展与之配套的专业软件人才教育和培训,培育动态比较优势,将本国的不利因素转化为有利因素。同时,各国政府都给予软件企业各种政策优惠和扶持,积极开拓国际软件市场,推动软件产业发展。

最新统计数据显示,自 2003 年国务院出台关于鼓励软件和集成电路产业发展的若干政策之后,中国软件产业进入了快速的发展阶段,产业年收入规模以超过 30%的速度快速增长。截至 2008 年 10 月份,软件销售总收入达到 6977.3 亿元人民币,预计 2008 中国软件产业的规模将达到 7500 亿元人民币,是 2000 年的 13 倍。

软件产业作为国家的基础性和战略性产业,在促进国民经济和社会发展信息化中具有重要的地位和作用。软件产业从构成上可分为软件产品、软件服务及系统集成,“十一五”期间,我国软件产业实现了快速发展,产业规模迅速扩大,技术水平有所提高,骨干企业不断成长,产业体系初步建立。但从产业结构、核心竞争力等方面看,我国软件产业仍存在诸多问题,与我国国民经济和社会发展的需要相比仍有较大差距。

1.5 软件企业

软件企业，即以开发、研究、经营、销售软件产品或软件服务为主的企业组织。在中国，信息产业部、教育部、科技部和国家税务总局联合制定的软件企业的认定标准是：

(1) 在我国境内依法设立的企业法人。

(2) 以计算机软件开发生产、系统集成、应用服务和其他相应技术服务为其经营业务和主要经营收入。

(3) 具有一种以上由本企业开发或由本企业拥有知识产权的软件产品，或者提供通过资质等级认证的计算机信息系统集成等技术服务。

(4) 从事软件产品开发和技术服务的技术人员占企业职工总数的比例不低于50%。

(5) 具有从事软件开发和相应技术服务等业务所需的技术装备和经营场所。

(6) 具有软件产品质量和技术服务质量保证的手段与能力。

(7) 软件技术及产品的研究开发经费占企业年软件收入8%以上。

(8) 年软件销售收入占企业年总收入的35%以上，其中，自产软件收入占软件销售收入的50%以上。

(9) 企业产权明晰，管理规范，遵纪守法。

1.6 软件技术专利

计算机软件具有一些与硬件产品明显不同的特点。首先，它是人类脑力劳动的智慧成果，计算机软件的产生，凝聚了开发者的大量时间与精力，是人脑周密逻辑性的产物；其次，它具有极高的价值，一个好的计算机软件必然具有极高的社会价值和经济价值，能应用于社会的各个领域，而且还能促进软件产业的发展，并取得良好的经济效益；再次，它具有易复制、易改编的特点，往往成为不法分子盗版和篡改利用的对象。

由于计算机软件具有上述特点，自20世纪70年代以来，世界各国普遍加强了计算机软件的立法保护。1972年，菲律宾在其版权法中规定"计算机程序"属于其保护对象，成为世界上第一个用版权法保护计算机软件的国家；在美国，美国版权局于1964年就已开始接受程序的登记，美国国会于1974年设立了专门委员会，研究同计算机有关的作品生成、复制、使用等问题，并于1976年和1980年两次修改版权法，明确了由版权法保护计算机软件。

由于著作权法或版权法不能很好地保护软件的概念、内涵和思想，因此，在信息技术飞速发展的今天，越来越多国家，尤其是发达国家开始倾向于采取积极的态度利用专利权保护计算机软件。

目前，在中国，根据《中华人民共和国专利法》、《中华人民共和国著作权法》和《计算机软件保护条例》规定，软件专利可分为发明专利和计算机软件著作权登记两种，分别采用专利权和著作权两种法律形式对软件进行保护。

根据我国修改后的《专利审查指南》第9章"涉及计算机程序的发明专利申请审查的若干问题的规定"，凡是为了解决技术问题，利用技术手段，并可以获得技术效果的涉及计算机程序的发明专利申请属于可给予专利保护的客体。

因此，一般情况下，在数据结构和算法方面具有较强创新性的软件系统和方法，可申请发明专利予以保护；在数据结构和算法方面创新性较差的软件系统或产品，可申请计算机软件著作权登记予以保护。

1.7 软件技术标准

专利技术标准的实质是，在专利技术保护的基础上，对标准技术的系统化和整体化的确认。专利技术标准的产生需要一些前期性工作，而其中的核心是专利权。基本的模式是：首先通过技术研究和创新，开发产生相关技术；接着将相关技术申请专利，并获得专利权；然后确立自身的技术规范，将专利技术纳入技术规范，形成行业技术标准并进行推广。从国外经验看，在技术研究、开发阶段融入专利战略和标准化战略是形成技术标准的基础，即在建立标准的初期开始专利战略管理的介入。

在当代，技术标准与专利结下了不解之缘，技术标准离不开专利，技术标准的背后往往以大量的专利作支撑。技术标准战略或者说标准化战略与专利战略乃至更大层面的知识产权战略密切相关，标准化战略甚至被认为是实施知识产权战略的最高境界，是最高级的知识产权战略。

专利保护的对象是技术的内部实现方法，目的是鼓励技术的创新；而标准保护的对象是技术的外部接口规范和表现，目的是规范市场，促进技术的应用推广。专利和标准是两个不同的制度，标准是一种规范制度，专利是一种产权制度，即使是标准强制执行的部分，都是无偿使用，而专利是则有偿的，二者结合能够产生新的市场机会。

技术标准主要包括两种类别。

(1) 正式的组织机构制定的标准(如政府、行业协会等)：国际上，常见的软件标准制定机构包括国际标准化组织(International Standard Organization，ISO)、国际电工委员会(International Electrical Committee，IEC)、美国电气电子工程师协会(Institute of Electrical & Electronics Engineers，IEEE)、美国国家标准化研究所(National Institute of Standard Technology，NIST)、欧洲计算机制造商协会(European Computer Manufacturer Association，ECMA)、国际电信联盟(International Telecommunication Union，ITU)、互联网工程任务组(INTERNET Engineering Task Force，IETF)等；在中国，国家标准化管理委员会(制定的国家标准一般以 GB/T 表示)和国家工业与信息化部(制定行业标准)是信息技术标准的主要制定机构。制定的标准有行业标准、强制标准和推荐性标准，有地方标准和军用标准，以机构本身的公信力和权威性为依托，保证标准的颁布和施行。一般按照国际惯例对于这类标准通常要采取无歧视许可的原则，甚至是要尽量排斥专利，尽量少的将专利放进来。

(2) 事实标准：不是由专门机构制定，是由一些企业联盟制定，由于企业产品绝对的垄断地位而成为事实上的标准。目前，计算机软件许多标准都是事实标准，如微软公司 Windows 操作系统的 Win32 API 和 Office 软件文档格式，其特点是大量纳入专利，而且通常是以专利为基础的，甚至是以专利词的构建为基础的。虽然这是企业的市场行为，但是毕竟形成了对市场的垄断，阻碍了竞争，妨碍了消费者的利益和社会的发展，所以各国又都制订了《反不正当竞争法》和《反垄断法》，构成了对这些所谓事实标准的一定制约。

因此,无论是哪种情况下制定的技术标准都与知识产权密切相关,随之衍生的专利许可、授权和收费问题,使得知识产权与标准化问题的冲突有越演越烈的趋势。

目前,一些常用的软件技术标准如下所示。

(1) 编码及文档格式方面的标准。

- ASCII(American Standard Code for Information Interchange):英文字符编码标准。
- GB2312:中文字符编码标准。
- Unicode:统一字符编码标准。
- MPEG(Moving Picture Experts Group,运动图像专家组):音视频编码标准,包括MPEG-1、MPEG-2、MPEG-4、MPEG-7 和 MPEG-21 等。
- JPEG(Joint Photographic Experts Group,联合图像专家组):一种静态图像编码标准。
- TIFF(Tag Image File Format,基于标志域的图像文件格式):一种静态图像编码标准。
- AVS(Audio and Video coding Standard,数字音视频编解码技术标准):由中国AVS 工作组提出。
- XML(Extensible Markup Language,可扩展标记语言)文本格式:包括 OpenOffice ODF、Microsoft OOXML(Office Open XML)和中国提出的 UOML(Unstructured Operation Markup Language)三种标准。
- ELF(Executable and Linking Format,可执行链接格式)/COFF(Common Object File Format,通用对象文件格式)标准文件格式:UNIX 系统实验室(USL)发布的UNIX 应用程序二进制接口。
- PE(Portable Executable,可移植的执行体)标准文件格式:Win32 环境的执行体文件格式,一些特性继承自 UNIX 的 COFF 文件格式。
- HEX 标准文件格式:Intel 公司发布的绝对定位目标程序代码二进制文件格式。
- PDF(Portable Document Format,可移植文档格式)标准:先前由 Adobe 公司提出的 PDF 文件格式,2007 年被 ISO 认可为国际标准。
- RTF(Rich Text Forma,丰富的文本格式)标准文件格式:多种媒体信息的常用文件格式。
- Text 标准文件格式:一种常用的纯文本文件格式。

(2) 操作系统及语言方面的标准。

- Windows Win32 API 标准:工业界事实的操作系统 API 标准。
- IEEE POSIX(Portable Operating System Interface,可移植操作系统接口)标准:定义操作系统为应用程序提供的 API 接口(系统调用集合),大多数的操作系统(包括Windows 和一些嵌入式操作系统)都倾向于开发它们的变体版本与 POSIX 兼容。
- ANSI C/C++语言标准。
- ISO Ada9X 语言标准。
- JCP(Java Community Process) Java 语言标准。
- ISO/IEC SQL(Structured Query Language,结构化查询语言)语言标准。
- COM+(Component Object Model,构件对象模型):微软公司发布的软件构件实现互操作应遵循的一些二进制和网络标准。

- JavaBean：JCP 发布的 Java 语言软件构件模型。
- DES(Data Encryption Standard，数据加密标准)：IBM 公司提供的标准密码算法。

(3) 网络方面的标准。

- IETF RFC1050：RPC 远程步骤呼叫协议。
- IETF RFC1055：在串行线路上传输 IP 数据报的非标准协议。
- IETF RFC113：OSPF 规范。
- IETF RFC1332：PPP Internet 协议控制协议（IPCP)。
- IETF RFC1388：RIP 协议版本 2。
- IETF RFC1426：SMTP 服务扩展用于 8 比特多用途网际邮件扩充协议(MIME)传输。
- IETF RFC1597：私有 Internet 的地址分配。
- IETF RFC1661：PPP 协议。
- IETF RFC1738：统一资源定位器(URL)。
- IETF RFC1769：简单网络时间协议(SNTP)。
- IETF RFC792：Internet 控制信息协议。
- IETF RFC821：简单邮件传输协议。
- IETF RFC868：时间协议。
- IETF RFC937：邮局协议(版本 2)。
- IETF RFC951：引导协议(BOOTP)。
- IEEE 802.1：局域网协议高层。
- IEEE 802.2：逻辑链路控制。
- IEEE 802.3：以太网。
- IEEE 802.4：令牌总线。
- IEEE 802.5：令牌环。
- IEEE 802.6：城域网。
- IEEE 802.7：宽带 TAG。
- IEEE 802.8：FDDI。
- IEEE 802.9：同步局域网。
- IEEE 802.10：局域网网络安全。
- IEEE 802.11：无线局域网。
- IEEE 802.12：需求优先级。
- IEEE 802.13：未使用。
- IEEE 802.14：电缆调制解调器。
- IEEE 802.1：无线个人网。
- IEEE 802.16：宽带无线接入。
- IEEE 802.17：可靠个人接入技术。

(4) 软件工程方面的标准。

软件工程的标准化可以提高软件的可靠性、可维护性和可移植性，提高软件的生产率，提高软件人员之间的通信效率，减少差错和误解，有利于软件管理，有利于降低软件的运行

维护成本,缩短软件开发周期。目前,中国国家标准化管理委员会制定的软件工程方面的标准包括:

- GB/T 11457—89 软件工程术语。
- GB/T 1526—891(ISO5807—1985) 信息处理-流程图编辑符号。
- GB/T 15538—1995 信息处理-流程图编辑符号。
- GB/T 13502—92(ISO5806) 信息处理-程序构造约定。
- GB/T 14085—93(ISO8790) 信息处理系统-配置图符号及其约定。
- GB/T 8566—88 软件开发规范。
- ISO 6593—1985 信息处理-按记录组处理顺序文卷的程序流程。
- GB/T 14079—93 软件维护指南。
- GB/T 8567—88 计算机软件产品开发文件编制指南。
- GB/T 9386—88 计算机软件需求说明编制指南。
- GB/T 9385—88 计算机软件测试文件编制指南。
- GB/T 12505—90 计算机软件配置管理计划规范。
- GB/T 12504—90 计算机软件质量保证计划规范。
- GB/T 14394—93 计算机软件可靠性和可维护性管理。
- ISO 8402 规定与质量有关的术语。
- ISO 9000—3 质量管理和质量保证标准。
- ISO DIS 9000—4 可靠性管理标准。
- ISO/IEC 9126 对ISO9000—3未具体示出的软件质量特性规定标准。
- ISO 13011—1 对质量体系核查指南中核查步骤的规定。
- ISO/TC 176 软件配置管理。

1.8 软件人才教育和培养模式的比较与分析

目前美国、日本、印度、爱尔兰是国际上软件产业发展处于领先地位的四个国家,且各具特色。下面对上述四国和中国在软件人才教育和培养模式方面进行简单的比较与分析。

1. 美国的软件人才培养模式

目前作为世界上软件产业最发达的国家,美国形成了完整的软件人才培养体系,主要包括:

- 基础教育。几乎所有的高等院校和社区学院的计算机科学、电子工程、信息技术和有关的继续教育学院都有软件工程、网络设计等软件基础课程,为本科生提供软件理论与工程,为软件公司培养从事软件开发与设计方面的人才。
- 系统理论。高等院校中的研究生教育侧重系统软件理论的教育,为高校的教学和研究以及大公司输送从事软件研究和项目人才。
- 职业培训。一般大的软件公司都设有自己的培训部门或中心,主要根据市场和公司的需求培养各个层面软件人才,参加培训不仅可以获得证书还可以获得学位。因此,美国软件人才的继续教育发展很快。
- 招生。本科生生源主要来自高中,但是来自公司或者产业的人员有上升的趋势,研究生教育约有50%的生源来自产业，主要是到大学进行深造和继续教育，为改变就业环境做准备，博士的生源约有50%来自国外。

- 师资和教材。在高等学校从事软件教育的教授大多具有本专业的博士学位，只有少量教师仅有硕士学位，但是具有相当丰富的教学经验，高校也聘请一些公司的外籍技术人员执教。软件公司和培训中心主要是实战经验较丰富的高级职员和从大学聘请的专家学者；教材方面，研究生的教材由知名或资深教授和专家编写，侧重理论，主要是基础性理论知识；培训公司使用的教材一般是公司高级职员、教授或专家编写，内容实用性强、知识更新快，一般的教材只能使用半年左右。

2. 日本的软件人才培养模式

日本是软件生产大国，日本软件产业的迅速发展，很大程度上得益于拥有大量技术精湛的软件人才，而软件人才的获得，又得益于其独特的软件人才培养模式。

日本政府和企业非常重视软件人才的培养，要求软件人才具备扎实的计算机专业知识，良好的语言表达能力和沟通能力，较强的工程经济分析能力，健康的心理素质，较高的职业道德水平和规范的职业行为，良好的团队协作精神等。

在日本，高素质软件人才并非主要依靠高等院校培养，而是采取国家、企业、私人并举，产、学、研相结合的方式培养。在日本，一般较大的软件公司都设有自己的培训部门或中心，根据市场和公司的需求，培养各个层面的动手能力强的制作和编程人员。培训完成后，不仅可以获得专业证书，而且可以获得学位。一些大的软件公司为推销本公司产品，还与高校和社区学院合办培训项目或委托社区学院代办培训项目。社会上还有名目繁多的私人培训公司、咨询公司，利用业余时间培训在岗人员。

日本企业培养软件人才的特点是：企业经营策略随着经济环境的变化而不断调整，人才培养也为适应经营环境的要求而开展，软件人才培养的课程随着经营战略的变换而逐步丰富和完善。在人才培养方面，无论是经营管理人才培训，还是专业技术人员培训，或是生产技能培训，都普遍增设了软件方面的课程。企业经营重视自主性的集团化经营，人才培养也由各个独立的培训机构承担，既有自主，又有协作，各个公司形成了一整套别具特色的人才培养系统。企业在经营中非常重视研发，在人才培养方面也自始至终地贯彻了这一经营思想。

3. 印度的软件人才培养模式

近年来，印度软件及相关服务出口年均增长率超过50%，成为世界第一大软件外包供应国，2006至2007财年，印度软件出口达到310亿美元，而中国2007年软件出口额近19亿美元，不及印度的1/10。造成两国软件出口出现巨大落差的原因很多，其中软件人才培养模式的不同是主要影响因素，主要包括：

- 软件人才语言能力的培养。印度独立以前一直是英国的殖民地，英语成为该国的通用语言，尤其是受过高等教育的印度大学生，都能熟练地阅读英文文献和进行英语会话。这一特点使印度在与西方发达国家的交流上具有很多的便利条件，印度开发的计算机软件可直接出口英语国家，不存在任何语言障碍。
- 软件人才的素质教育。印度软件产业的快速发展与其软件人才的逻辑分析能力有很大关系。数学从定义、定理推演，一步步将题目求解出来，与写软件需要的分析和逻辑能力一致。同时，以实用为主旨的人才培养模式使印度更加注重人才的工作态度、表达能力、团队精神等非智力因素的培训。此外，重视直觉的训练，因为计算机中许多问题是无法通过逻辑解决的。

- 软件人才的结构。一个软件企业需要各种层次的软件人才，如程序员、项目分析师、程序设计师、行业专家(需求分析设计师)、应用人员(如数据库分析设计师)等。软件产业高、中、低三级人才的培养，是一个综合体系，要协调发展。因此，重视中高级软件人才的培养，更加强调软件蓝领的培育。
- 软件人才的职业教育。印度软件人才多数是通过职业教育，而不是高等教育培养的。目前，印度每年约有50万新增软件人才，其中大学毕业的只有7.4万，剩下的几乎全是通过职业教育与培训模式培养出来的，这充分反映了印度软件人才培养模式的职业教育定位。另外，印度还大力推进教育标准化进程，关于教学内容，软件培训中心有严格规定，并建立统一标准。许多培训中心还引进了ISO 9000质量认证，实施全面质量管理。职业教育所带来的益处十分明显，首先，有效地解决了低端人才缺乏问题；其次，大大缩短了人才培养时间，提高了人才使用效率；再次，结合实践的教学方式培养出的人才更好地满足了企业需求；最后，丰富的人才储备使人力资本成本降低，提升了软件企业及产业竞争力。
- 软件人才培养的目的。印度软件人才培养以应用为目的，体现在三个方面：一是产、学、研结合的教学模式。印度软件教育的一大特色是产业、教育互动关系密切，教学和新技术发展不脱节。学校的策略是利用产业界的力量，欢迎企业到校园设立实验室，并随时根据企业和产业需要修改教学大纲、调整课程内容，使教学体系更加务实和灵活。二是市场驱动的教学模式。印度政府没有具体规定学校如何运作，学校可以自己决定运作方式及收费标准。这种模式决定了职业培训中心必须具有良好的质量，否则就招不到学员。三是强调实践教学。实践是印度软件人才培训的主要方式，即不是按照从基础理论到专业理论，再到实习的路径来展开教学的，而是把传统教学顺序完全颠倒过来，先从“做”开始，学生在“做”的过程中如遇到问题，再以此为基础学习专业理论。
- 软件人才培养的国际化。印度领导人对人才外流有一种比较明智的看法，拉·甘地总理曾经说过：“即使一个科学家、一个工程师或者一个医生在50岁或60岁回到印度，我们并没有失去他们。我们将因为他们在国外工作获得经理职位成为富翁而高兴，他们会把那里的经验带回到国内来。”从1980年开始，印度政府对软件产业实行了一系列政策优惠，创造了良好的投资环境，为海外留学或工作人员回国开办软件企业及从事软件开发工作大开“绿灯”。这些海外归国的软件人才具备了从事软件开发与服务的良好技能，积累了丰富的经验，也拥有一定的资金，特别是与海外同行有着十分密切的联系，他们当中每人都形成了一张巨大的海外“关系网”，对促进印度软件外包业的发展起到了重要的作用。

4. 爱尔兰的软件人才培养模式

爱尔兰软件产业的快速发展，首先，得益于国家财政预算支出连年向该产业倾斜；其次，采取措施鼓励外国软件公司到爱尔兰从事研究开发；最后，实行税率优惠和政府补贴等。

为了使软件产业及其他高科技产业保持强势，爱尔兰启动了主题为“学校与2000年信息技术”的科教工程，在5年内投资4700万美元，用于加强中小学的计算机普及教育，实现全国中小学因特网连通。爱尔兰先后设立了科技创新委员会、信息社会委员会以及教育技术投资基金会，计划在今后3年内额外投资3.9亿美元，改善教育设施，拓展包括软件开发在内的研究领域。

爱尔兰在教育方面支出占公共支持14%左右的比例，在欧洲居前列。爱尔兰在14所技术院校中实施计算机课程认证，每年高校毕业约35 000人，约57%的学生毕业于计算机/工程学科，其中一些高校具有很强的IT开发能力，广泛进行校园孵化。爱尔兰最卓有成效的是“产、学、研”合作，研究机构、大学同企业间的紧密衔接，软件研发成果迅速转化。

爱尔兰政府在“三一学院”创建了计算机系，在各地建了12个技术研究院，培养适应未来发展的信息技术人才，建设软件园作为发展载体，如始建于1984年的爱尔兰国家科技园是企业与教育科研机构、企业与企业之间密切联系的纽带，成为该园14所科技院校的科研成果转化基地。

5. 中国的软件人才培养模式

软件产业是信息技术应用和信息化建设的基石，对人才的质量、数量及构成层次的要求都非常高，合理数量、结构和质量的软件人才队伍是软件产业持续健康发展的支撑基础，一个国家的软件人力资源储备、软件人才培养及使用状况决定着该国软件产业发展的水平和潜力。我国要实现软件产业的飞跃，走新型工业化道路，必须高度重视作为第一重要战略资源的人才，要做好人才的培养、吸引和使用这篇大文章。目前我国软件产业人才供需矛盾相当突出，人才结构不能满足产业发展的需要，高层次、复合型的技术带头人严重短缺；人才层次结构比例失调；软件人才严重缺乏。

针对中国软件专业人才教育培训的现状以及存在的问题，当前制约中国软件人才培养的根本因素在于资源共享和整合的体制机制约束尚未消除，人才供给与需求的脱节。这个问题的解决，一方面有赖于各类软件人才培养机构与软件企业之间加强合作与交流，不断创新合作方式，突破供需矛盾的瓶颈，实现软件人才培养与使用的体系化，同时也必须依靠政府部门在人才管理和教育资源管理方面的不断创新，努力形成完善的资源整合机制和人才流动机制，为软件人才的培养创造良好的环境。

随着我国教育事业的迅速发展，软件人才培养目前已在我国逐渐形成了以高校及科研机构培养为主，其他机构为辅的体系，其中高校和科研机构为软件企业提供了大量的人才储备，占到了人才总供给量的68%。以下就四类人才培养方式的利弊做简要分析。

1）普通高校及科研机构

目前我国共有普通高校1500余所（含本/专科），科研机构315个。自1998年高等院校扩大招生以来，计算机及软件专业的学生数量呈现出迅猛的增长趋势，2007年，高等院校在校生总规模约2300万人，其中计算机软件及相关专业在校学生大约350万人，计算机软件及相关毕业生总数约为60多万人。我国每年培养的计算机相关专业毕业生数量与软件企业人才需求数量基本吻合，毕业生具备系统完善的基础理论体系，但与产业需求差距较大，到企业中需要半年至一年的适应期，不能完全满足企业的用人需求，究其原因主要是学校与企业之间存在着学生学习、实习与就业的鸿沟，主要包括：

（1）入学基础差。由于我国的中小学教育仍围绕着“升学指挥棒”运转，许多中学计算机课程的开设形同虚设，造成多数学生进入大学时，缺乏计算机的一些必要知识基础。而国外（如英国、爱尔兰等）的许多中学在初中阶段就开始开设了“Java 编程”和“Internet 网络”等课程，与他们相比，我国更应加强中小学的计算机普及教育。

（2）课程滞后于企业实际。由于历史原因，我国的高等教育以精英教育为主，缺乏实用的分类教育目标指引，学校着重于培养学生系统的基础理论知识和研究能力，而对人才的工程化和实践能力关注不足。另外，学校的教学体系及教学计划相对固定，一旦确定，在短期内很难改变，面对飞速发展的软件技术，学校课程必然会滞后于千变万化的企业需求。现在学校专业实践课程（包括程序设计语言、操作系统、编译器、数据库等课程设计），只占整个教学过程的很少部分，且偏重于计算机的基础应用，与目前企业主流应用脱节。

（3）多数教师缺乏企业工作经验。由于教师在教室里按照课本教书，远离企业及需求市场，缺乏企业中开发人员对实际需求的敏感度及大量的实践机会，因此，教师的知识更新速度较慢，容易出现与企业实际越来越远的情况。

（4）学生实习环节存在大量问题。学生的毕业设计和论文是提高学生实际能力的最好机会，但这一环节目前普遍存在问题。首先是项目来源问题，学生的毕业设计以研发型和理论型项目为主，来自市场的真实项目非常少，且规模及实用性都不足以训练学生的实用能力。其次，如果学生到企业实习，实习学生经常成为企业廉价打杂人员，且没有经验丰富的项目经理指导及规范化的专业训练，往往需要花费很长时间摸索才能学到一些实用技术，浪费了许多宝贵时间。

（5）校企合作缺乏基础。由于存在高等教育与企业需求的脱节，因此，大部分软件企业不希望招聘刚毕业的大学生，而希望招聘有一定工作经验的人员，这就为校企合作制造了一定障碍，特别是一些非名牌院校，鲜有企业直接与之合作。为此，学生就业问题成了绝大多数非重点高校的头等大事。

2）软件示范学院

2001 年初，原国务院总理朱镕基出访印度，随即在中国刮起学习和赶超印度软件业的旋风。也正是在这一年，教育部《关于批准有关高等学校试办示范性软件学院的通知》中批准的全国 35 所示范性软件学院陆续成立，中国软件人才培养开始探索一条全新的道路。

软件学院的出现，解决了一部分工程化人才的培养问题，在一定程度缓解了人才供需的矛盾。但软件学院依附于高等院校的教育体制下，存在着以下先天不足：

（1）绝大部分学校的软件学院是从计算机学院分化而来，由于缺乏学科的有力支撑以及配套的科研环境，几乎不可能得到计算机学院最核心的资源和师资，且教师的思维模式也是顺延以传统的计算机学院教学方式为主，追求课程体系的系统、完整，培养目标是软件蓝领、软件白领还是软件精英，始终困扰着软件学院的发展方向。另外，国内软件学院普遍缺乏满足软件学院要求的独立、科学的教学和教材体系，缺少企业人才培养思路和经验。

（2）许多软件学院建立了与企业的密切合作关系，同时也引入了大量的企业资源，但许多软件学院将企业资源直接应用，并未消化、整理和利用好，在与理论教学的衔接处出现了问题。

（3）软件学院的学生多数来自高中生高考（小部分来自非计算机专业的转专业学生），由于软件学院的收费普遍高于计算机学院，且一些软件学院软硬件条件又缺乏与高收费相匹配的足够吸引力，因而入学要求一般较低，相比较计算机专业学生，理论基础较差，到企业后一些学生出现了学习能力差、思路僵化、后劲不足等问题。

3）高等职业学校和各类培训机构

随着教育制度的改革，职业学校及社会培训机构如雨后春笋般地发展起来了，截止到2004年，我国共有中等职业学校约1145万所，当年招生566万人，在校生达1409万人；有高职高专院校1047所，其中职业技术学院872所，招生237万人，在校生597万人。目前全国有各类社会培训机构3000余家，跨地区的培训机构100余家。职业学校及社会培训机构支撑了全民教育体系的完整性，如北大青鸟APTECH凭借其“软件蓝领＋精英师资＋教材本土化”三环相扣的培训理念和“特许经营＋标准化复制”双管齐下的经营模式，走出了一套“青鸟模式”，为国内的教育培训行业树立了一个成功的案例，也为当前我国解决就业难题走出了一条有利于企业、有利于社会、有利于民生的多方共赢之路。

4）企业内训

为了培养满足企业自身需要的人才，许多企业也纷纷办起了企业内训，有些企业甚至还将内训课程拿到社会上公开招生。此举培养了学生的实际操作能力，减少了其适应周期，是一种比较好的人才培养模式。但对一般企业而言，培训不是其主流业务，企业必不肯花费太大投资去做深入研究，且每个企业对软件技术要求的侧重点不同，因此，这种模式很难用于大规模人才培养。

1.9 本书摘要

2001年12月，教育部、原国家计委批准成立第一批35所国家示范型软件学院，主要目标是培养高层次、国际化和实用型的复合软件人才，满足社会对高层次软件实用人才的迫切需要。软件学院主要承担软件工程工程硕士研究生（双证）、软件工程工程硕士研究生（单证）、四年制软件工程专业本科生、在校转专业本科生和软件工程第二学位本科生等两个层次五个类别学生的教学培养工作。

目前，国内多数软件学院都花了很大代价引进著名的卡耐基-梅隆大学（Carnegie Mellon University，CMU）软件工程本科核心课程，许多专业课采用双语教学和最新英文原版教材，并与国外大学联合招收软件工程硕士研究生。同时，与印度TCS、Infosys、Wipro等著名软件外包公司展开各种形式的教学合作与学生交流。经过七年多的运行，软件学院为社会培养了大批的软件人才，获得了社会、家长和学生的广泛认可。但是，随着计算机技术的不断发展和社会需求的不断提高，软件学院未来进一步发展面临一些突出的问题，包括如何明确软件学院软件工程专业的定位，避免与计算机学院计算机科学与技术专业的“同质化”竞争问题；强调软件学院的办学特色，设计满足中国学生实际情况的课程和教材等培养体系，做到“国际化”与“本土化”的有机结合等。

软件开发实践课程是四川大学软件学院众多一线任课教师经过5年多教学实践基础上提炼的一门特色课程，具有“承上启下”的作用，即在C/C++/Java高级程序设计语言、软件工程、计算机网络、操作系统、数据库等专业基础课的基础上，通过实际的软件项目与产品开发，激发学生学习和动手实践的兴趣，拓展学生市场思维，掌握软件开发技能，培养创造性的工程设计和协同工作意识，提高综合分析和解决问题的能力，为后续课程学习、校外实训、ACM竞赛、萌芽基金、大学生创新性实验计划、毕业设计甚至学生就业和创业奠定坚实的基础。

软件开发实践不同于一般的高级程序设计语言和软件工程的实验课，特色之处包括：

(1) 案例化。作为一门独立、实用、综合的软件开发实践课程，针对性强，借鉴管理学科MBA案例分析的思想，基于软件产品案例化教学，提升学生的软件工程和高级程序设计语言等知识和软件工具的综合运用能力，以基于项目驱动的教学模式和方法改革软件工程专业的课程体系。

(2) 实用化。课程项目来源的三种途径：

① 课程项目结合教师科研方向，来自教师的真实科研项目，对学生的训练有实际意义；

② 通过引导学生确定市场导向的、感兴趣的项目，培养学生的市场意识和软件产品化能力，做到理论和实际的有机结合；

③ 与企业合作，课程项目来自企业的外包或分包项目，或实际参与到企业的开发团队中，承担一部分设计与开发工作。

(3) 个性化。建立"学生为主体，教师为主导"的教学模式，采用小组化、个体化教学方式，每组4～6人，教师充当教练和师傅，其教学效果远优于一般的大课课堂教学效果，更适合软件开发人才的培养，对学生个性和能力的发展很有帮助。

(4) 互动化。建立了教师与学生的一种良好教学关系，教师在课程结束以后继续指导学生进行软件开发工作，并最终取得各方面成绩，为学生未来创业和就业奠定坚实的基础。

(5) 成果化。每期课程结束后，进行实践成果的评选，优秀项目编为案例集，并推荐为学院萌芽基金和学校本科生科研训练计划的备选项目，继续资助学生不断研发，成为一个跨多个学期的项目，逐步发展成一个可用的软件产品，改善软件工程专业学生的培养效果和质量。

课程教学方式建议：

- 将学生分成若干项目组，每组4～6人，推选组长1名。
- 课堂教学以学生为主，教师采取引导、讨论的方式，最大程度调动学生的积极性，激发学生的开发兴趣，确定项目组开发项目的内容、目标、分工和计划。
- 课程教学预计需要30～40个学时，主要用于项目进度和问题的分析与探讨，课余学生用于项目开发的时间约为课堂时间的3～4倍。
- 根据软件工程的流程，按照实际工程的标准合理组织项目的实施，按照需求分析、系统设计、编码实现和测试与文档四个阶段设定节点，加强日常项目管理，并检查项目成果。
- 较为完整的软件产品分类案例集只是希望对教师和学生的软件开发实践选题提供一个参考，教学方式采用基于项目驱动的方法，而非基于案例驱动的教学方法，任课教师一般可重点选择介绍一个案例。
- 评价方式主要采用考查方式，平时表现、项目开发成果及项目报告三个方面结合，评价项目组及每个学生的实践成果。

本书详细介绍了软件开发实践课程的目标、内容、组成、方法与应用。全书分为17章。第1章绪论，主要介绍软件的概念及特征、软件技术、软件产业、软件技术专利和标准、软件人才教育和培养模式的比较与分析等内容；第2章实用软件产品开发过程及规范，主要介绍目前业内企业在实际软件开发中，采用的具体软件开发过程及规范等内容；第3章至

第17章是部分具体软件产品的案例分析，主要介绍操作系统产品、软件工程环境产品、信息安全产品、数字娱乐产品、电子政务产品、电子商务产品、嵌入式系统产品、计算机网络产品、无线通信产品、算法类、多媒体产品、IC设计产品、构件产品、银行产品、电信产品等典型产品的基本方案、主要开发内容及过程，形成一个较为完整的软件产品分类案例集。

本书相当大一部分内容是四川大学软件学院众多一线任课教师经过5年多教学实践提炼的结果，反映了国内外软件技术教育和应用的最新进展。本书面向高等院校软件工程、计算机科学与技术、电子工程、通信工程等专业二年级以上本科生和研究生，可作为“软件开发实践”和“软件工程开发”等有关课程的教材，与其他相关课程的关系如图1-1所示。同时，也可作为各级职业教育软件开发、设计与应用人员培训的参考书，以期共同促进我国软件技术教育和应用的发展。

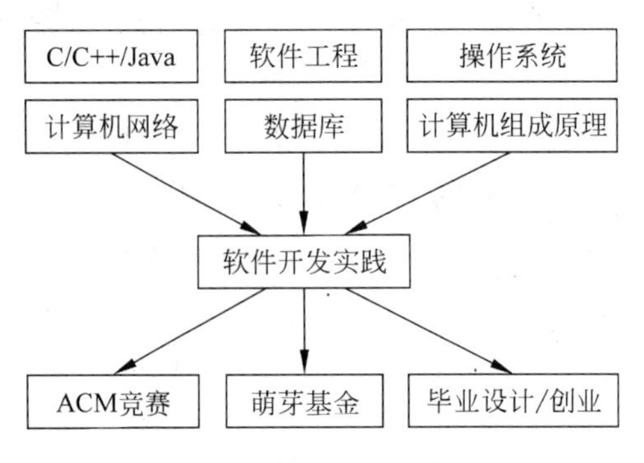

图1-1　软件开发实践在课程体系中的位置

CHAPTER 2

第 2 章

实用软件开发过程及规范

2.1 引言

软件工程(software engineering)的研究内容十分广泛,根据IEEE[IEE93]的定义,软件工程是:

(1) 一种系统的、严格的、可定量的方法在软件开发、运行和维护中的应用,即工程化方法在软件开发中的应用;

(2) (1)中所述方法的研究。

软件工程也称为软件工程学,是研究软件生命周期中的一切活动,包括需求分析、规格说明、计划、设计、实现、维护及管理的科学,是一门交叉学科,既包含软件开发的方法、技术和工具,又包含相应的项目管理、成本控制及核算等经济和管理知识。研究的重点是软件设计方法论及工程开发技术,研究的最终目的是为经济有效地开发软件系统提供科学的方法和辅助工具。

同时,软件工程是一个分层的技术(如图 2-1 所示),最底层是质量保证,它是支撑整个软件工程的基石;处理层定义了一系列关键处理域的框架,构成了软件工程技术的基础;方法层提供了如何开发软件的方法和技术,包含了支持软件工程一系列任务的方法和技术,如需求分析、规格说明、设计、编码、测试和维护等任务;工具层为处理层和方法层提供了自动化或半自动化的支持。

tools(工具层)
methods(方法层)
process(处理层)
a quality focus(质量保证)

图 2-1 软件工程的层次结构

在工具层,支持软件开发大部分过程或全部过程的软件系统,称为 CASE 环境。

当前软件工程中的一个热点是软件过程(software process)。软件过程是指生产软件的过程或途径,包括了一系列的阶段,如需求分析、规格说明、计划、设计、实现、维护,到最终退役。软件过程还涉及用于开发和维护软件的工具和技术,以及软件专业人员等多方面的因素。关于改善软件过程的策略有三个流派：美国的CMM/PSP/TSP、ISO 9000系列以及ISO SPICE标准。目前，学术界和工业界公认CMM是当前最好的软件过程。

软件产品通常从概念的研究与抽象开始，经过需求分析、规格说明、设计、实现、维护等阶段，到最终退役，软件所经历的一系列步骤称为软件生命周期（software life cycle），如图2-2所示。目前存在多种不同的软件生命周期模型，如瀑布模型（waterfall model）、快速原型模型（rapid prototype model）、增量模型（incremental model）、螺旋模型（spiral model）、面向对象（object-oriented）生存期模型、基于构件（component-based）生存期模型、过程开发模型（process development model，又称混合模型hybrid model）以及极不令人满意的边做边改模型（build-and-fix model）等。

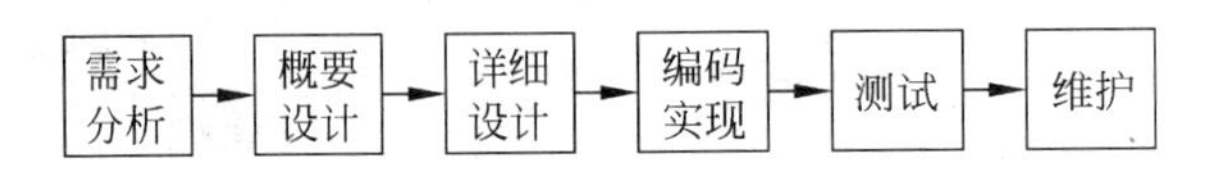

图2-2 软件工程的生命周期模型

普通软件工程研究的重点为大型、静态的台式机（主要包括微机、工作站等）上的软件系统提供软件设计方法论、工程开发技术以及相应的辅助工具。根据不同的应用领域和对象，软件工程进一步发展为一些特定的软件工程和方法，如嵌入式软件工程（software engineering for embedded system）、实时软件工程（software engineering for real-time system）、基于构件的软件工程（component-based software engineering）、面向方面的软件工程（aspect-oriented software engineering）、面向服务的软件工程（service-oriented software engineering）等。其中，嵌入式软件工程（software engineering for embedded system）是根据普通软件工程的一般原理和方法，针对嵌入式系统的特殊性，研究满足嵌入式软件开发要求的方法和技术，同时，将这些工程化方法和技术应用到嵌入式软件开发中。嵌入式软件工程研究的重点为具有实时性约束的嵌入式系统中软件系统提供软件设计方法论、工程开发技术以及相应的辅助工具。由于运行在嵌入式设备中的软件系统具有同普通软件系统不同的特性和要求，如实时性、可靠性、并发性、可嵌入性以及软硬件紧密结合等特点，因此，嵌入式软件工程是针对嵌入式系统的这些特殊性，研究满足嵌入式软件要求的开发方法、技术和工具。

下面根据软件工程的生命周期模型，对一套实用的软件开发过程规范做一个简要的介绍，供软件开发实践项目中参考使用。

2.2 开发大纲

1. 目的

按软件工程的方法进行项目管理，在软件项目开发之前系统地规划整个项目进展过程，包括阶段划分、资源分配、进度安排、阶段具体计划的制定等，确保项目在预算之内及时交付并达到质量目标。

2. 适用范围

适用于所有软件产品和软件项目。

3. 职责

项目负责人：负责编制《软件系统规格说明书》与《项目开发计划》。

研发部负责人：负责组织评审《软件系统规格说明书》和《项目开发计划》并进行审批。

配置管理员：负责项目期间的配置管理工作。

4. 工作程序

1）项目管理的阶段划分

项目管理划分为如下两个阶段。

（1）项目启动阶段：在进入具体项目实施之前为获得明确需求或进行完备可行性调研及整体策划所花费的时间，分为第一阶段与第二阶段，第一阶段为明确需求阶段，第二阶段为具体策划阶段。

（2）项目实施阶段：在获得明确需求或通过可行性评估后为实现项目所做的设计和实现。

2）明确需求阶段

项目启动进入需求分析，项目负责人负责全程的需求管理，组建需求分析小组，了解并协调客户的软件目标、需求分配、接口标准、测试与验收标准、交付期需求、预算限制和资源限制。确定明确具体的需求，包括软件开发环境与技术，软件设计、编程、测试的需求和标准，配置管理需求，质量保证需求，项目风险及降低风险的策略。

项目负责人需提交编制详细的《软件系统规格说明书》，并经客户方确认。

3）项目策划

经过客户方确认后，下达《设计开发任务书》。指定相关的项目负责人、配置管理员测试、开发人员等相关人员。

项目负责人编制《项目开发计划》，项目开发计划应包含测试阶段的计划活动；配置管理员负责依据《配置管理计划编写规范》编制《配置管理计划表》，提交管理部门负责人审批；并组织《项目开发计划》、《配置管理计划表》的评审。

4）系统设计和设计评审

- 设计人员按《软件开发计划》关于进度和阶段划分的要求，根据《软件系统规格说明书》进行系统设计，设计过程应考虑软件产品或软件项目的使用要求，以及测试和维护的要求。
- 《系统设计报告》在提交之前必须进行评审。主要由项目负责人、项目设计人员参加评审。评审的内容可以包括：该设计能否满足规定的功能和性能要求；设计是否满足相应的设计规范；设计是否满足下一阶段工作的输入要求；在进入下一阶段工作前，所有已发现的错误或缺陷是否均已消除，或虽未消除但继续进行工作的风险已弄清楚；评审生成《设计开发评审表》。
- 没有通过评审的《系统设计报告》，由设计人员负责按照评审意见进行修改，修改后重新评审。
- 如果在软件开发过程中需要对《系统设计报告》进行修改时，须填写《设计更改申请单》申请更改，经审核批准后方可修改。

5）编码实现

- 编码实现前，项目负责人需要提供《设计任务单》，明确各项任务及其实现人、实现期限、实现文档等。
- 项目开发人员应根据所要实现的系统要求选用相应的编程工具，并遵守《计算机源代码编写规范》、《项目开工报告》和《设计任务单》中确定的标准与规程进行系统编码。同时，开发人员按照《系统设计报告》的要求实现系统编码，以满足用户对系统功能和质量的要求。
- 在编码实现的过程中，开发人员应注意保存必要的编码信息和用户使用信息，完成编码后，应整理这些信息，并编写《用户手册》。

6）项目的实现跟踪和评估

- 周/月度工作计划报告：包括项目目前的进度与状态、本周/月主要成绩、下周/月项目进度、需要解决的问题和计划变更等。
- 项目结束报告：项目完成后，应进行项目总结，由项目负责人编写《项目结束报告》；《项目开发总结报告》需项目负责人与项目管理部门共同评审。

7）建立文档规范

- 目的：使项目报告格式、编排整齐统一，便于阅读和归档。
- 适用范围：适用于本软件产品或软件项目所有报告的编制。
- 编写规范：如文档摘要（如表 2-1 所示）、排版规范、字体、字号、图标编号、行/节缩进和间距等。

表 2-1 文档摘要编写格式

XXX 报告/说明书	编　　号：BGH-2009-012
	修 改 号：0
	发 放 号：
发布时间：2009-05-20	实施时间：2009-06-01
编　　制：	批　　准：XXX

- 文档模版的制订、管理与使用：应由专人负责管理与维护。

8）最终归档

项目完成或终止后，全部项目资料、文档与软件交管理部门归档。

5. 质量记录

- 设计开发评审表；
- 设计更改申请单；
- 周/月度工作计划报告；
- 项目开发总结报告；
- 设计开发任务书；
- 项目开工报告；
- 配置管理计划表；
- 项目开发计划。

2.3 需求分析规范

1. 引言

1) 目的

说明编写这份报告的目的，指出预期的读者。

2) 背景

指出待开发的软件系统的名称，行业情况，本项目的任务提出者、开发者、用户，该软件系统同其他系统或其他机构的基本的相互来往关系。

3) 参考资料

列出编写本报告时参考的文件（如经核准的计划任务书或合同、上级机关的批文等）、资料、技术标准，以及他们的作者、标题、编号、发布日期和出版单位，如表 2-2 和表 2-3 所示。

表 2-2 参考资料编写格式

编号	资料名称	简介	作者	日期	出版单位

表 2-3 Internet 参考资料编写格式

网点	简介

列出编写本报告时查阅的 Internet 上杂志、专业著作、技术标准以及相应的网址。

4) 术语

列出本报告中用到的专门术语的定义。

2. 任务概述

1) 目标

叙述该项软件开发的意图、应用目标、作用范围以及其他应向读者说明的有关该软件开发的背景材料，解释被开发软件与其他有关软件之间的关系。如果本软件产品是一项独立的软件，而且全部内容自含，则说明这一点；如果所定义的产品是一个更大系统的一个组成部分，则应说明本产品与该系统中的其他各组成部分之间的关系。为此，可使用一张方框图来说明该系统的组成和本产品同其他各部分的联系和接口。

2) 系统（或用户）的特点

如果是产品开发，应列出本软件的特点，与旧版本软件（如果有的话）的不同之处，与市场上同类软件（如果有的话）的比较，并说明本软件预期使用频度。

如果是针对合同开发，则应列出本软件的最终用户的特点，充分说明操作人员、维护人员的教育水平和技术专长，以及本软件预期使用频度，这些内容构成了软件设计工作的重要约束。

3. 假定和约束

列出进行本软件开发工作的假定和约束，如经费限制、开发期限等。

4. 需求规定

1）软件功能说明

2）对功能的一般性规定

本处仅列出对软件系统的所有功能（或一部分）的共同要求，如要求界面格式统一、统一的错误声音提示、要求有在线帮助等。

3）对性能的一般性规定

对数据精度、响应时间的要求。

本处仅列出对软件系统的所有性能（或一部分）的共同要求，针对某一功能的专门性能要求应列在该功能规格说明中。

4）其他专门要求

视具体情况，列出不在本规范规定中的需求，如对数据库的要求、多平台特性要求、操作特性要求、场合适应性要求等对某一具体软件系统的所有功能（或一部分）的共同要求，针对某一功能的专门要求应列在该功能说明中。

5）对安全性的要求

指出系统对使用权限的管理要求（使用权限分为几级、是否与部门权力体系对应等）、信息加密、信息认证（确定穿过系统或网络的信息没有被修改）方面的要求。

5. 运行环境规定

1）设备及分布

- 主机类型；
- 网络类型；
- 存储器容量；
- 其他特殊设备；
- 设备分布图。

2）支撑软件

- 操作系统；
- 数据库管理系统；
- 其他支撑软件。

3）接口

简要说明该软件同其他软件之间的公共接口、数据通信协议等，如果外部接口仅与某子功能有关，该接口说明应列在子功能规格说明书中。

4）程序运行方式

说明该软件的运行方法，如部件、独立程序、API等。

6. 开发成本估算

以列表的方式给出各功能规定所需的开发人时和具体费用，如差旅费。

7. 编写《软件需求规格说明书》

8. 尚需解决的问题

2.4　概要设计规范

1. 引言

1）编写目的

说明编写该概要设计说明书的目的，指出预期的读者。

2）背景

包括待开发软件系统的名称，列出此项目的任务提出者、开发者、用户以及将运行该软件的计算站（中心）。

3）定义

列出本文件中用到的专门术语定义和外文首字母组词的原词组。

4）参考资料

列出有关的参考文件，如：

- 本项目经核准的计划任务书或合同，上级机关的批文等。
- 属于本项目的其他已发表文件。
- 本文件中各处引用的文件、资料，包括所要用到的软件开发标准。同时，列出这些文件的标题、文件编号、发表日期和出版单位，说明能够得到这些文件资料的来源。

2. 总体设计

1）需求规定

说明对本系统的主要输入输出项目、处理的功能/性能要求。

2）运行环境

简要地说明对本系统的运行环境（包括硬件环境和支持环境）的规定。

3）基本设计概念和处理流程

说明本系统的基本设计概念和处理流程，尽量使用图表的形式。

4）结构

用一览表及框图的形式说明本系统的系统元素（各层模块、子程序、公用程序等）的划分，扼要说明每个系统元素的标识符和功能，分层次地给出各元素之间的控制与被控制关系。

5）功能需求与程序的关系

本条用一张矩阵图说明各项功能需求的实现同各块程序的分配关系，如表2-4所示。

表 2-4　功能需求与程序的关系

	程序1	程序2	…	程序 m
功能需求1	√			
功能需求2		√		
⋮				
功能需求 n		√		√

6）人工处理过程

说明在本软件系统的工作过程中不得不包含的人工处理过程(如果有的话)。

7）尚未解决的问题

说明在概要设计过程中尚未解决，而设计者认为在系统完成之前必须解决的各个问题。

3. 接口设计

1）用户接口

说明将向用户提供的命令和它们的语法结构，以及软件的回答信息。

2）外部接口

说明本系统同外界的所有接口的安排，包括软件与硬件之间的接口、本系统与各支持软件之间的接口关系。

3）内部接口

说明本系统内部各个子系统或模块间接口的安排。

4. 运行设计

1）运行模块组合

说明对系统施加不同的外界运行控制时所引起的各种不同的运行模块组合，说明每种运行所经历的内部模块和支持软件。

2）运行控制

说明每一种外界的运行控制方式、方法和操作步骤。

3）运行时间

说明每种运行模块组合将占用各种资源的时间。

5. 系统数据结构设计

1）逻辑结构设计要点

给出本系统内所使用的每个数据结构的名称、标识符以及它们之中每个数据项、记录、文卷和系的标识、定义、长度及它们之间层次的或表格的相互关系。

2）物理结构设计要点

给出本系统内所使用的每个数据结构中每个数据项的存储要求、访问方法、存取单位、存取的物理关系(索引、设备、存储区域)、设计考虑和保密条件。

3）数据结构与程序的关系

6. 系统出错处理设计

1）出错信息

用一览表的方式说明每种可能的出错或故障情况出现时，系统输出信息的形式、含意及处理方法。

2）补救措施

说明故障出现后可能采取的变通措施，包括：

- 后备技术。当原始系统数据万一丢失时，启用副本的建立和启动的技术，如周期性地将磁盘信息记录到磁带上，是对于磁盘媒体的一种后备技术。
- 降效技术。使用另一个效率稍低的系统或方法求得所需结果的某些部分，如一个自动系统的降效技术可以是手工操作和数据的人工记录。

- 恢复及再启动技术。使软件从故障点恢复执行或使软件从头开始重新运行的方法。

3）系统可维护设计

说明为了系统维护的方便而在程序内部设计中做出的安排，包括在程序中专门安排用于系统的检查与维护的检测点和专用模块。

2.5 详细设计规范

1. 引言

1）编写目的

说明编写该详细设计说明书的目的，指出预期的读者。

2）背景

包括待开发软件系统的名称，本项目的任务提出者、开发者、用户和运行该程序系统的计算中心。

3）定义

列出本文件中用到的专门术语定义和外文首字母组词的原词组。

4）参考资料

列出有关的参考资料，如：

- 本项目经核准的计划任务书或合同、上级机关的批文等。
- 属于本项目的其他已发表的文件。
- 本文件中各处引用到的文件资料，包括所要用到的软件开发标准。同时，列出这些文件的标题、文件编号、发表日期和出版单位，说明能够取得这些文件的来源。

2. 程序系统的结构

用一系列图表列出本程序系统内每个程序（包括每个模块和子程序）的名称、标识符和它们之间的层次结构关系。

3. 程序（标识符）设计说明

从本设计报告开始，逐个地给出各个层次中每个程序的设计考虑。以下给出的提纲是针对一般情况的，对于一个具体的模块，尤其是层次比较低的模块或子程序，其很多条目的内容往往与它所隶属的上一层模块的对应条目的内容相同，在这种情况下，只要简单地说明这一点即可。

1）程序描述

给出对该程序的简要描述，主要说明安排设计本程序的目的和意义，并说明本程序的特点，如是常驻内存还是非常驻内存、是否子程序、是可重入程序还是不可重入程序、有无覆盖要求、是顺序处理还是并发处理等。

2）功能

说明该程序应具有的功能，可采用 IPO 图（即输入—处理—输出图）的形式。

3）性能

说明对该程序的全部性能要求，包括对精度、灵活性和时间特性的要求。

4）输入项

给出对每一个输入项的特性，包括名称、标识、数据的类型和格式、数据值的有效范围、输入的方式、数量和频度、输入设备、输入数据的来源和安全保密条件等。

5）输出项

给出对每一个输出项的特性，包括名称、标识、数据的类型和格式、数据值的有效范围、输出的形式、数量和频度、输出设备、对输出图形及符号的说明、安全保密条件等。

6）算法

详细说明本程序所选用的算法，包括具体的计算公式和计算步骤等。

7）流程逻辑

用图表（如流程图、判定表等）辅以必要的说明表示本程序的逻辑流程。

8）接口

用图的形式说明本程序所隶属的上一层模块及隶属于本程序的下一层模块及子程序，说明参数赋值和调用方式，说明与本程序相直接关联的数据结构（如数据库、数据文卷）。

9）存储分配

根据需要，说明本程序的存储分配方式。

10）注释设计

说明准备在本程序中安排的注释，如：

- 加在模块首部的注释。
- 加在各分支点处的注释。
- 对各变量的功能、范围、默认条件等所加的注释。
- 对使用的逻辑所加的注释。

2.6 编码规范

1. 目的

在软件开发过程中，编程的工作量是相当大的，同一项目参与编程的人可能具有不同编程的经验和习惯，不同风格的程序代码使维护工作变得复杂和困难。为了提高代码的可读性、系统的稳定性，以及降低维护和升级的成本，特编写本规范以统一各开发人员的编程工作。

2. 编写对象

本规定适用于所有软件的源程序编写。客户有特殊要求时，则遵循客户提出的要求。对于移植性开发或低版本的升级开发，同样遵循本规范要求。

3. 规范内容

1）注释规则

- 一般情况下，源程序有效注释量必须在20%以上。注释的原则是有助于对程序的阅读理解，在该加的地方都要加注释，注释不宜太多也不能太少，注释语言必须准确、易懂、简洁。
- 说明性文件头部应进行注释，如头文件 .h 文件、.inc 文件、.def 文件、编译说明文

件 .cfg 等，注释必须列出版权说明、版本号、生成日期、作者、内容、功能、与其他文件的关系、修改日志等，头文件的注释中还应有函数功能简要说明。

- 源文件头部应进行注释，列出版权说明、版本号、生成日期、作者、模块目的/功能、主要函数及其功能、修改日志等。
- 边写代码边注释，修改代码同时修改相应的注释，以保证注释与代码的一致性。不再有用的注释要删除。

2）命名规则

- 标识符的命名要清晰、明了，有明确含义，同时使用完整的单词或大家基本可以理解的缩写，避免使人产生误解。较短的单词可通过去掉“元音”形成缩写，较长的单词可取单词的头几个字母形成缩写，一些单词尽量使用大家公认的缩写。
- 命名中若使用特殊约定或缩写，则要有注释说明。应该在源文件的开始之处，对文件中所使用的缩写或约定，特别是特殊的缩写，进行必要的注释说明。
- 自己特有的命名风格，在一个项目中要自始至终保持一致，不可来回变化。个人的命名风格，在符合所在项目组或产品组的命名规则的前提下，才可使用，即命名规则中没有规定到的地方才可有个人命名风格。
- 命名规范必须与所使用的系统风格保持一致，并在同一项目中统一。

3）源代码规则

- 风格约定：采用缩进的格式保存程序的层次结构，要求能直观地识别出循环、判断等层次结构。
- 使用严格形式定义的、可移植的数据类型，尽量不要使用与具体硬件或软件环境关系密切的变量，降低公共变量耦合度。
- 在同一项目组应明确规定对接口函数参数的合法性检查应由函数的调用者负责还是由接口函数本身负责，默认是由函数调用者负责。对于模块间接口函数的参数合法性检查这一问题，往往有两个极端现象，即要么是调用者和被调用者对参数均不作合法性检查，结果就遗漏了合法性检查这一必要的处理过程，造成问题隐患；要么就是调用者和被调用者均对参数进行合法性检查，这种情况虽不会造成问题，但产生了冗余代码，降低了效率。
- 不要使用难懂的技巧性很高的语句，除非很有必要时。
- 避免设计多参数函数，不使用的参数从接口中去掉。
- 改进模块中函数的结构，降低函数间的耦合度，并提高函数的独立性以及代码可读性、效率和可维护性。优化函数结构时，要遵守原则包括：不能影响模块功能的实现；仔细考查模块或函数出错处理及模块的性能要求并进行完善；通过分解或合并函数来改进软件结构；考查函数的规模，过大的要进行分解；降低函数间接口的复杂度；不同层次的函数调用要有较合理的扇入、扇出；函数功能应可预测；提高函数内聚，单一功能的函数内聚最高，对初步划分后的函数结构应进行改进、优化，使之更加合理。

4）用户界面规范

- 用户界面布局和结构应当合理。
- 颜色搭配方面应当咨询美术专业人员。
- 界面中必须有公司或产品标识。

- 界面总体视觉应当大众化。

5）合理性原则

- 提示说明应当简短且避免产生歧义。
- 提示或警告信息应当具有导向性，能准确告诉用户错误原因及恢复方法。提示和警告对话框应当使用标准规范。
- 快捷键的定义必须符合用户操作习惯。
- 程序需要长时间处理或等待时，应当显示进度条并提示用户等待。
- 一些敏感操作，如删除等操作在执行前必须提示用户确认。

具体的《C语言编码规范》、《Java语言编码规范》和《GNU编码规范》见附录A。

2.7 测试规范

1. 目的

明确软件产品测试过程中测试设计、测试执行及测试总结工作的具体任务分解、人员安排、进度及输出结果，以使整个测试工作有计划地顺利进行。

2. 适用范围

本规范适用于软件项目与软件产品的整个测试活动。

3. 职责

（1）项目负责人：负责测试计划的审批。

（2）开发人员：负责编制《单元测试计划》和《集成测试计划》。

（3）测试人员：负责编制《系统测试计划》。

4. 规范要求

（1）总则。

根据项目情况，测试一般包括以下四类。

- 单元测试：开发人员对自己编写模块的内部测试。
- 集成测试：对多个模块之间的接口进行的测试，一般由开发人员执行，采用黑盒与白盒相结合的测试方法。
- 系统测试：集成测试完成，方可进行系统测试，通过参照系统需求和设计文档，进一步确认系统功能的正确性和完整性，包括功能确认测试、性能测试、安装测试和加密检测等，一般采用黑盒测试法。
- 验收测试：有用户参与的测试。

（2）测试流程图。

所有阶段的测试都应当遵循如下流程，如图2-3所示。

- 第一步：制定测试计划。
- 第二步：设计测试用例。
- 第三步：如果满足“启动准则”，那么执行测试。
- 第四步：撰写“测试报告”。
- 第五步：消除软件缺陷，如果满足“完成准则”，那么正常结束测试。

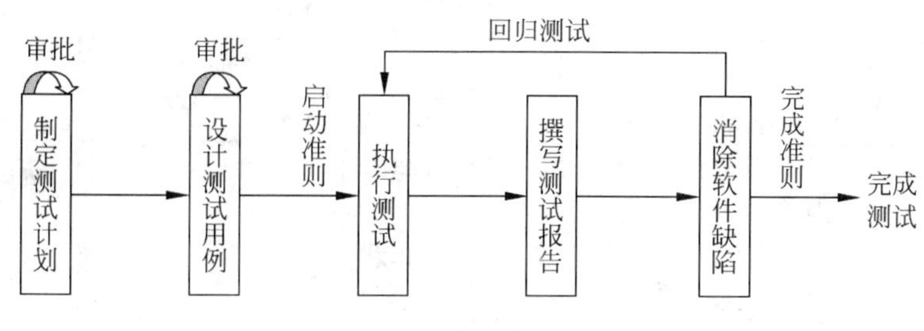

图 2-3 测试流程图

其中,测试的“启动准则”是指同时满足以下条件,允许开始测试:

- 测试计划已经制定并且通过了审批。
- 测试用例已经设计并且通过了审批。
- 被测试对象已经开发完毕并等待测试。

测试的“完成准则”是指对于非严格系统可以采用“基于测试用例”的准则,同时满足以下条件,允许结束测试:

- 功能性测试用例通过率达到100%。
- 非功能性测试用例通过率达到90%时。

(3) 执行规范。

- 测试计划:开发部门依据《开发计划》安排,成立功能测试小组,由项目负责人指定测试负责人和测试小组成员,由相关开发人员、测试人员编写测试用例。
- 测试环境:根据系统的运行条件准备测试环境,测试人员对测试环境进行确认,包括确认计算机硬件、网络、软件支撑环境已满足所测试软件对其的要求,并确认这些环境运行正常;消除病毒干扰,首先使用杀毒软件对测试环境进行病毒的检测和杀毒处理,其次对被测试的软件进行病毒的检测和杀毒处理。
- 测试执行:测试要求测试者既熟知模块的内部细节,又能从足够高的层次上观察整个系统,测试目的在于发现软件产品设计与开发中的错误。
- 测试人员根据测试中发现的问题认真记录并交给相关开发人员进行处理。
- 开发人员根据测试问题记录卡对软件进行修改,测试人员对修改的情况进一步确认。

(4) 对于测试种类多、内容广并且时间分散的项目,可将测试计划分为单元测试、集成测试、系统测试和验收测试四类,各阶段的测试计划分别编写。

(5) 测试计划需明确各个阶段的测试用例、测试活动、测试报告的完成责任人、完成时间和相关输出。

(6) 测试计划递交的时间表如表2-5所示。

(7) 测试总结:测试负责人编写《软件测试报告》,总结在测试中发现的问题,分析测试的重点内容,总结经验和教训。

(8) 软件测试计划、软件测试用例和软件测试报告需要通过项目负责人和有关人员的评审,并生成《软件测试计划评审报告》、《软件测试用例评审报告》和《软件测试报告评审报告》。

表 2-5 各类软件测试计划递交的时间表

类别	递交时间	制定者	建议审批者
单元测试计划	在编码前提供	开发人员	项目负责人
集成测试计划	在系统设计阶段开始起草，最迟可在实现阶段之初递交	开发人员	项目负责人
系统测试计划	在需求开发阶段开始起草，最迟可在开发工作完成之际递交	测试人员	项目负责人
验收测试计划	在需求开发阶段开始起草，最迟可在系统测试工作完成之际递交	项目负责人	客户代表或上级领导

5. 测试用例编写准则

测试用例是用于检验软件是否符合要求的一种“示例”，其基本要素包括目的、前提条件、输入数据或动作、期望的响应。《测试用例》是描述各种测试用例的文档，相当于一本“测试操作手册”。关于测试用例的一些基本要求包括：

(1) 设计测试用例的目的是找出需求、设计和代码中的缺陷，因此最好尽可能早地设计。

(2) 测试用例的设计需要动脑筋，不见得比“正向设计”简单。

(3) 不同的测试用例其用途应当不一样，不要累赘，要以尽量少的测试用例获得最大的测试效果。

(4) 每个测试阶段可能有各色各样的测试用例，撰写《测试用例》显然比写《测试计划》费时费力，所以测试用例的设计应当让大家分担。

(5) 设计与审批《测试用例》的角色及递交时间如表 2-6 所示。

表 2-6 制定与审批《测试用例》的角色及递交时间

《测试用例》的类别	递 交 时 间	建议设计者	建议审批者
单元测试阶段的《测试用例》	在系统设计阶段就可以起草，最迟可在实现阶段之初递交	开发小组各成员	项目经理
集成测试阶段的《测试用例》	在系统设计阶段就可以起草，最迟可在实现阶段之初递交	开发小组各成员	项目经理
系统测试阶段的《测试用例》	在需求分析设计阶段就可以起草，最迟可在开发工作完成之际递交	独立测试小组各成员	项目经理
验收测试阶段的《测试用例》	在需求分析设计阶段就可以起草，最迟可在系统测试工作完成之际递交	项目经理	客户代表或上级领导

(6) 测试用例模板。

表 2-7 是一个典型的函数测试用例模板。

表 2-7 测试用例模版

函数名称		用例编号	
测试输入(列出选用的输入项，覆盖正常、异常情况)：			
预期结果(逐条与输入项对应，列出预期输出)：			
实际输出：			

6. 集成测试计划

1）范围

集成测试介于单元测试和系统测试之间，测试内容必须源于《系统设计报告》，着重于集成版本的外部接口行为。因此，测试需求须具有可观测和可测评性。

2）集成测试计划内容

- 明确测试所需要的资源，包括人员、人员的任务分派、各小组的联系人、时间进度、各小组各种 server、测试环境以及各种支持资源由谁负责维护等。
- 明确测试策略，包括测试内容、测试程度、测试方式（手工测试或自动测试）等。若有本次测试不涉及的地方，需在测试计划里注明：哪些内容不测、不测的原因是什么。
- 必须列明产品通过的准则。
- 指明测试中可能遇到的问题与对策

7. 系统测试计划

1）范围

当软件开发完毕后，需要进行全面的系统测试。系统测试主要采用黑盒测试方式，其目的是检查系统是否符合软件需求。系统测试的主要内容有功能测试、健壮性测试、性能-效率测试、用户界面测试、安全性测试、压力测试、可靠性测试和安装/反安装测试等，一般由独立测试小组执行系统测试。

2）确定测试需求

测试内容必须根据《软件需求规格说明书》获取。

3）系统测试计划的内容

- 指出本次系统测试的类型和目标：确定系统测试策略首先应清楚地说明所实施系统测试的类型和测试的目标，清楚地说明这些信息有助于尽量避免混淆和误解，尤其是由于有些类型测试看起来非常类似，如强度测试和容量测试。测试目标应该表明执行测试的原因。
- 测试环境：列出测试的系统环境，包括软件环境（相关软件、操作系统等）和硬件环境（网络、设备等）。
- 建立测试通过准则。
- 确定资源和进度：确定测试需要的软硬件资源、人力资源以及测试进度。
- 制定测试进度：指出测试活动的计划开始日期、实际开始日期和结束日期。
- 必须指明可能存在的问题与对策。

8. 验收测试计划

1）范围

规范协助客户确认软件或系统集成项目已达到合同规定的功能和质量要求的程序，适用于向用户交付的软件或系统集成项目。

2）工作程序

（1）验收前的准备：在产品验收之前，管理部门和开发部门根据合同中的验收准则检查所有软件项及其配置是否完整，做好验收准备。

(2) 验收实施：

- 根据合同的要求或双方协商的结果，确定验收时间、进度安排、验收准则、软硬件环境和资源，以及双方的具体职责。验收工作应由客户负责主持，管理部门或开发部门应协助客户以便顺利验收，如需测试，本公司的验收人员还应协助客户制定《验收测试计划》。
- 根据合同规定或客户要求，验收测试可以是现场测试或在客户认可的环境下进行。验收测试尽可能由客户实施，开发部门给予协助。
- 验收过程以验收准则为依据，所有与验收准则不一致的地方，均认为存在问题，并由双方确认问题的类型，记入《验收测试报告》。

3) 问题处理

在验收测试过程中发现的问题根据合同规定来处理。如果合同中没有规定，应指明问题类型和责任归属，由开发部门与客户协商解决办法。具体文档包括：

- 验收过程中存在的问题及解决办法写入《验收测试报告》。
- 《验收测试报告》由项目管理部门存档。

2.8 配置管理规范

1. 目的

指导配置管理人员如何建立配置库，并利用配置库管理所有配置项，从而提供配置项的存取和检索功能，有利于配置项的更改控制，保证配置项的完整性和可跟踪性。

2. 适用范围

适用于所有软件产品和软件项目的配置项管理。配置管理可采用各种工具及手工办法，本文件以 wincvs 配置管理工具为例，规定配置管理办法，使用其他工具时也可对应本文件的要求参照执行。

3. 规范内容

1) 配置管理的内容

软件配置包括项目文档、源代码、执行程序、相关设备及资料等，其中：

- 项目文档主要指软件需求规格说明书、软件开发计划、设计和测试相关报告、总结报告、验收报告以及上述文档的评审记录。
- 相关设备主要指项目开发和运行环境（包括硬件和软件），以及项目开发和测试过程中使用的专用仪器设备，如读卡机、扫描仪等。
- 相关资料主要指客户提供的行业法规、标准及其调研期间提供的业务单据、往来会议纪要、重要的电话记录等。

2) 各配置项的获得

项目立项之后，软件配置管理员即可建立项目配置库，并着手收集各配置项，主要包括：

- 项目文档。开发各阶段结束时，软件配置管理负责人可向开发人员索要相关文档及对应评审记录，归档到配置库。

- 对于源代码和执行程序的管理最好使用工具，条件不具备时，要注意对配置库的目录分配。各开发人员分别建立自己的工作目录，完成后的模块再放到项目相关目录下。

3）配置库的建立

所有项目应建立配置库，以便管理前面提到的各配置项。一般的可视化开发环境都有自带的配置管理工具，可以用管理工具来建立配置库。

4）需求分析

在《软件需求规格说明书》取得客户的确认后，封锁该子项目，如后期需要修改，须征得管理员的认可，并做修改说明，如需升级版本则必须通过部门评审，并得到客户的确认。

5）软件开发计划

软件开发计划，包括项目总体进度说明，及配置管理计划等，开发计划的修改按项目文档来处理。

6）系统设计

针对《软件需求规格说明书》进行系统设计，配置时应说明系统设计的版本与软件规格说明书版本的对应关系。

7）编码实现

编码实现过程应注意与客户需求系统设计相一致。

8）测试

测试阶段应提供测试计划、测试用例计划、测试总结报告等。

9）验收与项目总结

项目总结由项目组成员共同编制，并应经过部门内部评审。

10）相关资料与培训

此部分包括相关法律、法规，必须遵照或项目组约定的技术规范，必要的业务或技术培训等。

11）日常事务

与项目相关的日常事务，如项目组内的规定、项目日报、项目周报、项目月报、人员的增减事务等。

4. 工作程序

1）配置管理过程的两项主要活动

- 编制《配置管理计划》。
- 按照《配置管理计划》实施配置管理活动，配置管理活动的具体内容包括配置项的唯一标识、基准配置项的更改控制、基准配置项的状态记录。

2）《配置管理计划》的编制与审批

- 《配置管理计划》的编制：通常情况下，由软件配置管理负责人按照《配置管理计划编写规范》在项目策划阶段编制《配置管理计划》。
- 《配置管理计划》的审批：《配置管理计划》由软件配置管理负责人审批。

3）配置项的标识

（1）要标识的配置项主要包括：

- 开发环境　包括软件工具、硬件设备等。
- 工具　包括测试工具、维护工具等。
- 技术文档　包括软件开发计划、软件需求规格说明、质量计划、设计相关报告、测试文档、用户手册、总结报告等。
- 提交产品　包括计算机程序、发布产品等。

（2）标识要求主要包括：

- 项目组人员将要标识或已标识的配置项提交给软件配置管理负责人，由软件配置管理负责人统一管理，并填写“配置状态报告”。
- 开发部门在开发过程中向软件配置管理负责人提交基准配置项，由软件配置管理负责人管理基准配置项，并及时填写《配置状态报告》。

4）基准配置项的更改和版本控制

- 更改请求的提出及审批：如果需要对配置项进行修改，客户或开发部门按照《配置更改单》的格式填写更改请求说明和更改评估。一般情况下，更改评估要考虑更改对其他配置项的影响及更改的效果；如果更改较大，还要评估更改对时间和成本的影响。如果更改是为了增加需求，还要将报价单交给客户审批。填好后，提交给软件配置管理负责，由软件配置管理负责人组织相关部门评审。
- 建议的更改被批准，进行下一步的实施更改工作；否则，终止更改。由软件配置管理负责人将《配置更改单》归档。
- 更改的实施跟踪与记录：更改被批准后，开发计划、配置管理计划等文档也要进行相应的更改，项目管理部门要对更改的实施进行跟踪。项目组人员要按照更改过的开发计划表、配置管理计划表提交配置项，软件配置管理负责人管理这些配置项，重新标识所有受影响的配置项及版本。

5）配置状态报告

每个项目已完成的配置项应在《配置状态报告》中登记，以便及时跟踪各项目的配置情况。尤其要注意对更改的基准配置项及其受影响的配置项的标识，明确基准配置项的状态。

5. 配置管理计划编写规范

1）目的

确定实施配置管理活动的具体组织及其职责，明确配置管理活动的具体内容，即对哪些配置项进行标识、控制、状态记录、审核，编制配置管理里程碑。

2）适用范围

适用于项目开发阶段所要求的《配置管理计划》的编写。

3）编写规范

《配置管理计划》是要明确如何实施配置管理活动。该计划的内容包括：要执行的配置管理活动，所需的组织及其各自的职责，配置管理活动的里程碑。下面是《配置管理计划》的具体内容。

- 组织与职责：明确指派负有职责的各类人员，包括负责《配置管理计划》的审批、实施与更改跟踪的软件项目负责人；在整个软件生命过程中按照《配置管理计划》执行配置管理活动的软件配置管理负责人。

- 配置标识：列出需要标识的所有配置项及其相应的标识规范，如对软件工具、硬件设备、开发计划、计算机程序等如何标识。

识别每一基准配置项，并标识下列信息：何时及如何提交、批准人和验证人、目的、提交方式（软件或文档）及版本号。

- 文档库内容：标识和控制规范、文档库的数目及类型、备份及作废计划和程序、任何损失的恢复过程、文档保留程序、什么文档要保留和谁保留及保留多长时间、信息是在线还是脱机保留以及保留介质。
- 配置控制：基准配置项的更改要依据更改控制程序，通过填写《配置更改单》进行更改控制。明确指派负责更改控制的组织，明确配置更改单的填写、审批及保管程序。
- 配置状态报告：要按照《配置状态报告》表格记录配置项状态，包括配置项名称、标识符、释放时间、备份路径等。
- 质量记录：配置管理计划表。

2.9 项目评审大纲

1. 评审目的

提高开发质量，最大限度地减少设计失误和差错；识别并预测问题，提出建议并跟踪其实施；评价满足要求的能力，以确保达到客户满意。

2. 评审的基本要求

（1）设计和开发评审应分级进行。公司级的项目应进行公司级评审，业务部门级的项目一般进行业务部门级评审。

（2）设计和开发评审视具体情况可一次进行，也可分段进行。

（3）评审结论应明确。

（4）评审资料应及时归档。

3. 角色和职责

（1）主审人：技术评审的指挥人员，负责评审活动的组织、结论、书面报告和问题跟踪。

（2）评审专家：评审专家应由满足要求的技术人员担任，负责向评审组成员提出自己的评审意见和建议。

（3）质量保证人员。

（4）记录员：会议记录人员。

（5）顾客和用户代表：必要时，由主审人确定能够充当顾客和用户代表的角色。

（6）相关领导和部门管理人员。

4. 评审依据

（1）合同、技术协议书、需求规格说明书和设计任务书。

（2）有关标准、规范和质量保证文件。

5. 评审点

(1) 针对软件开发的各个阶段,设置相应的评审点,以有效满足客户需求,提高开发质量,最大限度地减少设计失误和差错,识别并预测问题。

(2) 考虑项目开发的具体情况,设置合同评审、开发计划评审、系统功能确认评审,进行系统功能确认评审的时间为项目完成后,产品交付客户前。

6. 评审内容

评审的内容可根据产品设计的研制周期、技术难度、复杂程度以及使用方的要求有所侧重和适当的增减,但应满足对设计结果进行评审的要求。主要包括:

(1) 设计方案正确性、先进性、可行性和经济性。

(2) 系统组成、系统要求及接口协调的合理性。

(3) 系统与各子系统间技术接口的协调性。

(4) 采用设计准则、规范和标准的合理性。

(5) 系统可靠性、维修性、安全性要求是否合理。

(6) 关键技术的落实解决情况。

(7) 编制的质量计划是否可行。

CHAPTER 3

第 3 章

操作系统产品案例

3.1 μC/OS-Ⅱ嵌入式操作系统简介

嵌入式实时操作系统(Real-time Operating System,RTOS,简称嵌入式操作系统)是一种支持嵌入式系统应用的操作系统软件,是嵌入式系统极为重要的组成部分,通常包括与硬件相关的底层驱动软件、系统内核、设备驱动接口、通信协议、图形界面、标准化浏览器等。嵌入式操作系统具有通用操作系统的基本特点,如能够有效管理越来越复杂的系统资源;能够将硬件虚拟化,使得开发人员从繁忙的驱动程序移植和维护中解脱出来;能够提供库函数、驱动程序、工具集以及应用程序。与通用操作系统比较,嵌入式操作系统在系统实时高效性、硬件的相关依赖性、软件固态化以及应用的专用性等方面具有较为突出的特点。

嵌入式操作系统具有以下三个方面的优点。

(1) 提高了系统的可靠性:在控制系统中,出于安全考虑,要求系统不能崩溃,而且要有自愈能力。因此,在硬件和软件设计方面都要求高可靠性和高抗干扰性,尽可能地减少安全漏洞和不可靠的隐患。较早的前后台系统软件设计在遇到强干扰时,运行程序容易产生异常、出错、跑飞,甚至死循环,造成了系统的崩溃。而在嵌入式操作系统管理的系统中,干扰可能只是引起若干进程中的一个被破坏,可以通过系统运行的系统监控进程对其进行修复。

(2) 提高了开发效率,缩短了开发周期:在嵌入式操作系统环境下,开发复杂的应用程序,通常可以按照软件工程中的解耦原则将整个程序分解为多个任务模块,每个任务模块的调试、修改几乎不影响其他模块。

(3) 嵌入式实时操作系统充分发挥了 32 位 CPU 的多任务潜力:但是,使用嵌入式操作系统需要额外的 ROM/RAM 开销,2%~5%的 CPU 额外负荷,以及内核的开销。

嵌入式操作系统是满足嵌入式系统并发需求、提高嵌入式软件开发效率和可移植性的重要手段，也是实时应用程序必不可少的运行平台，一般可分为两大类：

(1) 专门为嵌入式应用设计的 RTOS，如 μC/OS-Ⅱ、VxWorks、Nucleus、pSOS、AVIS、IOS、DeltaOS、PalmOS、EPOC、Windows CE、PPSM、ThreadX 和 Itron 等。

(2) 经过扩展，提供嵌入式实时性能的通用操作系统，如 RT-Linux、嵌入式 Linux 和 Windows XP Embedded 等。

嵌入式操作系统一般采用微内核结构(如图 3-1 所示)，基于优先权抢占的调度策略，具有任务管理、任务间同步和通信(如信号量、消息队列、异步信号、共享内存、管道等)、内存管理和中断管理等功能。衡量 RTOS 内核的技术指标主要有上下文切换时间(Context Switch Time)、中断响应时间(Interrupt Response Time)、内核代码最小尺寸、调度器实现的算法、系统调用的数量、系统对象的限制、内存保护和多处理器支持等。

嵌入式 TCP/IP	嵌入式浏览器	嵌入式数据库	嵌入式 GUI	嵌入式 CORBA	其他构件
RTOS执行体(任务管理、内存管理、中断管理等)					
BSP(Board Support Package)					
硬　件					

图 3-1　RTOS 的微内核结构

嵌入式系统的需求多种多样，不同的嵌入式操作系统又具有各自的特点，选择嵌入式操作系统时，主要确定嵌入式操作系统的特点是否满足应用需求，除考虑上述内核性能指标外，还应考虑下述问题：

- 除内核外，RTOS 提供的构件(如 TCP/IP 协议栈、嵌入式数据库、嵌入式 GUI 等构件)功能、性能如何，能否满足应用需求。
- 提供的开发平台功能和易用性如何。
- RTOS 的结构是否合理，这将影响到能否方便地增加新设备的驱动程序和应用程序的移植。
- 版权(license)和财务问题，包括 RTOS 和开发平台的一次性购置费用、RTOS 的版费(是 Royalty-pay 还是 Royalty-free)以及未来的升级费用等。
- 标准化支持，RTOS 的 API 是否符合相应标准，如 POSIX 1003.4 或 Itron。
- RTOS 的可剪裁问题。
- 整套产品的成熟度和可靠性以及市场竞争能力如何，是否具有持续发展的能力。

μC/OS-Ⅱ，读做“micro COS 2”，是一种免费公开源代码、结构小巧、具有可抢占实时内核的嵌入式操作系统(Real-time Operating System，RTOS)，在世界各地都获得了广泛的应用。其前身是 μC/OS，最早出自于 1992 年美国嵌入式系统专家 Jean J. Labrosse 在《嵌入式系统编程》(*Embedded System Programming*，http://www.embedded.com)杂志 5 月和 6 月刊上刊登的文章连载，并将 μC/OS 的源码发布在该杂志的 BBS 上。μC/OS-Ⅱ是一种专门为嵌入式设备设计的实时内核，具有如下特点：

- μC/OS-Ⅱ具有执行效率高、占用空间小、实时性能优良和可扩展性强等特点，最小内核可编译至 2KB。
- 绝大部分代码是用 C 语言编写的，只有 CPU 硬件相关部分是用汇编语言编写的，总量约 200 行的汇编语言部分被压缩到最低限度，为的是便于移植到任何一种其他 CPU 上。
- 用户只要有标准的 ANSI C 交叉编译器、汇编器、连接器等软件工具，就可以将 μC/OS-Ⅱ嵌入到开发的产品中。

严格地说，μC/OS-Ⅱ只是一个实时操作系统(Real-time Operating System，RTOS)内核，仅包含了任务调度、任务管理、时间管理、内存管理和任务间的通信和同步等基本功能，没有提供输入输出管理、文件系统、网络等额外服务。但由于 μC/OS-Ⅱ良好的可扩展性和源码开放，这些非必须的功能完全可以由用户自己根据需要分别实现。

μC/OS-Ⅱ目标是实现一个基于优先级调度的抢占式的实时内核，并在这个内核之上提供最基本的系统 API 服务，如信号量、邮箱、消息队列、内存管理、中断管理、任务管理等。

目前 μC/OS-Ⅱ已经被移植到 40 多种不同结构的 CPU 上运行，包括从 8 位到 64 位的各种 CPU。尤其值得一提的是，该系统自从 2.51 版本之后，就通过了美国联邦航空管理局(Federal Aviation Administration，FAA)认证，可以运行在诸如飞机等对安全要求极为苛刻的系统之上。

鉴于 μC/OS-Ⅱ可以免费获得代码，对于嵌入式 RTOS 而言，选择 μC/OS-Ⅱ无疑是最经济的选择。μC/OS-Ⅱ操作系统的源代码和目标码可以在有资质的大学中免费提供给学生，用于非商业性目的，换言之，μC/OS-Ⅱ操作系统用于教学目的，不需要使用许可证和付费。如果以赢利为目的，将 μC/OS-Ⅱ操作系统的目标码嵌入到产品中，则应得到“目标代码销售许可证”，这需要付费，具体价格要同作者 Jean J. Labrosse 联系。

3.2 系统结构

μC/OS-Ⅱ的内核结构如图 3-2 所示，其中，应用软件层是 μC/OS-Ⅱ之上的代码，μC/OS-Ⅱ负责为其提供相应的接口函数；μC/OS-Ⅱ内核中与处理器无关部分和与应用相关部分都是用 ANSI C 语言编写的，在移植时无须更改；在移植过程中，具体涉及的文件是图中与处理器相关部分，包括一个头文件 OS_CPU.H，一个汇编文件 OS_CPU_A.S 和一个 C 代码文件 OS_CPU_C.C。

μC/OS-Ⅱ可以大致分成核心部分、任务处理、时间处理、任务同步与通信、CPU 的移植等 5 个部分，其中：

(1) 核心部分(OSCore.c)。操作系统的处理核心，包括操作系统初始化、操作系统运行、中断进出的前导、时钟节拍、任务调度、事件处理等部分，能够维持系统基本工作的部分都在这里。

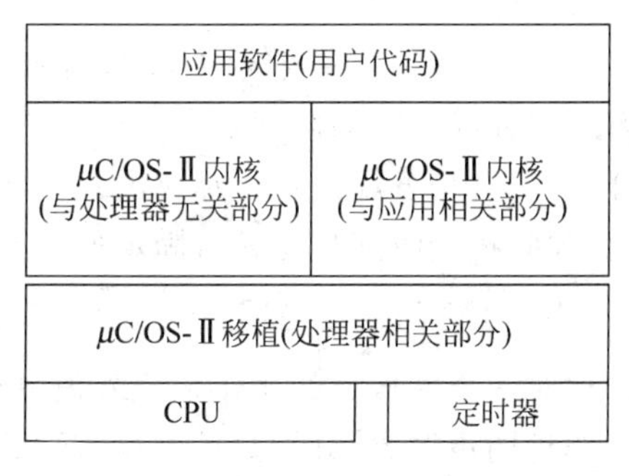

图 3-2 μC/OS-Ⅱ内核结构

(2) 任务处理部分(OSTask.c)。任务处理部分中的内容都是与任务的操作密切相关的，包括任务的建立、删除、挂起、恢复等。因为 μC/OS-Ⅱ是以任务为基本单位调度的，所以这部分内容也相当重要。

(3) 时钟部分(OSTime.c)。μC/OS-Ⅱ中的最小时钟单位是 timetick(时钟节拍)，任务延时等操作是在这里完成的。

(4) 任务同步和通信部分。为事件处理部分，包括信号量、邮箱、邮箱队列、事件标志等部分，主要用于任务间的互相联系和对临界资源的访问。

(5) 与 CPU 的接口部分。指 μC/OS-Ⅱ所使用 CPU 硬件的移植部分。由于 μC/OS-Ⅱ是一个通用性的嵌入式操作系统，所以在一些底层关键技术上的实现，还是需要根据具体 CPU 的具体内容和要求作相应的移植。这部分内容由于牵涉到 CPU 硬件，所以通常用汇编语言编写，主要包括中断级任务切换的底层实现、任务级任务切换的底层实现、时钟节拍的产生和处理、中断的相关处理部分等内容。

对 μC/OS-Ⅱ内核中常用的管理机制描述如下。

1. 任务管理

μC/OS-Ⅱ中最多可以支持 64 个任务，分别对应优先级 0～63，其中 0 为最高优先级，63 为最低级，系统保留了 4 个最高优先级的任务和 4 个最低优先级的任务，所有用户可以使用的任务数最多为 56 个。

μC/OS-Ⅱ提供了任务管理的各种函数调用，包括创建任务、删除任务、改变任务的优先级、任务挂起和恢复等。系统初始化时会自动产生两个任务：一个是空闲任务，它的优先级最低，该任务仅给一个整形变量做累加运算；另一个是系统任务，它的优先级为次低，该任务负责统计当前 CPU 的利用率。

2. 时间管理

μC/OS-Ⅱ的时间管理是通过定时中断实现的，该定时中断一般为 10ms 或 100ms 发生一次，时间频率取决于用户对 CPU 硬件的定时器编程实现。

中断发生的时间间隔是固定不变的，该中断也成为一个时钟节拍。μC/OS-Ⅱ要求用户在定时中断的服务程序中，调用系统提供的与时钟节拍相关的系统函数，如中断级的任务切换函数和系统时间函数。

3. 内存管理

在 ANSI C 中是使用 malloc 和 free 两个函数动态分配和释放内存。但在嵌入式实时系统中，多次这样的操作会导致内存碎片，且由于内存管理算法的原因，malloc 和 free 的执行时间也是不确定。

μC/OS-Ⅱ中将连续的大块内存按分区管理，每个分区中包含数个大小相同的内存块，但不同分区之间的内存块大小可以不同。用户需要动态分配内存时，系统选择一个适当的分区，按块来分配内存。释放内存时将该块放回它以前所属的分区，这样能有效解决碎片问题，同时执行时间也是相对固定的。

4. 任务间通信与同步

对一个多任务的操作系统来说，任务间的通信和同步是必不可少的。μC/OS-Ⅱ中提供了四种同步对象，分别是信号量、邮箱、消息队列和事件，所有这些同步对象都有创建、等待、发送、查询等操作，用于实现进程间的通信和同步。

5. 任务调度

μC/OS-Ⅱ采用的是可抢占型实时多任务内核，在任何时候都运行就绪的最高优先级任务。

μC/OS-Ⅱ的任务调度是完全基于任务优先级的抢占式调度，也就是最高优先级的任务一旦处于就绪状态，则立即抢占正在运行的低优先级任务的处理器资源。为了简化系统设计，μC/OS-Ⅱ规定所有任务的优先级不同，因为任务的优先级也同时唯一标志了该任务本身。

任务调度将在以下情况下发生：

(1) 高优先级的任务因为需要某种临界资源，主动请求挂起，让出处理器，此时将调度就绪状态的低优先级任务获得执行，这种调度也称为任务级的上下文切换。

(2) 高优先级的任务因为时钟节拍到来，在时钟中断的处理程序中，内核发现高优先级任务获得了执行条件(如休眠的时钟到时)，则在中断态直接切换到高优先级任务执行，这种调度也称为中断级的上下文切换。

这两种调度方式在μC/OS-Ⅱ的执行过程中非常普遍，一般来说前者发生在系统服务中，后者发生在时钟中断的服务程序中。

调度工作的内容可以分为两部分：最高优先级任务的寻找和任务切换。最高优先级任务的寻找是通过建立就绪任务表实现的，在μC/OS-Ⅱ中，每一个任务都有独立的堆栈空间，并有一个称为任务控制块(Task Control Block，TCB)的数据结构，其中第一个成员变量就是保存的任务堆栈指针。任务调度模块首先用变量OSTCBHighRdy记录当前最高级就绪任务的TCB地址，然后调用OS_TASK_SW()函数进行任务切换。

3.3 系统移植与扩展

1. μC/OS-Ⅱ移植条件

要将μC/OS-Ⅱ移植到一种新的CPU上，并使之正常运行，处理器必须满足以下要求：

- 处理器的C编译器能产生可重入型代码。
- 处理器支持中断，并且能产生定时中断。
- 在程序中可以开/关中断。
- 处理器能支持一定数量的数据存储硬件堆栈。
- 处理器有将堆栈指针以及其他CPU寄存器的内容读出、并存储到堆栈或内存中去的指令。

2. μC/OS-Ⅱ移植问题

移植过程中，需要注意以下三个问题。

(1) 数据类型的重定义：对于操作系统，一般都使用高级语言进行开发。高级语言都有自己的数据类型，但由于不同的处理器字长和存储模式的不同，同一数据类型在不同处理器中会有不同的解释。

(2) 堆栈结构的设计：当同一个操作系统应用于不同处理器或同一处理器的不同应用系统时，由于各应用系统所追求的性能特点各异，就会要求与性能有很大关系的堆栈结构尽可能与本系统所追求的性能一致。

(3) 任务切换时的状态保存与恢复：这是多任务操作系统最主要的工作，也是最频繁的工作，所以任务切换在实现时的正确与否是操作系统运行时的基本保证，同时它的简洁与否决定操作系的效率。

3. μC/OS-Ⅱ移植解决方案

对于前面提到的三个问题，它们大都与处理器密切有关。μC/OS-Ⅱ的大部分程序用C语言编写，只有与处理器有关的部分是用汇编语言完成。移植所要做的工作也是在不同的处理器上用不同的汇编语言改写与处理器有关的代码及其他与处理器特性相关的部分。

在μC/OS-Ⅱ中，与处理器有关的文件有三个，它们分别是OS_CPU.H、OS_CPU_A.S和OS_CPU_C.C，移植工作主要是对这些文件进行依据处理器特性的改写。下面介绍这三个文件的作用，以及如何在移植过程中有效地解决前面提出的三个问题。

1) OS_CPU.H

因为不同的处理器有不同的字长及存储模式，为了确保μC/OS-Ⅱ的可移植性，在OS_CPU.H中进行了一系列的类型定义。μC/OS-Ⅱ代码不使用C语言的short、int和long等数据类型，因为它们是与编译器相关的，不可移植。相反，在μC/OS-Ⅱ中定义的整型数据结构既是可移植的又是直观的。在具体进行移植的整数数据结构定义时，需要参考编译环境的编译器手册，以确定具体类型的字节长度。具体的部分整数数据定义如：

```
typedef unsigned char BOOLEAN;
typedef unsigned char INT8U;            /* 无符号 8 位整数 */
typedef unsigned char INT8S;            /* 有符号 8 位整数 */
```

另外，在该文件中，还定义了变量OS_STK_GROWTH。在不同的微处理器或者微控制器中，堆栈的生长方向有可能不同。虽然绝大多数的微处理器的堆栈是从上往下长，但是某些处理器是用从下往上生长的堆栈方式工作的。μC/OS-Ⅱ利用定义的变量OS_STK_GROWTH很好地解决了堆栈生长方式的不同，设置OS_STK_GROWTH为0表示堆栈从下往上长，设置OS_STK_GROWTH为1表示堆栈从上往下长。

为了μC/OS-Ⅱ能够保护临界段代码免受多任务或中断服务程序的破坏，与所有的实时内核一样，μC/OS-Ⅱ需要先禁止中断再访问代码的临界段，并且在访问完毕后重新开中断。中断禁止时间是实时内核的重要指标之一，因为它将影响到用户的系统对实时事件的响应能力。虽然μC/OS-Ⅱ尽量使中断禁止时间达到最短，但是μC/OS-Ⅱ的中断禁止时间还主要依赖于处理器结构和编译器产生的代码质量。通常每个处理器都会提供一定的指令禁止/开中断，因此用户的C编译器必须要有一定的机制直接从C中执行这些操作。有些编译器能够允许用户在C源代码中插入汇编语言声明，这样就使得插入处理器指令打开和禁止中断变得容易。其他一些编译器实际上包括了语言扩展功能，可以直接从C中开和禁止中断。为了隐藏编译器厂商提供的具体实现方法，μC/OS-Ⅱ定义了两个宏禁止和开中断：OS_ENTER_CRITICAL()和OS_EXIT_CRITICAL()。

2) OS_CPU_C.C

该文件包含10个函数，分别是OSTaskStkInit()、OSTaskCreateHook()、OSTaskDelHook()、OSTaskSwHook()、OSTaskIdleHook()、OSTaskStatHook()、OSTimeTickHook()、OSInitHookBegin()、OSInitHookEnd()、OSTCBInitHook()。除第一个堆栈初始化函数OSTaskStkInit()必须实现外，其他函数需声明，可以不包含代码，当需要额外地扩展功能时可以将这些函数加入。函数OSTaskStkInit()用于初始化任务的堆栈结构，不同的处理器在进行函数调用时需保存的寄存器不同及用户设计的堆栈结构不同，所以必须根据所要移植的处理器进行重写。

3) OS_CPU_A.S

按照 μC/OS-Ⅱ本身所要求的代码结构，在该文件中，要求用户编写四个汇编语言函数：OSStartHighRdy()、OSCtxSw()、OSIntCtxSw()和 OSTickISR()。这四个函数主要用来进行多任务及中断服务程序之间的切换，任何操作系统在实行任务调度时，都需要对处理器中的部分寄存器进行保存和恢复，所以对不同的处理器这部分函数需要用不同的汇编语言进行改写，且各寄存器保存的次序要同 OSTaskStkInit()函数中初始化的堆栈结构一致。

下面简要介绍一下这四个函数的作用。

(1) OSStartHighRdy()：该函数在系统调用 OSStart()启动多任务之后，从处于就绪态且优先级最高的任务 TCB 中获得该任务的上下文堆栈指针 sp，通过 sp 依次将任务的 CPU 上下文恢复，然后系统将控制权交给优先级最高的任务。该函数仅在多任务启动时被执行一次，用来启动第一个任务，即优先级初始化最高的任务。

(2) OSCtxSw()：当某任务被阻塞时便会调用该函数完成任务级的上下文切换。该函数先将被阻塞任务的 CPU 上下文保存到该任务的上下文堆栈中，然后获得此时系统中最高优先级任务的上下文堆栈指针 sp，并根据该 sp 恢复最高优先级任务的 CPU 上下文，最后使优先级最高的任务执行，完成一次任务切换。

(3) OSIntCtxSw()：该函数完成中断级的上下文切换。在中断服务子程序的最后，如果发现系统中有比被中断任务优先级更高的任务处于就绪态，便会调用该函数在中断退出后并不返回被中断任务，而是直接调度就绪且具有最高优先级的任务执行，这样做的目的是能够尽快地让高优先级的任务得到响应，保证系统的实时性能。该函数的原理基本上与任务级的上下文切换相同，但是由于进入中断时已经保存过被中断任务的 CPU 上下文，因此不需要再进行类似的上下文保存操作，只需要对堆栈指针做相应的调整。

(4) OSTickISR()：系统的时钟中断服务程序，同样需要用汇编在进入中断服务程序时保存寄存器，及退出时的恢复。但是，此函数实现的功能可以用其他形式完成，所以，该函数在具体实现时并不是必须的。

μC/OS-Ⅱ是利用这些函数完成任务切换时的状态保存与恢复，从而解决前面提出的第三个问题。

4. μC/FS 嵌入式文件系统

在嵌入式应用中，嵌入式设备中使用的存储器一般不是 PC 上的硬盘，取而代之的是 Flash 闪存芯片、记忆棒、小型闪存卡等，专为嵌入式系统设计的存储设备。Flash 是目前嵌入式系统中广泛应用的主流存储器，在 Flash 上构建一种文件系统，需要考虑 Flash 的硬件特点。同时，根据应用的场合，也需要考虑嵌入式领域的需求。基于上述特殊应用环境和 Flash 芯片特性的双重考虑，嵌入式平台对文件系统提出了如下的要求。

- 崩溃恢复：嵌入式系统的运行环境一般比较恶劣，但同时对可靠性有较高的要求，这对嵌入式文件系统提出了较高的要求，无论程序崩溃或系统掉电，都不能影响文件系统的一致性和完整性。文件系统的写入、垃圾回收等操作对系统异常中断都非常敏感，极易造成数据丢失和数据垃圾，因此在文件系统设计和选用时应多加考虑。
- 损耗平衡：由于 Flash 本身的特点，Flash 的存储块擦除次数有限，文件系统对 Flash 的使用需考虑该特性，最好能均匀使用 Flash 的每个块，以延长 Flash 的使用寿命。

- 垃圾回收：任何存储器在被分配、使用一段时间后，都会出现空闲区和文件碎片，可能导致系统空间不够用，因此需要进行垃圾回收操作，以保证存储空间的高效使用。通常 Flash 擦除操作以块为单位，垃圾回收也应以块为单位。
- 高效的空间管理机制：目前在应用领域中 Flash 的存储空间都相对较小，对空间的使用和管理都提出了更高的要求。

μC/FS 是 μC/OS-Ⅱ扩展的嵌入式文件系统，用 ANSI C 编写，因此，可在任何架构的 CPU 上运行，其特性包括：

- 支持 MS-DOS/MS-Windows 兼容的 FAT12 和 FAT16。
- 支持多种设备驱动程序。通过使用多种不同的设备驱动程序，μC/FS 可以同时存储多种不同类型的存储设备。
- 支持多种存储设备。
- 支持多种操作系统。μC/FS 能够很容易地集成到不同的操作系统中，因此使得用户能够在多线程环境下进行文件操作。
- 具有简单的设备驱动数据结构。μC/FS 设备驱动仅需要用户提供最基础的读写块的函数，所以它的移植非常的方便。
- 为用户提供了与 ANSI C sudio.h 类似的 API。
- 提供了 SmartMedia 卡支持。
- 提供了 MultiMedia & SD 卡支持。

μC/FS 的结构一般分为四个层次，如图 3-3 所示。

- API 层：该层是 μC/FS 和用户应用之间的接口，包含了若干文件操作的函数，如 FS_Fopen、FS_Fwrite 等，API 层将用户对文件的操作命令传递到文件系统层。目前，文件系统层只支持 FAT 格式，但 API 层能同时处理不同的文件系统层，因此，能够同时使用 FAT 文件系统和其他文件系统。
- 文件系统层：该层将文件的操作命令传递给逻辑块层。在命令被传递之后，文件系统便调用逻辑块层，并为某设备指定相应的设备驱动。
- 逻辑块层：该层的功能主要是同步设备驱动的访问，并为文件系统层提供接口。它调用相应的设备驱动程序完成块操作。
- 设备驱动层：该层提供对硬件进行存储操作的底层函数。

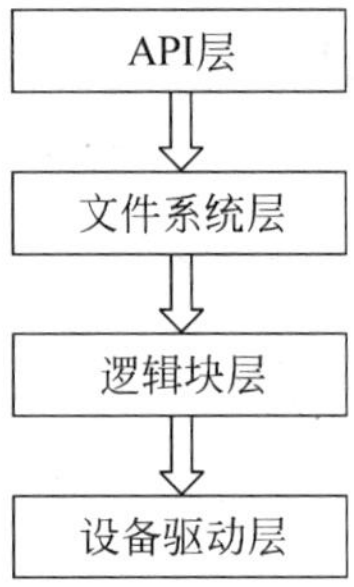

API层
↓
文件系统层
↓
逻辑块层
↓
设备驱动层

图 3-3 μC/FS 基本结构

3.4 系统应用程序开发

1. μC/OS-Ⅱ应用程序基本结构

每一个 μC/OS-Ⅱ应用程序至少要有一个任务，而每一个任务必须被写成无限循环的形式。以下是一种典型结构：

```
void task(void * pdata)
{
  INT8U err;
  InitTimer();                    //可选
```

```
For(; ; )
  {
  //你的应用程序代码
  ⋮
  OSTimeDly(1);              //可选
  }
}
```

以上就是一个 μC/OS-Ⅱ应用程序的基本结构，至于为什么要写成无限循环的形式？因为系统为每一个任务保留一个堆栈空间，由系统在任务切换的时候恢复上下文，并执行一条 reti 指令返回。如果允许任务执行到最后一个花括号(那一般都意味着一条 ret 指令)的话，很可能会破坏系统堆栈空间，从而使应用程序的执行不确定，换句话说，就是程序“跑飞”了。所以，每一个任务必须被写成无限循环的形式。程序员一定要相信，自己的任务是会放弃 CPU 使用权的，而不管是系统强制(通过中断服务程序 ISR)还是主动放弃(通过调用 μC/OS-Ⅱ API)。

现在介绍一下上面程序中的 InitTimer()函数。该函数应该由系统提供，程序员有义务在优先级最高的任务内调用它，而且不能在 for 循环内调用。注意，这个函数是和所使用的 CPU 相关的，每种系统都有自己的 Timer 初始化程序。在 μC/OS-Ⅱ的帮助手册内，作者特地强调绝对不能在 OSInit()或者 OSStart()内调用 Timer 初始化程序，那会破坏系统的可移植性，同时带来性能上的损失。所以，一个折中的办法就是在优先级最高的程序内调用，这样可以保证当 OSStart()调用系统内部函数 OSStartHighRdy()开始多任务后，首先执行的是 Timer 初始化程序。或者，专门开一个优先级最高的任务，只做一件事情，那就是执行 Timer 初始化，之后通过调用 OSTaskSuspend()将自己挂起来，永远不再执行，不过这样会浪费一个 TCB 空间。对于那些 RAM 吃紧的系统来说，还是不用为好。

2. 一些重要的 μC/OS-Ⅱ API 介绍

任何一个操作系统都会提供大量的 API 供程序员使用，μC/OS-Ⅱ也不例外。由于 μC/OS-Ⅱ面向的是嵌入式开发，并不要求大而全，所以内核提供的 API 也就大多和多任务息息相关，主要包括任务类、消息类、同步类、时间类和临界区与事件类五类 API。任务类和时间类是必须首先掌握的两种 API，下面介绍其中六个比较重要的 API。

1) OSTaskCreate 函数

该函数应该至少在 main 函数内调用一次，在 OSInit 函数调用之后调用，作用是创建一个任务。目前有四个参数，分别是任务的入口地址、任务的参数、任务堆栈的首地址和任务的优先级。调用本函数后，系统首先从 TCB 空闲列表内申请一个空的 TCB 指针，然后将根据用户给出参数初始化任务堆栈，并在内部任务就绪表内标记该任务为就绪状态，最后返回，这样一个任务就创建成功了。

2) OSTaskSuspend 函数

该函数很简单，一看名字就该明白它的作用，它可以将指定的任务挂起。如果挂起的是当前任务的话，那么还将引发系统执行任务切换先导函数 OSShed 进行一次任务切换。这个函数只有一个参数，是指定任务的优先级。那为什么是优先级呢？事实上在系统内部，优先级除了表示一个任务执行的先后次序外，还起着区分每一个任务的作用，换句话说，优先级也就是任务的 ID。所以，在 μC/OS-Ⅱ中，不允许出现相同优先级的任务。

3）OSTaskResume 函数

该函数和上面的函数正好相反，它用于将指定的已经挂起的函数恢复成就绪状态。如果恢复任务的优先级高于当前任务，那么还将引发一次任务切换。其参数类似与 OSTaskSuspend 函数，为指定任务的优先级。需要特别说明是，本函数并不要求和 OSTaskSuspend 函数成对使用。

4）OS_ENTER_CRITICAL 宏

很多人都以为它是个函数，其实不然，仔细分析一下 OS_CPU. H 文件，它和下面谈到的 OS_EXIT_CRITICAL 都是宏，都涉及特定 CPU 的实现，一般都被替换为一条或者几条嵌入式汇编代码。由于系统希望向上层程序员隐藏内部实现，故而一般都宣称执行此条指令后系统进入临界区。其实，它就是关个中断而已，只要任务不主动放弃 CPU 使用权，别的任务就没有占用 CPU 的机会，相对这个任务而言，它独占了 CPU，所以说进入临界区了。这个宏尽量少用，因为它会破坏系统的一些服务，尤其是时间服务，并使系统对外界响应性能降低。

5）OS_EXIT_CRITICAL 宏

该宏是和上面介绍的宏一般配套使用，在系统手册里的说明是退出临界区，其实它就是重新开中断。需要注意的是，它必须和上面的宏成对出现，否则会带来意想不到的后果，最坏的情况下系统会崩溃。程序员尽量少使用这两个宏调用，因为它们的确会破坏系统的多任务性能。

6）OSTimeDly 函数

该函数一般是程序员调用最多的一个函数，完成功能很简单，就是先挂起当前任务，然后进行任务切换，在指定的时间到来之后，将当前任务恢复为就绪状态，但是并不一定运行，如果恢复后是优先级最高就绪任务的话，那么运行之。简单说，就是可以让任务延时一定时间后再次执行它，或者说，暂时放弃 CPU 的使用权。一个任务可以隐式调用这些导致放弃 CPU 使用权的 API，但那样多任务性能会大大降低，因为此时系统仅依靠时钟机制在进行任务切换。一个设计风格良好的任务，应该在完成一些操作主动后放弃资源的使用权。

有关 μC/OS-Ⅱ操作系统组成、移植、开发工具等更详细的内容见教材《μC/OS-Ⅱ——源码公开的实时嵌入式操作系统》及配套光盘。

CHAPTER 4

第 4 章

软件工程环境产品案例

4.1 嵌入式软件开发平台简介

从软件工程角度看,CASE(Computer Aided Software Engineering)工具最初由单独的软件工具(tool)发展到工作平台(workbench),不断发展、完善,最终形成 CASE 开发环境(CASE development environment)。开发工具是用于开发应用程序的一类系统软件,从软件结构层次角度看,介于操作系统和应用程序之间,支持应用程序开发的某一功能或过程,如编辑器(editor)、编译器(compiler)、调试器(debugger)、性能优化分析器(profiler)等。工作平台是支持一到两个行为(activity)的工具集(tools set),这里的行为是指一个相关的任务集,如编码行为包括编辑、编译、链接、调试等任务。行为和软件工程生命周期模型中的一个阶段并不完全相同,一个行为的任务可以跨越数个阶段,如一个编码工作平台可以用于快速原型生成,也可以用于实现、集成和维护阶段。CASE 开发环境是支持软件生命周期中大部分阶段的工具集,包括需求分析、规格说明、系统设计、编码、测试、产品分配与维护等。CASE 开发环境一般包括四类:基于编程语言的环境、面向结构的环境、工具箱环境和集成环境。

嵌入式软件开发平台(development platform)是为用户开发(包括需求分析、规格说明、设计、编码、测试、产品分配与维护等阶段)嵌入式应用程序而提供的高起点、综合的支撑环境(supporting environment),包括面向领域的应用程序基本框架、可重用的构件库、参考设计、应用示例、开发工具集、RTOS、相关文档以及对平台进行管理、配置的设施等技术实体,主要功能是将工具集成在一起支持某种软件开发方法或与某种软件开发模型相适应,是用户开发应用程序的重要基础,强调知识成果的积累和重用,是平台开发模式思想的集中体现。

通常,嵌入式软件开发平台支持嵌入式软件生命周期中的一个或多个开发阶段,甚至全部阶段,如设计平台、IDE(主要支持编码阶段的开发平台)、测试平台、维护平台等。而能够支持嵌入式软件生命周期中大部分阶段或全部阶段的开发平台,一般称之为实时 CASE(CASE for Real-Time System,面向实时系统的计算机辅助软件工程)环境。

在本章中,嵌入式应用软件集成开发环境(以下简称嵌入式软件开发平台)主要是一个仅支持编码行为的开发环境,用于开发 RTOS(Real-Time Operating System,实时操作系统)应用程序的一组工具套件,是一套完整的交叉开发环境,除包含基本的、必要的开发工具外,如编辑器、交叉编译器、交叉调试器、目标监控器(monitor)等,还包含一些高级的开发工具,如项目管理(project management)、版本控制(version control)、性能优化分析器、配置工具、指令级模拟器等。同时,通过界面集成、文件共享、消息通信等手段,将各个独立的开发工具有机地"粘贴"在一起,形成一个完整的开发环境,提高用户嵌入式应用软件的开发效率和开发质量。

嵌入式软件开发平台是嵌入式系统开发中重要的系统软件,一般与 RTOS 捆绑销售,作为一种专用软件,其技术含量高、价格昂贵,是现代数字化产品开发的必备工具软件,对于发展我国数字化产业基础设施具有重要的意义。

4.2 发展现状

1. 国外发展现状

在国外,对 RTOS 的研究起步较早。20 世纪 70 年代中期,针对实时语言 PEARL(Process and Experiment Automation Real-time Language)的特殊要求,德国支持开发了功能强大的实时操作系统;20 世纪 80 年代初,美国出现了商业化的 RTOS 产品,如 Ready 公司 1981 年发布的 RTOS 产品 VRTX。经过二十多年的发展,国际市场上出现了以 VRTX、VxWorks、μC/OS-Ⅱ、Windows CE、EPOC、PalmOS 等为代表的近四十个实时操作系统家族,支持不同处理器的 200 多个产品,广泛应用于信息家电、数字通信、工业控制、航空航天、医疗设备、军事电子等领域。

RTOS 应用程序的开发一般首先需要在主机平台(如 UNIX 或 Windows)上配备相应的嵌入式软件开发平台,完成编辑、交叉编译和交叉调试等编码阶段的任务,支持 C、C++、Ada、Java 等高级语言的编程。这类开发平台起初主要由第三方工具公司提供,为不同操作系统的不同处理器版本专门定制,如美国 Metrowerks 公司的产品 CodeWarrior、ARM 公司的 ARM ADS、MICETEK 公司的 Hitool for ARM。随着用户对嵌入式软件开发平台需求大增,RTOS 供应商也纷纷投入巨资发展本系列 RTOS 产品的开发平台,如 WindRiver 公司的产品 Tornado、ISI 公司(该公司目前已被 WindRiver 公司兼并)的产品 pRISM+、Microtec 公司的产品 Spectra、Microsoft 公司的产品 Windows CE Platform Builder、Green Hills 公司的 MULTI 2000 等。

国际上,嵌入式软件开发平台的另一支重要的研发队伍是 GNU 运动,他们在 Internet 上免费提供有关研究和开发成果,如 RTOS eCos、针对特定处理器的 GCC(本地编译器)和 CGCC(交叉编译器)。目前一些公司已在 GNU 软件的基础上,经过集成、优化和测试,推出更加成熟、稳定的商业化版本的嵌入式软件开发平台,如 Cygnus(该公司目前已被 RedHat 公司兼并)公司推出的商业化产品 GNUPro Embedded ToolKit。

随着嵌入式软件开发方法和技术的进一步发展，嵌入式软件开发平台的发展重点已由支持编码任务逐渐转向支持分析、设计和测试等任务，如美国 Mentor Graphics 公司的产品 CVE(Co-Verification Environment)和 QDS(QuickUse Development System)，分别是支持软硬件协同验证和 SOC 设计的开发平台；法国 Verilog 公司(该公司目前已被 Telelogic 公司兼并)的产品 Logiscope 和美国 AMC 公司的产品 CodeTest 都是支持嵌入式软件测试的开发平台。

目前的一个热点是实时 CASE 环境的发展，从需求分析到辅助代码生成和辅助文档生成，已经在通信、航空航天等领域得到广泛应用，如瑞典 Telelogic 公司的产品 TAU、法国 Verilog 公司的产品 ObjectGeode 以及用于安全关键系统的产品 SCADE、美国 I-logix 公司的产品 Rhapsody 和美国 Rational 公司的产品 Rational Rose RealTime，这些开发平台都是基于 UML 和 SDL 对嵌入式系统进行分析、建模和设计，同时支持程序语言代码自动生成和实现同 RTOS 的绑定，大大提高了嵌入式软件的开发效率和开发质量。

2. 国内发展现状

国内的 RTOS，从 20 世纪 90 年代初开始经过一些单位多年的攻关，已经突破了主要关键技术，并开发出具有一定先进水平、自主版权的 RTOS 产品，如电子科技大学的 CRTOS、中国科学院北京软件工程中心的 Hopen(女娲)和浙江大学的 HBOS 等 RTOS 产品。

国内的嵌入式软件开发平台，多数是国外引进，自主研究和开发成果较少，仅触及部分关键技术，与国际先进水平相比存在较大的差距，如电子科技大学“九五”科研成果，一套基于 GNU 软件、支持 Intel x86 处理器的嵌入式软件基本开发工具系统 GNAT/RTEMS，包括交叉 GCC 编译器、交叉 GDB 调试器、目标监控器等，实现了基本的编辑、交叉编译、交叉调试等功能，支持 Ada、C、C++、汇编等语言的开发。在此基础上，北京科银京成技术有限公司吸收了国际上有代表性的嵌入式软件开发平台产品的先进、成熟技术，并紧密跟踪嵌入式软件开发平台的未来发展趋势，成功地推出了一种满足现代数字化产品开发需求的嵌入式软件开发平台 LamdaTool。此外，东北大学软件中心也推出了研制的嵌入式软件开发平台 NEST 2000。

上述开发平台主要支持嵌入式软件编码阶段的任务，国内开发的支持其他阶段的开发平台以及实时 CASE 环境较为少见。目前北京大学计算机学院研制的通用 CASE 环境青鸟Ⅲ(JBⅢ)，正在往嵌入式系统领域做适应性改造，尚无成熟的商业化产品推出。

近几年，随着 Linux 的兴起，国内外众多公司和个人将目光转向 Linux。Linux 不但被广泛用于台式机和服务器，而且广泛用于嵌入式系统中，实时 Linux、嵌入式 Linux 成为热点。相应基于 GNU 软件的配套开发工具也得到了积极的研究和发展，如交叉 GCC 编译器和交叉 GDB 调试器等。

4.3 设计思想

嵌入式软件开发平台作为一类复杂的系统软件，其开发过程也应严格遵守软件工程规范的要求，经过需求分析、规格说明、设计、编码、测试、维护等阶段，尽量采用目前先进的软件开发方法和技术，科学组织开发过程，保证嵌入式软件开发平台的开发效率和开发质量。

嵌入式软件开发平台的设计目标有以下四点要求。

(1) 先进性和通用性：开发平台要达到国际同类软件的先进水平，同时满足多种 RTOS 和 BSP 的开发需求。

(2) 开放性：开发平台要符合相应的国际标准，易于实现同第三方工具的接口，易于扩展。

(3) 可靠性：由于嵌入式系统多是关键任务(mission critical)的系统，对交叉编译器产生的代码质量有较高的要求，必须能够保证系统的可靠性。

(4) 支持 C、C++等高级语言的开发：由于嵌入式应用软件日益庞大、复杂，同时又要求嵌入式应用软件具有良好的运行效率，因此，嵌入式应用软件的大部分代码需要采用 C 或 C++编码。

根据设计目标，我们采用的技术路线是：以 GNU 工具软件为基础，参照国外有代表性的嵌入式软件开发平台产品，主要为 μC/OS-Ⅱ、CRTOS 和 RTEMS(一种免费 RTOS)提供一种嵌入式软件开发平台。以 GNU 工具软件为基础，是因为 GNU 软件秉承"自由、开放"的精神，在 Internet 网上提供免费的有关研究和开发成果，大量的系统软件源码能够通过 Internet 网免费获得，尽管补丁和 BUGS 多，测试工作存在一些问题，但仍不失为我们自主开发嵌入式软件开发平台的重要资源和基础。参照国外有代表性的嵌入式软件开发平台产品(如 Tornado)，是因为这些产品采用了先进、成熟的技术，代表了当今嵌入式软件开发平台的发展方向。因此，根据上述技术路线，结合国情和已有的自主开发成果，拟定了可行的高起点的技术方案，并采用快速原型法，坚持试用改进、逐步求精的技术路线，着重突破关键技术，最终成功地建立起一种满足现代数字化产品开发需求的嵌入式软件开发平台 HMTool。

4.4 一种嵌入式软件开发平台 HMTool 实现

HMTool 是一种嵌入式软件开放式集成开发平台的具体实现，吸收了国际上有代表性的嵌入式软件开发平台产品的先进、成熟技术，并紧密跟踪嵌入式软件开发平台的未来发展趋势，成功地满足了现代数字化产品的开发需求。

1. HMTool 的组成

HMTool(如图 4-1 所示)是一套集成的嵌入式软件开发平台，全中文化的 GUI 界面设计和信息提示，主要用于开发、调试 uCoS Ⅱ、CRTOS 和 RTEMS(一种免费 RTOS)的应用程序，以 Windows 或 Linux 为宿主机平台，以 x86、DSP、Power PC、MIPS、ARM 为目标机平台，主要功能包括以下方面。

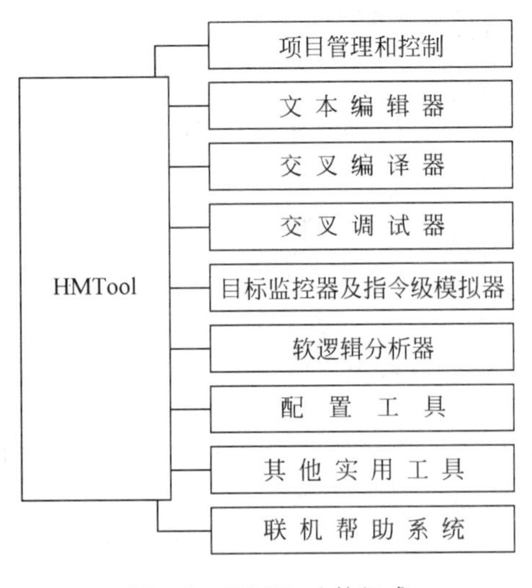

图 4-1 HMTool 的组成

1) 项目管理和控制

采用基于 XML 格式的 Project 管理，为 IDE(集成开发环境)中的各项工具提供公共信息资源，形成一个自动的、集成的项目管理机制，简化用户应用程序的项目开发管理工作。

关于版本控制，首先实现版本控制软件 CVS 的 SCC API 接口（Microsoft Common Source Code Control API，Microsoft 公司发布的一个 Windows 平台上的版本控制软件同其他工具的接口标准），然后通过该接口实现版本控制软件 CVS 同其他工具（如编辑器）的无缝集成，维护应用软件的版本和一致性，支持团队（team work）开发方式。

2）文本编辑器

采用多 Document 窗口方式，能够列表显示 C 语言源程序中的函数，能够识别 C、C++、ASM 的语言关键字，代码格式优化，上下文敏感帮助等功能。

同时，能够支持 DOS 和 UNIX 等多种文本文件格式，并支持多种字符集（包括 ANSI、DOS、Unicode、UTF-8 等）。

3）交叉编译器 CGCC

基于 GNU 软件 GCC，并经过优化和测试生成的交叉编译器 CGCC，支持 C、C++、ASM 源程序的编译、链接和定位。

安装交叉编译工具 CGCC，最基本的是完成 binutils、gcc 和 glibc 的安装。关于安装交叉编译的有效信息可以在 http://www.armlinux.org/docs/toolchain/上找到，我们使用以下版本的软件：

- binutils-2.11.tar.gz；
- gcc-2.95.3.tar.gz；
- glibc-2.2.2.tar.gz；
- glibc-linuxthreads-2.2.2.tar.gz。

将 $HOME/usr/arm/bin 加到你的环境变量中，CGCC 的配置生成过程如下：

(1) 安装 Binutils。

```
cd $HOME/usr/src
tar xvfz ../../gz/binutils-2.11.tar.gz
cd binutils-2.11
./configure
--target=arm-linux
--prefix=$HOME/usr/arm
--host=i686-pc-linux-gnu
make
make install
```

(2) 安装 bootstrap cgcc。

```
tar xvfz ../../gz/gcc-2.95.3.tar.gz
cd gcc-2.95.3
./configure
--target=arm-linux
--prefix=$HOME/usr/arm
--host=i686-pc-linux-gnu
--disable-shared
--disable-threads
--enable-languages=c
--with-gnu-as
--with-gnu-ld
--with-headers=$HOME/usr/src/linux-2.4.8-arm/include
make
make install
```

(3) 安装 glibc。

```
tar xvfz glibc-2.2.2.tar.gz
tar xvfz glibc-linuxthreads-2.2.2.tar.gz
export CC=arm-linux-gcc
./configure arm-linux
--build=i686-pc-linux-gnu
--prefix=$HOME/usr/arm/glibc/arm-linux-glibc
--enable-add-ons
--with-headers=$HOME/usr/src/linux-2.4.18-arm/include
make
make -i install
export CC=gcc
```

4) 安装编译完整的 cgcc

```
cd $HOME/usr/src/gcc-2.95.3
vi gcc/config/arm/t-linux
./configure
--target=arm-linux
--prefix=$HOME/usr/arm
--with-headers=$HOME/usr/arm/glibc/arm-linux-glibc/include
--with-libs=$HOME/usr/arm/glibc/arm-linux-glibc/lib
--disable-shared
--with-gnu-as
--with-gnu-ld
--enable-multilib
--enable-languages=c
make
make install
```

现在拥有了一个完整的交叉编译器 arm-linux-gcc,可以开始测试安装的交叉编译环境是否成功:

- 创建一个名为 hello.c 的简单 C 源程序。
- arm-linux-gcc -v -o hello hello.c。
- file hello。

显示信息:hello:ELF 32-bit LSB executable,ARM,version 1 (ARM),for GNU/Linux 2.0.0,dynamically linked (use shared libs),not stripped,说明成功地安装了交叉编译 cgcc 环境。

另外,实现了以下三个关键技术:CRTL(C Run-time Library,C 语言的运行支持库),实现了 ANSI C 函数对 RTOS API 的调用和封装,包括 C 的标准函数库 libc.a 和数学函数库 libm.a;C++语言运行支持库,包括语言支持、错误诊断、通用工具、字串、现场、容器、叠代、算法、数值和输入输出等构件的实现;FPU Emulator(浮点处理器软仿真函数库),在目标机中没有硬件浮点处理器的情况下,编译时设置交叉编译器的选项,用浮点处理器软仿真函数库中的函数代替浮点指令,将浮点指令转换为一组 CPU 指令执行。

5) 交叉调试器 CGDB

基于 GNU 软件 GDB,并经过优化和测试生成的交叉调试器 CGDB,支持 C、C++、ASM 源程序的高级符号调试。

使用 gdb-4.18.tar.gz 版本软件,CGDB 的配置生成过程如下:

```
cd $HOME/usr/src/
tar xvfz gdb-4.18.tar.gz
cd gdb-4.18
./configure
 --target=arm-linux
 --prefix=$HOME/usr/arm
 --host=i686-pc-linux-gnu
make
make install
```

至此，有了一个完整的交叉调试器 arm-linux-gdb，运行该程序调试目标文件 hello，测试交叉调试 CGDB 环境是否成功地安装。

CGDB 具有先进的 Target Server 结构，在宿主机与目标机间建立一个中间通信层，即 Target Server，由其统一管理宿主机与目标机间的通信，提高了通信通道的利用率，增加了工具的灵活性。

CGDB 调试功能丰富，不但具有同目标机建立连接、下载目标程序、设断点、单步跟踪、查看栈、寄存器、变量内容等基本调试功能，还具有 OS-Aware 等高级调试功能，即 CGDB 能够识别和操纵 RTOS 的系统对象，包括任务、信号量、邮箱、堆栈、I/O 缓冲区、软时钟等，并使用对象浏览器直观地浏览和操纵各种 RTOS 对象。

同时，CGDB 支持任务调试模式，能够锁定单个任务或一组任务进行调试，并具有异步调试功能，以及其他高级调试功能，如 x86 硬件断点的支持、能够跟踪和操纵 IDT 表和 GDT 表、能够对中断进行调试、能够直接进行 RTOS 系统功能调用等功能，这些都是嵌入式软件交叉调试中必需的功能。

6）目标监控器及指令级模拟器

在目标机上与宿主机端 CGDB 配合工作的通常是目标监控器(monitor)，一般可将 Monitor 分为 Debug Monitor 和 Task Monitor。Debug Monitor 是事先固化在目标机上，通常只提供基本调试功能的支持；而 Task Monitor 是随应用程序一起下载到目标机上，通常支持一些高级调试功能，如对 RTOS 系统对象的识别和操纵等。我们设计的 Monitor 是一种可裁剪的 Monitor，既可以裁剪为 Task Monitor，又可以裁剪为 Debug Monitor，具有可移植性好、支持多种调试方式(如串口、网络调试等)、可裁剪性好等特点。

指令级模拟器(simulator)，在 x86 系列 CPU 上模拟其他目标 CPU(如 ARM)的指令集和板级 I/O 接口，以指令级模拟器代替目标硬件，与 CGDB 配合工作调试应用程序，提高嵌入式系统开发中软硬件开发的并行度，加快整个项目的进度。

7）软逻辑分析器(Soft Logic Analyzer，SLA)

软逻辑分析器是一个性能分析工具，对应用程序进行时间分析和事件序列分析，确定应用程序是否满足实时性要求。

软逻辑分析器的数据采集由目标机上的 TPA (Target Profiler Agent)配合完成，TPA 作为一个 RTOS 部件可剪裁、可配置。

8）配置工具

以图形化、更直观、更灵活的方式配置开发环境和 RTOS 软构件的各项参数，包括 Debug Monitor 配置工具、RTOS 软构件配置工具、应用程序内存分配映像配置工具等三个主要工具。

9）其他实用工具

其他实用工具包括目标文件格式转换、目标文件信息显示、函数库管理等工具。

10）联机帮助系统

联机帮助系统是基于HTML的帮助系统，完整的用户手册，方便用户检索使用。

2. HMTool的主要特点

基于上述HMTool组成的介绍，可以看出HMTool具有以下主要特点：

1）工具的开放性

(1) 符合标准：应用程序开发语言C、C++、ASM语言分别符合AT&T C++、ANSI C和AT&T ASM标准，目标文件格式是标准的ELF、COFF、aout、iHex、Srec格式。

(2) 可移植：HMTool中的开发工具(除Debug Monitor汇编启动代码部分外)基本上都是采用ANSI C实现，在各种UNIX平台及Windows平台上具有良好的源码级可移植性。

2）工具的安全性

HMTool中所有开发工具都拥有源码，不用担心“技术陷阱”或“后门”等有害的附加代码，能够满足一般嵌入式系统的安全性需求。

3）工具的可扩展性

由于拥有所有开发工具的源码，且遵循相应标准，容易进行功能扩展，因此，HMTool具有良好的可扩展性，易于实现同第三方工具和RTOS的接口，且能够根据用户需求，对工具进行二次定制开发。

4）工具的通用性

HMTool是一个通用的嵌入式软件开发平台，原则上适用于任一嵌入式系统产品的开发，同时兼顾信息家电、数字通信设备、工业控制系统等行业需求，重点满足国内市场的需求。

5）操作简便、易学

交叉(cross)开发和交叉调试比一般的本地(native)开发和调试要复杂、麻烦，在开发环境实现时充分考虑到这一点，根据人机工程的原理，在界面设计、工具设计和流程设计时，尽量减少用户的开发工作量，使得开发环境操作简便、易学。

3. 发展动向

关于嵌入式软件开发平台的发展动向，有三点值得关注。

(1) 执行关键使命的嵌入式软件需求大增，正加速VNV(Validation and Verification，确认和验证)分析工具的发展。因此，嵌入式软件开发平台中迫切需要对应用软件安全性进行确认和验证分析的工具。

(2) 工具集成技术的发展：随着面向对象和软构件技术的发展以及CORBA、DCOM、JavaBeans等构件标准的出现，为基于COTS(Commercial Off-The-Shelf)构件构造大型的嵌入式软件开发平台奠定了坚实的基础。

(3) 嵌入式软件开发平台逐步向一个完整的CASE工具发展：CASE工具普遍用于软件生命周期的各个阶段(包括需求、规格说明、设计、编码、测试、维护)，对源代码、文档生成提供辅助，还可协助开发组成员间的通信。目前已有一些用于实时系统的CASE工具推出，如Telelogic公司的ObjectGeode。嵌入式软件开发平台HMTool目前只能支持编码行为(包括编辑、编译、链接、测试、调试)，对于软件生命周期模型中的其他阶段无能为力，应逐步向一个完整的CASE工具发展，以支持整个软件生命周期的每个阶段，最终实现软件自动化。

CHAPTER 5

第 5 章

信息安全产品案例

5.1 防火墙简介

互联网(Internet)起源于 1969 年的 ARPANET,最初用于军事目的。1993 年开始用于商业应用,进入快速发展阶段。到目前为止,互联网已经覆盖了 175 个国家和地区的数亿台计算机,用户数量超过 10 亿,网络信息的安全保密问题已经成为互联网发展过程中的重要问题。由于互联网的开放性,网络安全防护的方式发生了根本变化,使得安全问题更为复杂,安全防护方式和传统网络截然不同。为防止非法用户利用网络系统的安全缺陷进行数据的窃取、伪造和破坏,必须建立网络信息系统的安全服务体系。为了建立网络信息的安全服务体系,网络技术人员经过大量的理论研究和实践工作,逐步发展了防火墙、IDS(入侵检测)、数据加密等多种安全技术。

"防火墙(Firewall)"一词最初用于建筑领域,为了避免建筑物着火时火势蔓延太快难以控制,通常在建筑物内部或建筑物之间要建立一些隔离墙,用于隔离火势,提高建筑物的消防安全度。在网络领域,网络防火墙也起着类似的作用(见图 5-1)。

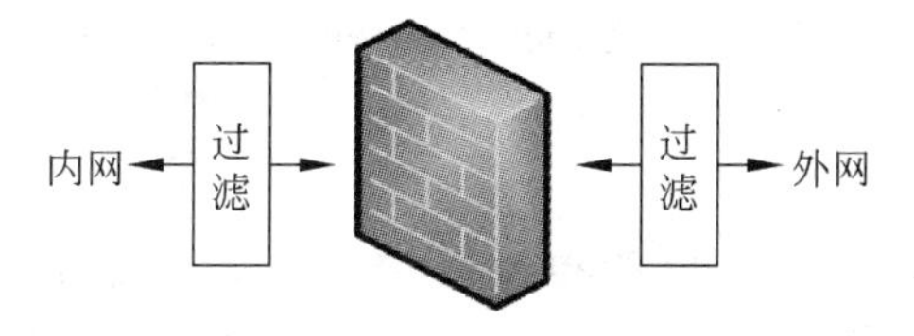

图 5-1 防火墙的基本功能

防火墙位于两个网络的交界处,在内部网和外部网之间构成一道屏障,检测限制通过的数据流,实现对内部网一定程度上的保护,保护内部网络免受来自外部网络的攻击。

防火墙实质上是一种隔离控制技术,是一种有效的网络安全模型,根据预先设置的安全策略控制通过的数据包,本身也有一定的抗攻击性。从逻辑上看,防火墙是一个过滤器、隔离器和监控器。

从工作原理看，防火墙控制通过的所有数据包，根据预先设置的过滤规则，只允许授权的数据包通过，并且可以记录非法授权的访问和入侵者的行为信息，供管理员分析使用。

防火墙技术根据工作原理和方式的不同而分为多种类型，但总的来讲可分为包过滤和代理型两大类。包过滤防火墙又可以分为静态包过滤和动态包过滤，代理防火墙可以分为应用层网关和自适应代理服务器。

从实现方式看，防火墙分为硬件防火墙和软件防火墙。

防火墙在网络边界处提供以下几种功能：

- 作为一个中心控制点防止非法用户进入内部网络。
- 可以通过防火墙日志审计信息监视网络的安全性。
- 使用网络地址转换(Network Address Translation，NAT)技术，将内网的私有 IP 地址转换为合法的 IP 地址，可以缓解地址空间短缺的问题。
- 流量统计的最佳点，可以在防火墙进行流量统计分析。

IDS(入侵检测系统)主要目的是检测对一个系统的入侵者或一个合法用户对系统资源的滥用和误用，并阻止这些行为。IDS 与防火墙不同，防火墙仅仅作为内部网和外部网之间的一道屏障，不具有主动探测攻击企图和攻击行为的能力。IDS 比防火墙具有更大的动态性和主动性，而且 IDS 可以出现在被保护子网的任何位置，防火墙则只能出现在被保护子网和外网的连接点上。IDS 根据实现技术的不同可以分为两类：基于异常检测技术的 IDS 和基于误用检测技术的 IDS。前者由于现在科技水平所限，基本上停留在理论状态，而后者已经完全进入了实用阶段。其基本思想是事先定义某些特征的行为是非法的，然后将观察对象与之进行比较以做出判别，即先定义入侵模型，再将收集到的数据资料与之比较判断。IDS 目前存在的重大缺陷包括误报率高、处理速度慢、只能监视明文数据流、互操作性差、本身存在安全问题。

防火墙作为网络安全中最主要和最基本的基础设施，是迄今发展得比较成熟的安全技术和产品。目前，防火墙厂商已有数百个之多，而根据其主要实现技术，可以分为硬件防火墙、软件防火墙以及软硬件结合防火墙(一般也称为硬件防火墙)。

1. 硬件防火墙

纯硬件防火墙由专用的 ASIC(Application Specific Integrated Circuit)芯片处理数据包，CPU 只负责管理，一般采用专门设计的专用操作系统，并使用专门设计的硬件体系结构。

ASIC 是一种带有逻辑处理的加速处理器，简单地说，ASIC 就是利用硬件的逻辑电路实现软件的功能。这类防火墙的操作系统和 CPU 只起 ASIC 硬件驱动和提供管理接口作用，只负责总体协调却不参与任何防火墙的基本处理。因此，即使在 ASIC 芯片全力处理数据的时候，CPU 仍然处于较低的使用状态，而不会影响到对其他事务的响应速度。由于采用了 ASIC 技术，将一些原先由 CPU 完成的经常性工作交给专门的硬件负责完成，从而在性能上实现突破性的提高。

但是，采用 ASIC 芯片的硬件防火墙也有一些缺点，如由于将指令或计算逻辑固化到了硬件中，缺乏灵活性，也不便于修改和升级；深层次包分析(主要是应用层包分析)增加了 ASIC 的复杂度；ASIC 的开发周期长，典型设计周期 18 个月，因此，ASIC 设计费用昂贵且风险较大。

硬件防火墙由于其性能优势，主要是高端应用，如千兆防火墙，目前只有少数国外厂商（如NetScreen）采用该技术。NetScreen系列防火墙使用独立研发的体系结构，包括NetScreen专用的ScreenOS实时操作系统和为实现防火墙而特别设计的ASIC芯片，它们与RISC处理器等模块紧密集成，提供防火墙各项功能。NetScreen的核心是ASIC，在硬件中处理防火墙策略的查询和加密认证算法，而CPU用于管理数据，因此，其性能优于其他防火墙产品。

2. 软件防火墙

软件防火墙本身是一套软件，从操作系统到硬件架构都是使用通用的系统结构。这类防火墙的最大优势是可以进行数据包内容的分析，即应用层分析，而这种复杂的应用层分析现在硬件还是难以做到的。

目前的应用层分析一般有以下几种：

- 确认网络通信符合相关的协议标准，如不允许http头出现二进制数据。
- 确认网络通信没有滥用相关的协议标准，如不允许P2P通信利用80端口穿越防火墙。
- 限制应用程序携带恶意数据，如阻止恶意脚本的操作。
- 控制对应用程序的操作，如仅允许SNMP的get操作，禁止Set操作。

但是软件防火墙本质上从操作系统到硬件架构都是使用通用的系统结构，因此，尽管软件本身使用的算法可能已经得到了优化，但受架构的局限，在面向高的应用时，性能还是无法令人满意。

软件防火墙的代表是CheckPoint的Firewall系列防火墙，该系列防火墙最重要的特点是Stateful Inspection（状态检测）。它是由CheckPoint公司首先提出的一个概念，所谓状态检测，即通过动态连接表维持和更新当前连接的状态信息，并结合预先定义的过滤规则，实现其安全策略。状态检测在协议栈低层截取和分析数据包，并且在建立一个连接以后，该连接的后续数据包无须匹配过滤规则，因此，提高了整体性能。同时，状态检测应用透明，无须对不同的应用制定不同的规则，具有较高的安全性和灵活性。

3. 软硬结合防火墙

这类防火墙一般使用Intel x86 PC结构，有些产品也做了一些改进，如基本系统（包括网络接口芯片、存储器等）完全集成在一块PCB（Printed Circuit Board），存储器使用Flash电子存储，而不是机械式磁介质存储。这样，无论是抗震力还是对温度、湿度的适应能力，以及长时期不间断运行的可靠性，都要提高很多。

这种基于Intel x86的软硬结合的防火墙基本上也称为硬件防火墙，由于其性能和灵活性的平衡，在百兆防火墙领域取得了巨大成功，代表产品是Cisco的PIX系列防火墙。Cisco公司的PIX系列防火墙采用PIX专用操作系统，该操作系统是一种消除了安全漏洞和性能退化开销的专用固化系统。PIX系列防火墙的核心是自适应安全算法（ASA），是Cisco状态检测技术的具体实现。IOS系列防火墙是基于Cisco路由器的一种灵活的防火墙方案，通过加入一个Cisco防火墙特性集，可以方便地在Cisco路由器中加入防火墙功能，实现基于上下文的访问控制（CBAC）、虚拟专用网络（VPN）、网络地址转换（NAT）、Java阻断、审计踪迹和实时告警等功能。

目前，新出现一类使用网络处理器(Network Processor，NP)的防火墙。所谓NP，即专为网络数据处理而设计的芯片或芯片组，能够直接完成网络数据处理的一般性任务，如TCP/IP数据的校验、计算、包分类、路由查找等。同时，其硬件体系结构的设计采用高速接口技术和总线规范，其有较高的I/O能力。因此，从理论的角度讲，NP防火墙可解决基于Intel x86的防火墙在性能上的瓶颈和基于ASIC的防火墙功能贫乏的缺陷。目前主要有国内的中科网威、清华紫光、联想网御等公司的相关产品。

目前，国外的高端防火墙绝大部分采用的是ASIC技术，国内厂商则选用NP的居多。究竟ASIC与NP谁将成为最后的赢家，还有待市场的检验。

5.2 基于Linux的防火墙系统设计

1. 系统结构

基于Linux 2.4.x内核的防火墙(系统结构如图5-2所示)，采用一体化的软硬设计，除了对标准输入输出设备的支持外，仅提供多个以太网口及通用串口作为接入与控制台配置手段，目标系统在功能和使用上已与桌面型的Linux系统有所不同，对于防火墙的功能构件，除Linux本身提供的包过滤手段和有限的功能外，其他多个功能部件都需要进行针对性的专门软件设计。

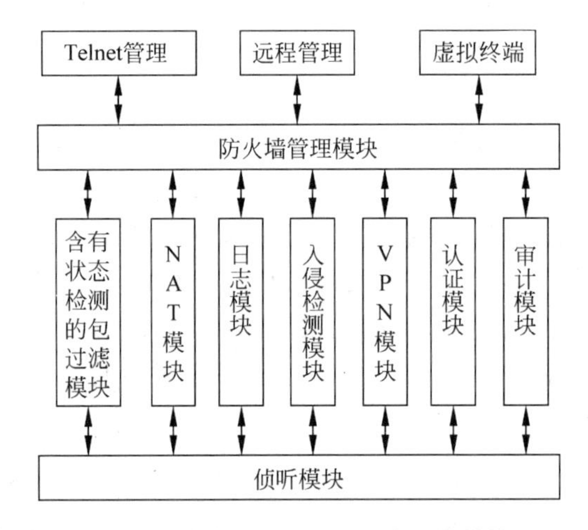

图5-2 基于Linux的防火墙系统结构

主要模块包括：

- 侦听模块。该模块植入操作系统内核，插入在TCP/IP协议和物理层之间，目的是截获所有从网卡送往操作系统的IP包，并将它们送给含有状态检测的包过滤模块。
- 含有状态检测的包过滤模块。主要通过包过滤技术和状态检测技术检查进出网络的IP包，记录网络通信量，抵抗IP层的网络攻击。
- NAT模块。主要用于实现IP转换，实现NAT功能。
- 日志模块。主要记录包过滤、状态检测、NAT等模块的各种事件信息。
- 网络入侵检测模块。用于检测来自所在网络的主动攻击，通知防火墙，并与防火墙合作做出相应的响应。

- VPN 模块。主要是利用公网构建专用网络，通过特殊设计的硬件和软件，直接穿越共享 IP 网建立的隧道完成的。
- 认证模块。主要对用户或服务认证。
- 审计模块。记录用户的各种行为信息，从而实现对用户的审计和跟踪。
- 防火墙管理模块。主要支持防火墙安全规则的设置，接收各模块的审计信息并进行处理，处理安全事件，支持远程控制。
- 远程控制界面。主要提供远程的设定、修改安全规则、监控系统运行状况等功能。

2. 硬件结构

根据防火墙的硬件实现方式，可分为以下三种：ASIC 架构硬件防火墙、Intel x86 架构硬件防火墙和 NP 架构硬件防火墙，主要比较如表 5-1 所示。

表 5-1 硬件防火墙的比较

项目	ASIC 硬件防火墙	x86 硬件防火墙	NP 硬件防火墙
结构	专用 ASIC 芯片处理数据包，专用的硬件体系，CPU 只做管理用	工业主板＋机箱＋CPU＋防火墙软件集成为一体，PC BOX 结构	运行在通用操作系统上，采用 NP 芯片和协处理器进行包处理
操作系统	使用专用的操作系统，避免了通用操作系统的安全性漏洞	采用专用或通用操作系统	采用专用或通用操作系统
性能	安全与速度同时兼顾，没有用户限制，性价比高，管理简单、快捷	核心为软件，有时会形成网络带宽瓶颈。满足中低带宽要求，吞吐量较高，管理比较方便	性能比较高，但距离 ASIC 硬件防火墙还有一段距离
识别方法	产品外观为硬件机箱形，一般不公布 CPU 或 RAM 等硬件水平，核心为硬件芯片	产品外观为硬件机箱形，一般对外公布 CPU 或 RAM 等硬件水平	产品外观为硬件机箱形，一般对外公布采用 NP 芯片
代表产品	NetScreen 系列防火墙	Cisco PIX 防火墙	联想网御防火墙

在对三种硬件防火墙综合比较的基础上，考虑到现有的软件防火墙模块，以及开发的能力、资金、周期等因素，决定外购、采用基于 Intel x86 的工业主板作为硬件平台，这样可省去硬件设计的麻烦，从而将主要精力放在防火墙软件和功能模块的设计上。防火墙的硬件配置包括：

- 主板 采用专为网络应用设计的工控板，集成四个 10/100Mb/s 以太网口和一个串行口。
- CPU VIA C3/800MHz。
- RAM 256Mb/s SDRAM。
- ROM 128Mb/s Compact Flash 盘。

3. 防火墙安全策略

安全策略是信息与网络系统安全的灵魂与核心，是信息安全系统设计的目标和原则，是针对应用系统的完整解决方案。

防火墙作为一种网络安全设备，并不是独立的，必须作为机构整体安全策略一部分，而整体安全策略定义了机构安全防御的各个方面。安全策略是通过认真的安全分析、风险评估以及在商业需求分析的基础上得出来的，必须完整、全面地保证防火墙系统不会被迂回过去，否则，再好的防火墙系统也只能像“马其诺防线”一样。如何在提供安全保障的同时，让用户最大程度地使用 Internet，能在系统的安全保护、高效性能和灵活管理之间提供最佳的平衡是安全策略的核心问题。

网络安全策略是防火墙系统的重要组成部分和灵魂，而防火墙设备是具体的执行者和体现者，二者缺一不可。网络安全策略决定了受保护网络的安全性和易用性，一个成功的防火墙系统首先应有一个合理可行的安全策略，这样的安全策略必须在安全需求和用户需求、安全和方便之间获得良好的平衡，稍有不慎，拒绝了用户的正常需求和合法服务，就是给攻击者制造了可乘之机。

针对防火墙而言，包含两种层次的安全策略。

- 服务访问策略：系统的高层策略，明确定义了受保护网络应允许和拒绝的网络服务及其使用范围，以及安全措施，如认证等。作为设计者，应首先进行需求分析，了解本系统打算使用和提供的 Internet 服务，然后再对网络服务进行安全分析、风险估计和可用性分析，最后经综合平衡后，得到合理可行的服务访问策略。一般有两种典型的服务访问策略，一是不允许外部网络访问内部网络，但允许内部网络访问外部网络；二是允许外部网络访问部分内部网络服务。
- 防火墙设计策略：系统的低层策略，描述了防火墙如何根据高层定义的服务策略具体限制访问和过滤服务等，即针对具体的防火墙，考虑其本身的性能和限制定义过滤规则等，以实现服务访问策略。一般包括两个基本防火墙设计策略，一是允许所有除明确拒绝之外的通信或服务进行；二是拒绝所有除明确允许之外的通信或服务进行。在设计该策略前，设计者应先从两个防火墙设计的基本策略中选择其一，并根据服务访问策略以及经费，选择合适的防火墙系统结构和构件。

以上两种防火墙策略的特点分别是：

- 前者假设防火墙一般应转发所有的通信，但个别有害服务应予以关闭。它偏重于易用性，带给用户一个更方便和宽松的使用环境，但同时带来许多风险，难于保证系统安全，需要管理员及时对防火墙进行管理。随着受保护网络的增长，安全性问题将更加严重。
- 后者则假设防火应阻塞所有的通信，但个别期望的服务和通信应予以转发。它偏重于安全性，经过仔细选择的服务才被支持而建立了相对安全的环境，但同时对用户的使用带来了许多不便和严格的限制。

针对以上分析，本系统基于 Linux 的防火墙采用允许外部网络访问部分内部网络服务的访问策略和拒绝所有除明确允许之外的通信或服务的设计策略。同时，为了提高速度，在规则的设计上，采取尽量简化的原则，进一步提高系统的执行效率。

5.3 软件模块实现

目前，防火墙系统的软件设计模式主要有以下三种：

(1) 基于专用操作系统进行的开发，这种方式主要应用于国外高端防火墙产品的开发。

(2) 基于通用操作系统 Linux 的 netfilter 防火墙框架，同时结合 iptables 规则。基于开放源代码的二次开发，这是目前国内商业防火墙的主要开发模式，称为 netfilter/iptables

方法。

(3) 基于通用操作系统的 iptables 规则进行的开发,多用于家用防火墙,也称为 iptables 方法。

本系统选择第二种开发模式,即基于 Linux 的 netfilter/iptables 方法进行防火墙软件功能设计。其中,采用模块化的设计思想,将防火墙的各个功能分为不同的模块设计,不但符合现代软件设计的理念,而且还便于开发、调试,更重要的是,在应用时能够根据不同的网络环境及用户要求进行方便的取舍。

下面对基于 netfilter/iptables 的 Linux 防火墙框架、状态检测包过滤模块、NAT 模块、Web 管理模块和日志模块的设计内容做进一步的介绍。

1. 基于 netfilter/iptables 的 Linux 防火墙框架

netfilter/iptables 是 Linux 2.4 和 2.6 内核集成的 IP 包过滤系统,netfilter 工作在内核空间(kernel space),是内核的一部分,而 iptables 作为 netfilter 的配置工具,工作在用户空间(user space)。netfilter/iptables 包过滤系统是目前 Linux 系统防火墙的主流解决方案,同时也是第一个集成到 Linux 内核的解决方案。netfilter 内核防火墙框架最初由 Rusty Russell 提出,最早出现在 2.4 内核中,目前已经集成在 2.6 内核中。该框架既简洁又灵活,可实现安全策略应用中的许多功能,如数据包过滤(packet filtering)、数据包处理(packet mangling)、地址伪装(masquerading)、动态网络地址转换(Network Address Translation, NAT),以及基于用户及媒体访问控制(Media Access Control,MAC)地址的过滤和基于状态的过滤、包速率限制等。

为了更好地理解 netfilter 的工作原理,首先按照数据包的传输方向将数据包分类。以网络通信线缆、网络适配器接口和本地处理进程为参照系,描述数据包的传输方向,可将传输分为三个方向,即输入(input)、输出(output)和转发(forward)。从网络电缆进入适配器再进入本地处理进程的数据包为输入包,即以本地进程为目标的包;通过本地进程、适配器发送到网络电缆的数据包叫做输出包,即以本地进程为源的包;从网络电缆进入适配器,但并不进入本地进程处理而又立即进入网络电缆的数据包为转发包,即被转发的包。

当网络数据包到达主机后,如果数据包目的 MAC 地址和本机 MAC 地址相同,该数据包就交由内核相应的驱动程序,然后经过内核的一系列处理,最后决定传递给本地进程,或者是转发给其他主机,或者是拒绝、丢弃等处理方式。

netfilter 对网络数据包的处理流程如图 5-3 所示,由一组在协议栈(如 IPv4、IPv6 和 DECnet)不同点间的钩子函数(hook)组成。考虑一个网络数据包通过整个网络过滤系统的情况,首先,数据包由图 5-3 左上标记为①的位置进入系统,先经过了简单的完整性和正确性检测(如数据包没有被截断、IP 校验和正确、非混杂接收等),然后传送给网络过滤框架的标记为②的 DNAT Prerouting。接着,数据包进入路由选择阶段(routing decision),这个阶段将决定该数据包传输到另一个接口,或者传输到一个本地进程,这个阶段仅做路由选择,而不进行过滤,但是可能会抛弃不能进行路由选择的数据包。如果数据包属于某个本地进程,那么数据包传输到该进程前,网络过滤框架中标记为③的输入部分(input)将被使用,决定是否将该数据包传输给本地进程。如果数据包传送到另一个接口,那么网络过滤框架中标记为④的转发部分将被使用。最后,在数据包再次进入网络通信电缆之前,传送到网络过滤框架中标记为⑥SNAT Postrouting 部分。网络过滤框架中标记为⑤的为输出部分(Output),将用于过滤本地进程产生的数据包。

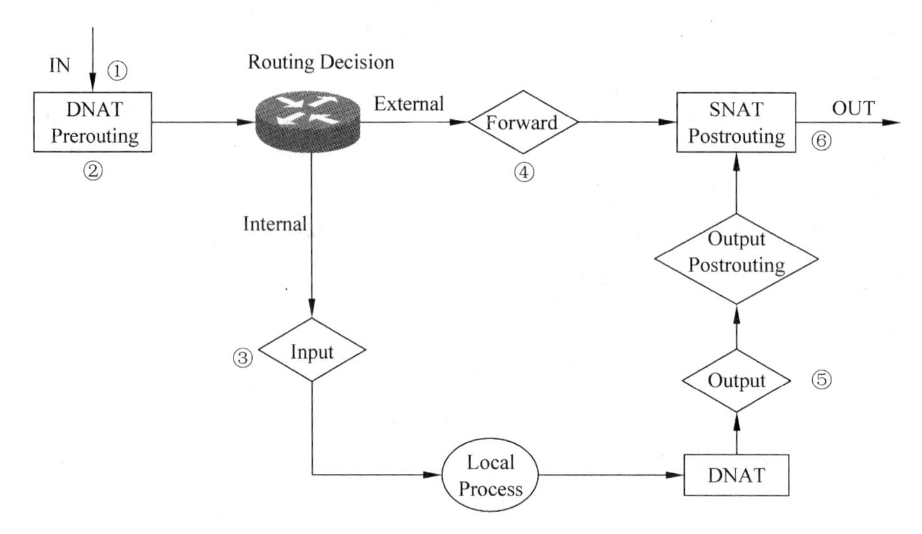

图 5-3 netfilter 数据包处理流程

为了确定网络流量是否合法,防火墙依靠所包含的由网络或系统管理员预定义的一组规则。这些规则告诉防火墙某个流量是否合法,以及对于来自某个源、至某个目的地或具有某种协议类型的网络流量要做些什么。这些规则存储在专用的信息包过滤表中,而这些表集成在 Linux 内核中。在信息包过滤表中,规则分组放在所谓的链(chain)中。

根据规则所处理的信息包类型,可以将规则分组在链中。处理输入数据包的规则添加到 Input 链中,处理输出数据包的规则添加到 Output 链中,处理转发数据包的规则添加到 Forward 链中,这三个链是基本信息包过滤表中内置的默认主链。另外,还有其他许多可用链的类型,如 Prerouting 和 Postrouting,以及提供用户定义的链。每个链都可以有一个策略,定义“默认目标”,即要执行的默认操作,当信息包与链中的任何规则都不匹配时,执行此操作。

2. 状态检测包过滤模块

传统的包过滤技术有很大的局限性,只对当前正在通过的单一数据包进行检测,而没有考虑前后数据包之间的联系,不能防御网络扫描等攻击。一个简单的扫描攻击是发送一个 ACK 包到目的主机,通过这种方法可以确定主机上处于监听状态的端口。为了能够抵御这些新的攻击和扫描,防火墙需要能够保存经过过滤器的数据流的连接状态,这样过滤器能够通过检查一个 ACK 包是否属于一条合法的连接防御类似扫描攻击,这种保存连接状态的包过滤称为动态包过滤或者检测包过滤。

状态检测技术的实现基础是 netfilter 的连线跟踪机制,但是其包过滤的实现相对简单,只是将源目地址和源目端口保存在一张连接表中,连接状态保存的连接信息较少,连接状态表检测连接状态并不能完全保证阻止一些非法的数据包,而这些数据包很有可能是引起网络故障的原因。因此,本系统在设计状态检测包过滤模块时,增加了对数据包序列号的检查,使安全性能大大提高。

状态检测技术是近几年才应用的新技术，其代表产品是 CheckPoint 公司的防火墙。国内市场上真正应用状态检测技术的产品还很有限，其具体技术实现细节处于相对保密状态。

3. NAT 模块

在 IPv4 地址短缺的今天，网络地址转换（NAT）已成为防火墙系统必备的一项重要功能，同时在内部网络的防护上也起到了关键的作用。NAT 技术实现的核心是将内部网络中数据报文的 IP 地址转换为外部合法 IP 地址的数据报文，并向外部网络发送，而在收到外部数据报文后，再转换成内部 IP 地址，并向内部网络发送。

NAT 从功能上可以分为源网络地址转换和目的网络地址转换，从实现方法上可分为静态地址转换和动态地址转换。在静态地址转换中，私有 IP 地址和合法 IP 地址之间是一一映射的关系，每个内部 IP 地址都有一个外部 IP 地址与之对应，系统通过维护一张固定的映射表完成此功能。在动态地址转换中，内核动态地决定外部与内部 IP 之间的映射关系。对于实际的应用来说，防火墙必须维持一个动态的映射表，并随时对这个表进行更新。

NAT 是通过一个特殊的 nat 表来实现的，表中有三条链，分别是 Prerouting、Routing 和 Postrouting。其中，Prerouting 链用于目的网络地址转换（DNAT），Postrouting 链用于源网络地址转换（SNAT），Routing 是路由链。当数据包到达防火墙的内部接口后，查找路由，然后，数据包被送到 Forward 链，接受系统内核的转换处理，即将包头中的源 IP 地址改为防火墙外部接口的 IP 地址，并在系统中做记录，以便以后对其回应包的目的 IP 地址进行“恢复”。这样，当该数据包顺利从外部接口发出时，其包头中源 IP 地址已被改为防火墙外网卡的 IP 地址，然后向外网发出。在数据包回来时，根据系统关于 IP 转换的记录对数据包的目的 IP 地址进行恢复。

4. 基于 Web 的远程管理模块

本防火墙系统采用 Web 方式通过浏览器远程配置防火墙。现今市场上的防火墙产品通常都具有这一功能，以 Web 的方式进行管理具有界面友好、操作方便的特点，可以免去在控制台输入命令的麻烦，避免了直接操作防火墙带来的不安全性。

为实现基于 Web 的远程管理，防火墙系统上安装了三个软件包：APache 2.0.40、mod_ssl_2.0.40 和 PHP-4.2.2。

Apache 服务器是 Linux 系统上使用最多的 Web 服务器，通过 mod_ssl 和 PHP 两个软件包可以方便地实现 Apache 服务器对 SSL 和 php 的支持。防火墙的 Web 管理模块用 PHP 语言写成，可以运行在任何支持 PHP 语言的 Web 服务器上。

5. 日志模块

Linux 防火墙本身具有一定的日志功能，通过 iptables 的 LOG 目标（target）可以将匹配成功的数据包，按照一定的格式输出到系统日志文件中。使用 LOG 目标之前需要先载入 ipt_LOG 模块，使用如下的语句载入 ipt_LOG 模块：

```
if !(lsmod|/bin/grep ipt_LOG>/dev/null); then
  modprobe ipt_LoG
fi
```

载入 ipt_LOG 模块以后，可在 iptables 命令中将 LOG 作为一个目标，在 iptables 命令脚本里定义一个用户定义规则链 LD，将此链作为将要丢弃的数据包的目标，包的信息写进日志：

```
iptables -N LD 2>/dev/null
iptables -F LD
iptables -A LD -j LOG
iptables -A LD -j DROP
```

ipt_LOG 模块是 netfilter 的一个内置模块，利用 ipt_register_target()函数注册一个目标，此目标的主要处理函数通过 printk 函数将匹配的信息包打印出来。

5.4 用户空间防火墙程序开发

netfilter 提供了一种从内核栈传递数据包到用户空间应用程序的机制，用户空间应用程序接收这些数据包并指定相应处理方式，如接收 ACCEPT 或者丢弃 DROP。最后，传递数据包和处理结果给内核，数据包也可在用户空间修改后再返回给内核。

对于每种支持的协议，一个内核模块调用注册到 netfilter 的队列处理器(queue handler)，完成数据包从内核空间到用户空间的交互。IPv4 标准的队列处理器是 ip_queue，提供了基于 Linux 2.4 的内核模块，内核和用户空间的通信使用 Netlink 套接字。在 Linux 内核 2.4 版本中，ip_queue 只能有一个应用程序接收内核数据。发展到 Linux 2.6.14 内核以后，新增了 nfnetlink_queue 队列处理器，理论上最大可支持 65 536 个应用程序接口，而且可以兼容 ip_queue 队列处理器。

一旦载入 ip_queue 队列处理器，IP 数据包可用 iptables 设置过滤规则，通过 QUEUE target 选择并进入队列，最后传递给用户空间，而应用程序通过 libipq 库接收和处理数据包。

1. 开发环境配置

开发环境配置主要包括以下三个步骤。

1) 安装 libipq 函数库

在 Linux 默认情况下，libipq 函数库的开发环境并没有安装。在 Linux 2.4 内核下，libipq 的开发环境和 iptables 一起发布，因此，可以通过编译安装相应的 iptables 版本安装 libipq 开发环境。具体步骤如下：

(1) 查看开发环境中 iptables 的版本，执行命令 iptables -V 可查看已安装的 iptables 版本，在 Redhat Linux 9.0 环境下，iptables 的版本为 1.2.7a。

(2) 下载 iptables 对应源代码安装包，在 Redhat Linux 9.0 环境下，下载 iptables 的 1.2.7a 版本。

(3) 解压 #tar xjvf iptables-1.2.7a.tar.bz2。

(4) 编译安装 #cd iptables-1.2.7a; #make; #make install; #make install-devel。

最后一步 make install-devel 将安装 libipq 函数库所需要的库、头文件和手册，安装完毕后，即可设置过滤环境。

2) 设置过滤环境

使用 libipq 库编写用户空间防火墙，设置过滤环境包括两个步骤，一是加载过滤需要的内核模块；二是设置所需过滤规则。

加载过滤需要的内核模块，QUEUE target 的正确运行需要内核模块 iptable_filter 和 ip_queue 的支持。可通过 lsmod 查看以上两个模块是否被加载到内核中，如果没有加载，使用如下命令加载：

```
#modprobe iptable_filter
#modprobe ip_queue
```

设置过滤所需规则，如：

```
#iptables -A OUTPUT -p icmp -j QUEUE
```

以上规则将使得任何本地产生的 ICMP 数据包被送到 ip_queue 模块，ip_queue 模块将传送这些数据包到用户空间防火墙（用户空间应用程序）。如果没有对应的用户空间防火墙，这些包将被丢弃。

3）编译参数设定

编写 netfilter 用户空间防火墙，需要使用到头文件 netfilter.h 和 libipq.h 中定义的数据结构和函数。同时，在链接过程中，需要用到 libipq 库。

2. libipq 函数库简述

libipq 函数库提供了一组和 ip_queue 通信相关的 API，下面简述六个常用 API 的使用方法。

1）初始化

调用 ipq_create_handle 函数初始化 libipq 库。ipq_create_handle 尝试将 ip_queue 使用的 Netlink 套接字绑定到一个上下文句柄，后续库函数调用将使用这个句柄。

2）设置复制模式

ipq_set_mode 函数允许应用程序指定数据包元数据或者整个数据包（包括有效载荷和元数据）复制到用户空间，该函数也起到通知 ip_queue 应用程序接收队列消息准备好的作用。

3）接收数据包

ipq_read 函数等待从 ip_queue 到达的队列消息，并复制到应用程序指定的缓冲区。队列消息可以是数据包，也可以是出错信息，包的类型由 ipq_message_typ 函数决定。如果是数据包，则元数据和可选的有效载荷将使用 ipq_get_packet 函数接收，错误信息使用 ipq_get_msgerr 函数接收。

4）过滤数据包

按照应用程序过滤规则，调用 ipq_set_verdict 函数向内核返回做出过滤决定的数据包。

5）错误处理

错误描述字符串可调用 ipq_errstr 函数获得，每个错误描述字符串对应一个内部错误代码，内部错误代码变量为 ipq_errno。对于简单应用程序来说，调用 ipq_perror 函数将在标准错误输出（stderr）上直接打印出错误信息和内部错误代码。

6）释放资源

调用 ipq_destroy_handle 函数释放 Netlink 套接字和相关联的上下文句柄资源。

3. 用户空间防火墙框架

基于 netfilter 的用户空间防火墙程序框架如图 5-4 所示，分为 A、B、C 三个部分，其中：

- A 部分为初始化部分,包括过滤资源的初始化、复制模式设置两个部分。
- B 部分为包过滤处理部分,该部分为一个 while(1)循环,在这个循环内处理每个内核传来数据包,处理过程包括读取包数据、分析包和包处理三个步骤。其中,分析包步骤将根据设置的过滤条件处理得到的 IP 数据包,判断该数据报是否满足过滤条件。然后,根据判断结果处理该数据报,如接收(accept)或者丢弃(drop)。
- C 部分为释放资源,释放申请的系统资源,程序结束。

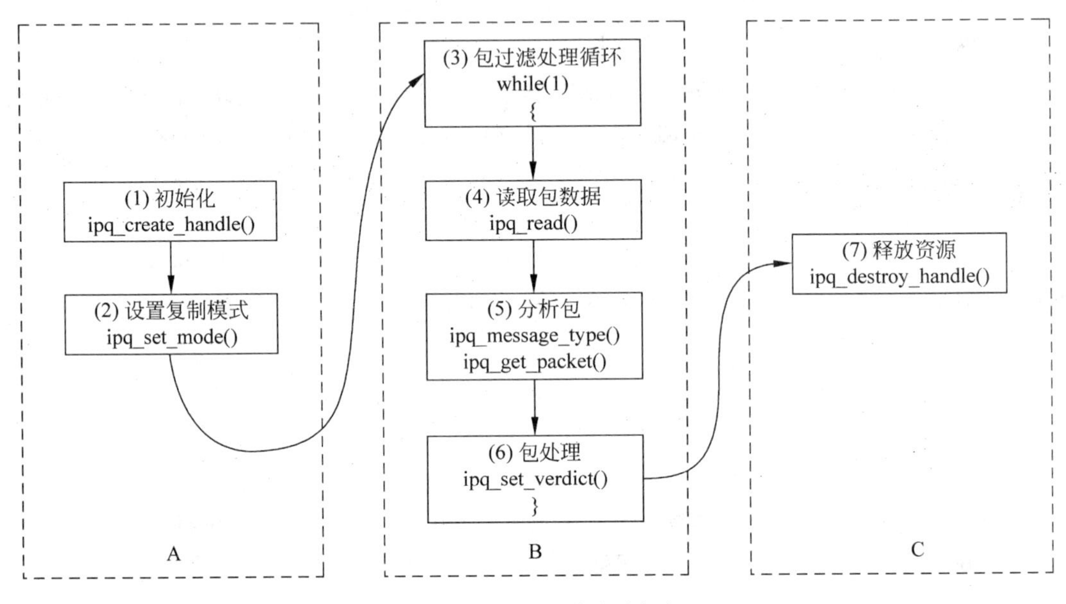

图 5-4 用户空间防火墙框架

CHAPTER 6

第 6 章

数字娱乐产品案例

6.1 俄罗斯方块游戏简介

俄罗斯方块是一款风靡全球的电视游戏机和掌上游戏机游戏，曾经造成的轰动效应与产生的经济价值是游戏史上的一座里程碑。1987 年，工作于前苏联莫斯科科学计算机中心的阿列克谢·帕基特诺夫(Alexei Pajitnov)在玩过一个拼图游戏之后受到启发，从而制作了一个以 Electronica 60(一种计算机系统)为平台的俄罗斯方块游戏。

究其历史，俄罗斯方块最早还是出现在 PC 上，它看似规则简单、容易上手，但游戏过程却变化无穷，令人上瘾，相信大多数用户都还记得为它痴迷得茶不思饭不想的那个俄罗斯方块时代。

应该说只有出生于俄罗斯这个饱受苦难民族的人，才能设计出 Tetris(俄罗斯方块)这种充满坚忍与体现韧劲的游戏。让我们看一下俄罗斯方块之父阿列克谢·帕基特诺夫，虽然没有什么证据，但我们有理由推测他正是以这个作品来宣泄自己对那个“绝对精神控制”的前苏联时代的情感。虽然俄罗斯方块问世是在 1987 年，早已远离了那个恐怖的年代，但也许正是父辈或亲戚的遭遇，才使得阿列克谢下定决心用这部作品来隐喻自己的思想及对那个时代的理解。

俄罗斯方块的起源实际上要追溯到 20 世纪 80 年代中期，尽管它的人气一直到几年后才开始显露出来。游戏的概念十分简单，如今已经成为一种公认的规则：屏幕顶部以随机顺序落下形状各异的碎块，你要试图用它们拼成没有空隙的行列。你没法最终搞定俄罗斯方块，因为坚持的时间越长，游戏速度也就变得越来越快，而游戏的吸引力就在于使你顶住碎块的进攻，支撑的时间比上一次更长。俄罗斯方块作为举世闻名的游戏，在该游戏新鲜出炉时就显得非常直观和简单。某些与坠落的玩具碎片以及形状有关的物体，使得哪怕新手也会很自然地企图将它们排列起来，并加以适当组合，就好似俄罗斯方块触动了我们某些内在的感官，使得我们当中最杂乱无章的人也要将各种形状的物体整理妥当。

然而，很少有人知道，这个著名的游戏在20世纪80年代曾经在法律界掀起轩然大波，即著名的俄罗斯方块版权之争。这次版权争夺，几家欢喜，几家哀愁，几家公司倒闭，几家公司赚钱，其中的是是非非，一言难尽。俄罗斯方块游戏，其版权之争所包含的意义，对于整个IT行业都有着极为深远的影响和重要的借鉴意义。主要过程包括：

(1) 1985年6月。工作于莫斯科科学计算机中心的阿列克谢·帕基特诺夫在玩过一个拼图游戏之后受到启发，从而制作了一个俄罗斯方块的游戏。后经瓦丁·格拉西莫夫(Vadim Gerasimov)移植到PC上，并且在莫斯科的计算机界传播，帕基特诺夫因此开始小有名气。

(2) 1986年7月。PC版俄罗斯方块在匈牙利的布达佩斯被当地的一群计算机专家移植到了Apple Ⅱ和Commodore 64上，这些版本的软件引起了当时英国一家游戏公司Andromeda的经理罗伯特·斯坦恩(Robert Stein)的注意，他向帕基特诺夫以及匈牙利的计算机专家们提出收购俄罗斯方块的版权，但在买到版权之前，却将俄罗斯方块的版权倒手卖给了英国的Mirrorsoft(注意不是Microsoft!)以及美国的Spectrum Holobyte两家公司。

(3) 1986年11月。斯坦恩和帕基特诺夫经过谈判，就版权收购问题未取得成果。斯坦恩甚至直接飞到莫斯科和帕基特诺夫面谈，但是空手而归。由于俄罗斯人对于已经在西方兴起的电子游戏产业知道不多，斯坦恩决定窃取Tetris的版权，于是他放出谣言说这是匈牙利人开发的游戏。与此同时，PC版的俄罗斯方块已经由英国的Mirrorsoft出品并且在欧洲销售，受到当时人们的极大关注，不仅因为这个游戏好玩，而且这是第一个来自“铁幕”国家的游戏。当时的游戏宣传海报上有浓郁的冷战色彩，如战争画面、加加林太空飞行等，而斯坦恩仍然没有正式合法的版权。

(4) 1987年6月。斯坦恩最终取得了在IBM-PC及其兼容机上Tetris的版权，版权机种包括“其他任何计算机系统”。但是，他没有和苏联方面签署协议，也就是说，这个版权是不完整的。由于“其他任何计算机系统”在英文中的描述是any other computer system，这种说法在当时看来也很不严密，从而为后来的版权之争埋下了伏笔。

(5) 1988年1月。Tetris在计算机平台的热销，一时引起了媒体的巨大关注。而当CBS晚报采访了俄罗斯方块之父帕基特诺夫之后，斯坦恩盗窃版权的计划彻底泡汤。苏联一家新的软件公司ELORG开始和斯坦恩就游戏版权问题进行协商，其负责人亚历山大·阿列欣科(Alexander Alexinko)知道斯坦恩虽然没有版权，但是会以手中的游戏开发程序为筹码威胁中断谈判。

(6) 1988年5月。经过几个月的争吵之后，筋疲力尽的斯坦恩终于和ELORG签定了PC版俄罗斯方块版权的合约。当时的合约禁止开发街机版和掌机版的Tetris游戏，而PC版的Tetris则成为当时最畅销的游戏。

(7) 1988年7月。斯坦恩与阿列欣科商谈开发街机版俄罗斯方块的问题。阿列欣科当时尚未从斯坦恩那里拿到一分钱的版权费，但是同时Spectrum和Mirrorsoft两家公司已经开始向电子游戏商出售俄罗斯方块的版权。Spectrum公司将Tetris的游戏机和PC在日本的版权卖给了Bullet-Proof Software公司(BPS、FC和GB版俄罗斯方块的制作商)，而Mirrorsoft公司则将它在日本和北美的版权卖给了美国的Atari公司，这样造成了两家公司的矛盾。1988 年 11 月，BPS 公司在 FC 上发行的俄罗斯方块游戏在日本发售，销量达 200 万份。

(8) 1988 年 11 月。随着 GB 的开发，NOA(任天堂美国分公司)的经理荒川实(任天堂山内溥的女婿)希望将 Tetris 做成 GB 上的游戏。于是他联系了 BPS 公司的总裁亨克·罗杰斯(Henk Rogers)，罗杰斯再与斯坦恩联系的时候却吃了闭门羹，于是他直接去莫斯科购买版权。而斯坦恩觉察出风头，也乘飞机前往莫斯科，与此同时，Spectrum 公司负责人罗伯特·麦克斯韦(Robert Maxwell)的儿子凯文·麦克斯韦(Kevin Maxwell)也在向莫斯科进发。就这样，三路人马几乎在同时赶到了冰天雪地的红色都市。

(9) 1989 年 2 月 21 日。罗杰斯首先会见了 ELORG 的代表叶甫盖尼·别里科夫(Evgeni Belikov)，签订了手掌机方块游戏的版权。之后他向俄国人展示了 FC 版 Tetris，这使别里科夫极为震惊，因为他并没有授予罗杰斯家用机的版权。罗杰斯则向他们解释说，这是向 Tengen 公司购买的版权，但是别里科夫从未听说过 Tengen 公司。罗杰斯为了缓和尴尬的局面，将斯坦恩隐瞒的事实如数告诉了别里科夫，并且答应付给苏联方面已经卖出的 FC 版俄罗斯方块的更多版权费用。这时罗杰斯发现自己有机会买到 Tetris 全部机种的版权，虽然 Atari 公司会对他虎视眈眈，但是他和 BPS 公司的背后还有任天堂公司这个大靠山给自己撑腰。罗伯特·斯坦恩原先所签的协议只是 PC 版 Tetris 的版权，其他版权并不是他的。后来，斯坦恩和 ELORG 重新签署了协议，在别里科夫强迫他重签合约的修改内容中，计算机的定义是包含有中央处理器、监视器、磁盘驱动器、键盘和操作系统的机器。而斯坦恩当时却没有深入理解这些定义，后来他才意识到这是罗杰斯从自己手中抢走版权而要的花招，但是为时已晚。第二天他被告知虽然签署的文件已经不得更改，但是他还可以得到街机版 Tetris 的开发权。三天之后，他签下了街机版的协议。

(10) 1989 年 2 月 22 日。凯文·麦克斯韦访问了 ELORG 公司。别里科夫拿出罗杰斯给他的 FC 游戏卡向他询问此事，麦克斯韦在卡带上看到了 Mirrorsoft 公司的名字，才想起他的公司已经将部分版权倒卖给了 Atari 公司。当他想继续谈判街机和手掌机版权的问题时，却发现自己能够签的只有除计算机、街机、家用机和手掌机以外的协议了。实际上，等于没有任何协议可签，除非他发明一种新的娱乐系统，比方说俄罗斯方块积木。在糊涂之余他灵机一动，告诉别里科夫说此卡带为盗版，然后也要签家用机的协议。最后的结果是，凯文·麦克斯韦只带走一张白纸，罗伯特·斯坦恩带走了街机协议书。由于凯文·麦克斯韦声称所有的 FC 卡都是盗版，ELORG 公司保留了家用机的版权，没卖给任何人。假如凯文·麦克斯韦想获得家用机版权，就必须付出比任天堂公司更高的代价。亨克·罗杰斯买到了手掌机的版权，并且通知了荒川实。BPS 公司就制作 GB 版 Tetris 与任天堂公司达成交易，这笔交易额当时高达 500 万～1000 万美元。

(11) 1989 年 3 月 15 日。亨克·罗杰斯回到莫斯科，代表任天堂公司出巨资收购家用机版 Tetris 的版权，荒川实和 NOA 的首席执行官霍华德·林肯(Howard Lincoln)也都亲自前往苏联助阵。版权费的价格虽然没有向外界透露，但却是 Mirrorsoft 公司不可能拿出来的。

(12) 1989 年 3 月 22 日。ELORG 公司和任天堂公司的家用机协议终于达成。任天堂方面坚持加入一款声明，在协议签定之后，如果和其他公司出现法律纠纷，苏联方面必须派人去美国的法庭上作证。实际上，这种法律上的争端将是不可避免的，据说 ELORG 公司仅得到的定金有300万～500万美元之多。别里科夫通知Mirrorsoft公司，说Mirrorsoft、Andromeda和Tengen公司都没有家用机的版权，现在版权都归任天堂公司所有，当天晚上任天堂公司和BPS公司的高管们在莫斯科酒店里举行了庆祝晚会。现在家用机和手掌机的版权已经被任天堂公司和BPS公司分别掌握在手中，无论是Atari公司还是Tengen公司都没有权利制作FC版的俄罗斯方块。

(13) 1989年3月31日。霍华德·林肯向Atari公司发去最后通牒，告诉他们必须立刻停止FC(NES)版的俄罗斯方块游戏销售，这使得Atari公司和麦克斯韦都十分震怒。他们以Tengen公司的名义回信说，他们已享有家用机俄罗斯方块的版权。

(14) 1989年4月13日。Tengen公司撰写了一份申请书，要求拥有Tetris的“影音作品、源程序和游戏音乐”版权。但是申请书中并没有提及阿列克谢·帕基特诺夫和任天堂公司的游戏版权问题，同时，麦克斯韦利用自己掌握的媒体势力，企图夺回Tetris的阵地，甚至搬出了苏联与英国政府，对俄罗斯方块版权问题进行干预。结果挑起了苏共(前苏联共产党)与ELORG公司之间的矛盾，甚至连苏共总书记戈尔巴乔夫都向麦克斯韦保证“以后不用担心日本公司的问题”。在4月晚些时候，霍华德·林肯回到莫斯科时，发现ELORG公司已经在苏联政府的打压下抬不起头来，而同时，NOA方面通知他，说Tengen公司已经起诉了任天堂公司。第二天，他面会了别里科夫、帕基特诺夫和其他几位ELORG公司的成员，以确保他们能够为任天堂公司的官司作证。这回合同里的条款生效了，随后NOA公司立刻反诉Tengen公司，并且开始收集证据。

(15) 1989年5月17日。Tengen公司在USA Today上登载了大幅Tetris广告，显然法庭大战已经迫在眉睫。1989年6月，Tengen公司与任天堂公司的诉讼案终于开庭审理。论战主要围绕一个议题展开：NES(FC)究竟是计算机，还是电子游戏机。Atari公司认为NES是计算机系统，因为它拥有扩展机能，而且日本的Famicom也有网络功能存在。而任天堂公司的证据则更加切题，ELORG公司中的苏联人从来没有意向出售Tetris的家用机版权，而所谓的“计算机”的概念则早在和斯坦恩的协议中提到了。

(16) 1989年6月15日。法庭召开听证会，讨论关于任天堂计算机和Tengen计算机互相命令对方终止生产和销售各自Tetris软件的行为。法官福恩·史密斯(Fern Smith)宣布Mirrorsoft公司与Spectrum公司均没有家用机版权，因此，他们提供给Tengen计算机的权利也不能生效，任天堂的请求最后得到了认可。

(17) 1989年6月21日。Tengen版的俄罗斯方块全部撤下了货架，该游戏卡带的生产也被迫中止，数十万份软件留在包装盒里，封存在仓库中。

(18) 1989年7月。任天堂NES版Tetris在美国发售，全美销量大约300万。与此同时，和GB版Tetris捆绑销售的Game Boy席卷美国，美利坚大地上刮起一阵Tetris方块旋风。

关于Tetris版权的混战此时已经告一段落，而任天堂公司和Tengen公司之间的法庭纠纷则一直持续到1993年。

Atari公司仍然开发了街机版的Tetris，共卖出约2万台机器。近来Atari公司被Williams/WMS收购，而那些封存在仓库里的NES版Tetris的命运则无人知道。Tengen公司不能从其他途径将它们处理掉，所以估计这些软件都被销毁了，但是据估计仍然有约10万份Tengen版的Tetris流入了市场。

罗伯特·斯坦恩，这个版权问题的始作俑者，在Tetris上总共只赚了25万美元。本来他可以多挣点钱的，但是 Atari 公司和 Mirrorsoft 公司在付他版税的时候没有给足。Spectrum 公司则需要和 ELORG 重新协商，以确保计算机版 Tetris 的版权。

罗伯特·麦克斯韦的媒体堡垒在混战中逐渐分崩离析，老麦克斯韦在做生意时幕后黑手的事实也在调查中，而他却突然暴病身亡。Mirrorsoft 公司也惨淡地退出了历史舞台。

真正的大赢家是 BPS 公司的总裁亨克·罗杰斯，还有幕后的任天堂公司。俄罗斯方块究竟为任天堂公司赚了多少利润？答案恐怕永远说不清了。想一想吧，在美国 GB 都是和 Tetris 捆绑销售，以增加 GB 的出货量，然后因为 Tetris 买了 GB 的人还会买其他 GB 卡。要是这么算起来的话，那利润简直就像滚雪球一样了。迄今 GB 版的 Tetris 总共生产了 3000 万张，成为不朽之作。

至于苏联方面，除了苏联政府，谁也没有从 Tetris 那里得到多少好处。苏联解体之后，原 ELORG 的人员都四散到了全国乃至世界各地，许多人继续开发游戏，如阿列克谢·帕基特诺夫。

阿列克谢·帕基特诺夫几乎没有从 Tetris 上赚到一分钱，ELORG 本来打算给他 Tetris 的销售权，但是旋即取消了这笔交易。不过，帕基特诺夫仍然为自己能够制作出这样一个世界闻名的优秀游戏而欣慰，从苏联科学院得到一台 286（当时在苏联可是了不起的计算机）作为奖励，而且分到了比同事们家更宽敞明亮的房子。在 1996 年，亨克·罗杰斯支付给他一笔报酬，帕基特诺夫组建了 Tetris Company LLC 公司，终于能够自己创作游戏，并且收取版权费了。

现在，所有经 Tetris Company LLC 官方授权许可的正统俄罗斯方块游戏，都会注明 Authentic Tetris® Game 的商标，而一般用于教学和学习目的开发的 Tetris 软件则不存在侵权问题。

6.2 游戏基本规则

俄罗斯方块游戏的基本规则包括：

（1）一个用于摆放小型正方形的平面虚拟场地，其标准的宽为 10 行，高为 20 列，以每个小正方形为单位。

（2）一组由 4 个小型正方形组成的规则图形，英文称为 Tetromino，中文通称为方块，共有 7 种，分别以 S、Z、L、J、I、O 和 T 共 7 个字母的形状命名。

（3）通过设计者预先设置的随机发生器不断地输出单个方块到场地顶部，以一定的规则进行移动、旋转、下落和摆放，锁定并填充到场地中。每次摆放，如果将场地的一行或多行完全填满，则组成这些行的所有小正方形将被消除，并且以此来换取一定的积分或者其他形式的奖励，而未被消除的方块会一直累积，并对后来的方块摆放造成各种影响。

（4）如果未被消除的方块堆放的高度超过场地所规定的最大高度（并不一定是 20 列或者玩家所能见到的高度），则游戏结束。

具体到每一款不同的俄罗斯方块游戏程序或产品，其中的细节规则有可能是千差万别的，但是以上的基本规则是相同的。

俄罗斯方块游戏包括下列四种常见的游戏模式。

（1）古典模式：Classical 模式。采用从上到下堆砌方块的方法，在排满一行后消去方块，并获得分数，从而升级游戏级别，提高方块下落的速度，在方块堆满至顶部后，游戏失败结束。它看似简单但却变化无穷，考验玩家的反应灵敏度和对几何图形的直觉度。

(2) 对战模式：Fight 模式。在古典模式的基础上，加入玩家之间的对抗模式，从而增加游戏的娱乐性。游戏对战模式也分为多种类型，一种是两个玩家在游戏结束后比较获得分数；一种是在消去方块的同时给对方增加游戏障碍；还有一种比较特别，两个玩家的底部相邻，一方向下堆砌方块，一方向上堆砌方块，在一方消去方块的同时，底部向另一方顶部移动，从而压缩另一方游戏空间，增加对手游戏难度。

(3) 解谜模式：Puzzle 模式。深受广大玩家喜爱的单人游戏模式。游戏会给出一个设计好的方块堆砌图，并给予一些设计好的规定方块，用规定的方块按一定的顺序将方块全部消去，从而让解谜成功的玩家有一种成就感。

(4) 道具模式：Item 模式。目前最常见的游戏模式。游戏在消去方块行的同时，玩家可以获得各种各样功能的道具，可以让游戏具有更多的可玩性。

俄罗斯方块游戏仍然在不断地向前发展，在经典的游戏规则下开发出更多不同新颖的游戏规则和玩法。

6.3 游戏设计

俄罗斯方块游戏程序运行后，用户可以先点击设置游戏级别，在选定游戏级别后开始游戏。游戏中用上、下、左、右四个键对游戏方块进行操作，游戏结束后保存玩家分数。主要功能需求包括：

(1) 生成俄罗斯方块中的 7 种形状方块。

(2) 在二维游戏界面中用这 7 种方块进行堆砌，填满一行消去一行，当堆砌到顶部时游戏结束。

(3) 玩家能通过方向键来控制方块左移、右移、下落和转动。

(4) 游戏进行中给出玩家得分。分数是由随机产生的方块类型决定的，不同类型的方块有各自规定的分数，每消除一行方块，将该行方块的分数累加到总分中并显示出来。

(5) 游戏有开始、暂停和结束等控制操作。

(6) 游戏开始前玩家可以自由调整游戏级别。游戏开始后，每落下 30 个方块游戏等级自动提升一级。

基于上述功能需求分析，俄罗斯方块游戏程序主要模块包括(如图 6-1 所示)：

(1) 设置游戏级别模块。实现对游戏初始级别的设定。用户可打开游戏设置界面，选择要进行游戏的初始级别。

(2) 排行榜模块。将玩家昵称和玩家得分保存到一个文本文件中。游戏结束时，判断玩家得分是否能进入 TOP 10。如果能进入，则替换 TOP 10 中最低得分者，再用冒泡排序法重新对 TOP 10 进行排序；否则，结束直接游戏。

(3) 游戏升级模块。在游戏过程中，不同类型的方块有不同的分值，在堆砌方块的过程中，玩家所得的分值会不断累加，分数越高代表玩家水平越高。同时，在游戏中，随着玩家堆砌的方块数量越多，游戏的难度也会加大。游戏中每堆砌 30 个方块，游戏难度就会自动上升一级。

(4) 游戏暂停模块。为方便玩家灵活控制游戏进程,在游戏过程中,玩家单击“暂停”按钮游戏自动暂停,当玩家重新单击开始游戏时,游戏继续进行。

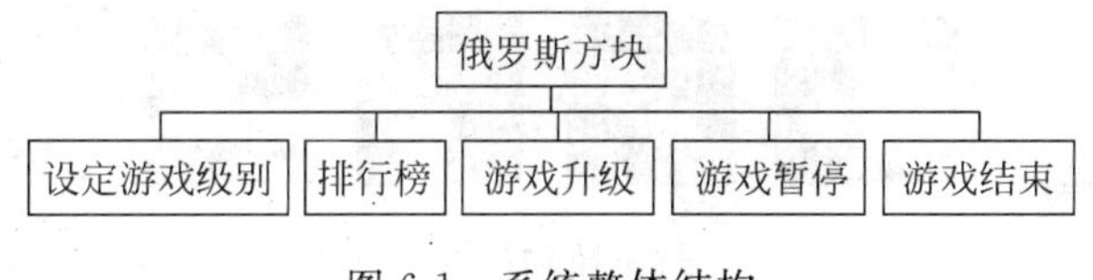

图 6-1 系统整体结构

在俄罗斯方块游戏程序设计中,重绘算法是一个关键的算法。实际上,俄罗斯方块游戏设计,本质上就是用一个线程或者定时器产生重绘事件,用线程和用户输入改变游戏状态,一个重绘线程每隔 50ms 绘制一次屏幕。当然,重绘时应有一些优化措施,并不是屏幕上所有的像素都需要重绘,而是有所选择,如游戏画布上那些已经固定下来的下坠物(下坠物一共有 7 种,由 4 个小砖块组成,每种下坠物颜色固定,可以上移、下移、左移、右移和旋转)就无须重绘。游戏画布可以接受用户键盘命令,控制下坠物的左移、右移、下移、旋转动作。整个游戏的流程控制体现在游戏画布对象的重绘方法里,重绘方法根据当前的游戏状态,绘制出当时的游戏画面,其中,欢迎画面、游戏暂停和游戏结束画面的绘制相当简单。另外,可以设立标志,让重绘方法执行的时候无须真正执行重绘动作。对于游戏处于运行状态的画面绘制,则需要在下坠物的当前位置,绘制下坠物。在绘制下坠物之前,判断下坠物是否还能下坠。如果能下坠的话,就让它下落一格,再进行绘制;如果下坠物已无法下坠,则判断游戏是否处于游戏结束状态。如果是处于游戏结束状态的话,则设置游戏状态为游戏结束状态,这样画布在下一次重绘时只需绘出游戏结束的画面。如果游戏不是处于游戏结束状态,则将下坠物固定下来,同时检查游戏画布上下坠物当前行下面的所有行,看是否需要进行行删除动作。如果需要行删除,则清除游戏地图上被删行的数据,再将被删行绘制成背景色。然后,初始化一个新的下坠物,绘制这个新的下坠物。

俄罗斯方块游戏程序主要涉及到以下四种数据结构。

1. 游戏区域

游戏区域为屏幕的一部分,该区域为正方形,边长一般能被 16 整除(因为俄罗斯游戏区域刚好为 16 个小砖块长,16 个小砖块宽的方形)。无论在水平方向还是垂直方向,该区域都要处于屏幕的居中位置。游戏区域在水平方向上分为两部分,一部分为 12 个小砖块宽,用来显示游戏容器;另一部分为 4 个小砖块宽,用来显示下一个下坠物和分数。

2. 小砖块

小砖块是下坠物和游戏容器的组成部分,表现为一个正方形,边长为游戏区域边长的 1/16。每个小砖块在绘制的时候,4 边会留出 1 个像素宽,绘制成白色或者灰色,这样砖块之间才有间隙。每种小砖块也有 id 号,分别为 1~7。可以用一个颜色数组(如 BRICK_COLORS[8])存储 8 种颜色,若某种小砖块的 id 号为 3,那么,该小砖的颜色为 BRICK_COLORS[3-1]。

3. 下坠物

下坠物本质上为 16 个小砖块组成的正方形。下坠物一共有七种,如有“田”字形的、“L”字形的等,每种下坠物一共有四种旋转变化。每种下坠物都有一个 id 号,分别为 1~7。因为对于一种下坠物来说,其颜色是固定的。我们同样可以用该种颜色在 BRICK_

COLORS 数组中的下标值加上 1，作为下坠物的 id 号，如 L 形下坠物的 id 号为 3，其变化形式如图 6-2 所示。

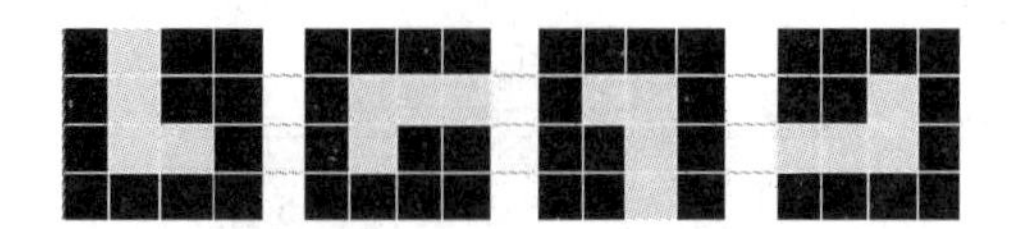

图 6-2　L 形下坠物的四种变化形式

那么，采用什么数据结构存储一个下坠物的某种状态呢？我们以 L 形的下坠物为例。由于每一个下坠物有四种状态，所以可以考虑用一个长度为 4 的数组存储一个下坠物的四种状态，数组中每一个元素表示该下坠物的一种状态。进一步地，那么，采用什么数据结构存储某个下坠物的某种状态呢？从图 6-2 可以看出，用一个 4×4 的二维数组来存储某一种下坠物的某一种状态是合适的。在有色砖块出现的位置，值为 1，而只有背景颜色，无须绘制的位置，值为 0。因此，整个 L 形下坠物的四种状态可以用一个三维数组来表示，如采用 C 语言可表示为：

int blockpattern[][][]={{{0,1,0,0},{0,1,0,0},{0,1,1,0},{0,0,0,0}},{{0,0,0,0},{0,1,1,1},{0,1,0,0},{0,0,0,0}},{{0,0,0,0},{0,1,1,0},{0,0,1,0},{0,0,1,0}},{{0,0,0,0},{0,0,1,0},{1,1,1,0},{0,0,0,0}}}。

4. 游戏地图

游戏地图是用来存储游戏容器上固定砖块的。游戏容器为一个宽为 12 个小砖块单位、高为 16 个小砖块单位的屏幕区域，包括左右两堵墙和下边的容器底在内，因此，可以采用一个 16×12 的二维数组(如 mapdata[][])存储固定砖块。如果 mapdata[i][j]!=0，那么，表示游戏容器的 i 行 j 列上有一个固定的小砖块，小砖块的颜色值为 BRICK_COLORS[k-1]；如果 mapdata[i][j]=0，则表示 i 行 j 列无砖块。

因此，对于图 6-3 所示的游戏运行状态，数组 mapdata 的值为：{{8,0,0,0,0,0,0,0,0,0,0,8},{8,0,0,0,0,0,0,0,0,0,0,8},{8,0,0,0,0,0,0,0,0,0,0,8},{8,0,0,0,0,0,0,0,0,0,0,8}{8,0,0,0,0,0,0,0,0,0,0,8},{8,0,0,0,0,0,0,0,0,0,0,8},{8,0,0,0,0,0,0,0,0,0,0,8},{8,0,0,0,0,0,0,0,0,0,0,8},{},{8,0,0,0,0,0,0,0,0,0,0,8},{8,0,0,0,0,0,0,0,0,0,0,8},{8,0,0,0,0,0,0,0,0,1,1,8},{8,0,0,0,0,0,0,0,0,1,1,8},{8,0,0,0,0,0,7,7,5,1,1,8},{8,0,5,0,0,7,2,5,5,1,1,8},{8,8,8,8,8,8,8,8,8,8,8,8}}。

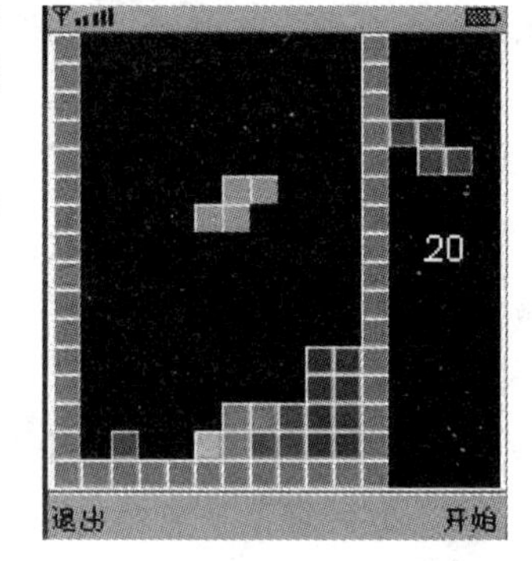

图 6-3　俄罗斯方块游戏程序某运行时刻画面

6.4　游戏实现

该游戏的开发环境包括以下几个方面。

1. 运行平台为 Sun 公司的 JDK 1.6

Java 是由 Sun Microsystems 公司于 1995 年 5 月推出的 Java 程序设计语言(以下简称

Java 语言)和 Java 平台的总称,采用 Java 实现的 HotJava 浏览器(支持 Java applet)显示了 Java 的魅力:跨平台、动感的 Web 和 Internet 计算。从此,Java 被广泛接受并推动了 Web 的迅速发展,常用的浏览器现在均支持 Java applet。同时,Java 技术也在不断更新和发展。

Java 平台由 Java 虚拟机(Java Virtual Machine,JVM)和 Java 应用编程接口(Application Programming Interface,API)构成。Java 应用编程接口为 Java 应用提供了一个独立于操作系统的标准接口,可分为基本部分和扩展部分。在硬件或操作系统平台上安装一个 Java 平台之后,Java 应用程序就可运行。现在 Java 平台已经嵌入了几乎所有的操作系统,因此,Java 程序只需编译一次,可以在各种系统中运行。Java 应用编程接口已经从 1.1x 版发展到 1.2 版,目前常用的 Java 平台基于 Java 1.4,最近版本为 Java 1.6。

2. 开发工具 eclipse 3.3.0

eclipse 是一个开放源代码的、基于 Java 的可扩展开发平台。就其本身而言,它只是一个框架和一组服务,用于通过插件构件构建开发环境。幸运的是,eclipse 附带了一个标准的插件集,包括 Java 开发工具(Java Development Tools,JDT)。eclipse 还包含插件开发环境(Plug-in Development Environment,PDE),该构件主要针对希望扩展 eclipse 功能的软件开发人员,因为它允许构建与 eclipse 环境无缝集成的其他第三方工具。

3. 绘图工具 Adobe Photoshop CS2

Photoshop 是 Adobe 公司旗下最为出名的图像处理软件之一。Adobe 公司成立于 1982 年,是美国最大的个人计算机软件公司之一。从功能上看,Photoshop 功能可分为图像编辑、图像合成、校色调色及特效制作四个部分。

图像编辑是图像处理的基础,可以对图像做各种变换,如放大、缩小、旋转、倾斜、镜象、透视等,以及复制、去除斑点、修补、修饰图像的残损等。这在婚纱摄影、人像处理制作中有非常多的用途,如去除人像上不满意的部分,进行美化加工,能够获得让人非常满意的效果。

图像合成则是将几幅图像通过图层操作合成完整的、传达明确意义的图像,这是美术设计的必经之路。Photoshop 提供的绘图工具让外来图像与创意很好地融合在一起,可能使图像的合成做到天衣无缝。

校色调色是 Photoshop 中深具威力的功能之一,可方便快捷地对图像的颜色进行明暗、色编的调整和校正,也可在不同颜色之间进行切换,以满足图像在不同领域的应用,如网页设计、印刷和多媒体等方面。

特效制作在 Photoshop 中主要由滤镜、通道及工具综合应用完成,包括图像的特效创意和特效字的制作,如油画、浮雕、石膏画、素描等常用的传统美术技巧都可由 Photoshop 特效完成,而各种特效字的制作更是很多美术设计师热衷于使用 Photoshop 的原因。

俄罗斯方块游戏程序实现的类包括:

- Score 类 对玩家得分和排行榜分数进行处理。
- SaveScore 类 保存玩家游戏得分。
- ReportDialog 类 排行榜对话框。

- AboutDialog 类　关于对话框。
- BlockFrame 类　游戏用户界面。
- Game 类　游戏界面游戏主要功能。
- LevelDialog 类　设定游戏级别。
- Square 类　封装小方块。
- BlockGame 类　程序主类

由于使用 Java 的 Swing 构件开发用户界面有一定的困难和局限性，因而系统的界面很难做到美观。但是，还是应该遵循一定的界面设计规范，如窗口简洁统一、构件布局合理、颜色恰当、字体统一和表达清楚等，如图 6-4 所示。

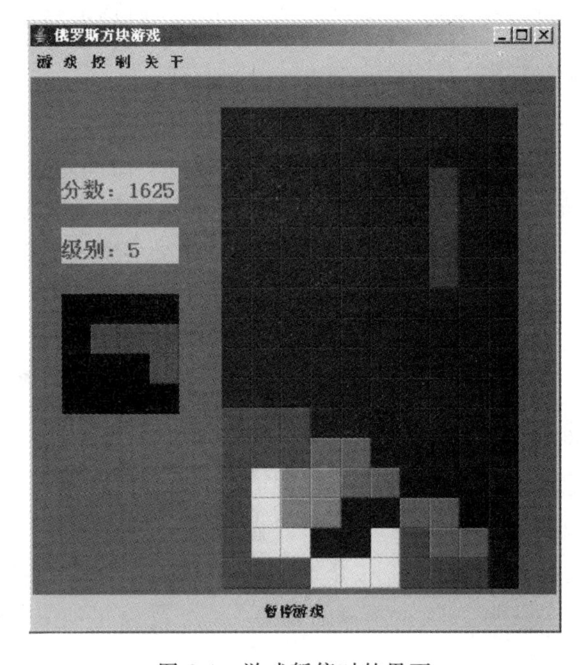

图 6-4　游戏暂停时的界面

程序运行测试表明，系统具有良好的性能，完成了系统的所有功能需求，测试过程中发现的大多数错误和不足均已得到修正和改进。总体来说，系统实现满足了设计要求，完成了一个俄罗斯方块游戏程序的基本功能。

最后，俄罗斯方块游戏程序部署说明如下：

- 安装 java，并进行正确配置。
- 编译 Score. java 文件。
- 编译 SaveScoreDialog. java 文件。
- 编译 ReportDialog. java 文件。
- 编译 AboutDialog. java 文件。
- 编译 BlockFrame. java 文件。
- 编译 Square. java 文件。
- 编译 BlockGame. java 文件。

• 运行主类 BlockGame，进入俄罗斯方块游戏主界面。初始设置游戏级别后（如图 6-5 所示），即可开始摆放各种游戏方块。

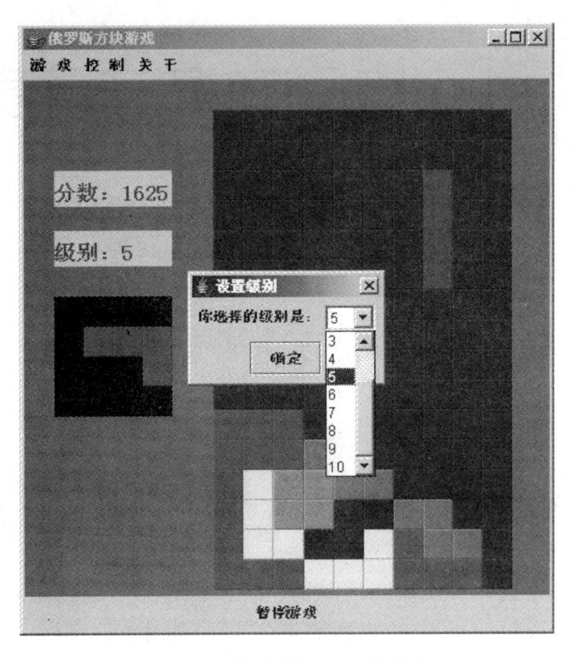

图 6-5 设置游戏级别界面

CHAPTER 7

第 7 章

电子政务产品案例

7.1 地方税务电子申报系统简介

1993年美国前总统克林顿和副总统戈尔首倡“电子政务(E-Government)”，后广为世界各国政府所采纳，但电子政务的概念在国内外相关领域的研究和探讨中至今还没有统一的定义。国外的电子政务包括整合政府各个部门的信息资源，实现跨部门的联网办公等内容，重心是放在利用信息技术改造政府服务的提供方式。在我国，对电子政务的理解通常是政府上网，在网上实现政府的一些职能工作，提供信息共享和便民服务，一方面利用网络提高政府机关办公效率和共享信息；另一方面推动我国各级政府、各部门建立网上站点，实现政务公开，密切政府与群众的联系。

具体来讲，电子政务主要包括三个部分：

(1) 政府部门内部的电子化和网络化办公。

(2) 政府部门之间通过网络进行的信息共享和实时通信。

(3) 政府部门通过网络与民众之间进行的双向信息交流和服务，国家各级政府部门综合运用现代信息网络与现代数字技术，彻底转变传统工作模式，实现公务、政务、商务和事务的一体化管理与运行。

电子政务的目标是实现政务“四化”，即办公信息化、政务公开化、管理一体化和决策科学化。

电子政务转变政府传统工作模式，有两层含义：

(1) 利用现代信息技术实现政务数字化和电子化。

(2) 利用现代信息技术加强全局管理，精简和优化政务流程，科学决策，以此推动社会经济等全面发展。

电子政务不只是将服务放到网上，主要在于，政府能跨越各部门之间的限制，超越空间和时间，进行业务流程再造并协同办公，实现信息资源共享和信息最大化公开，提供民众完整而便利的服务。

根据国际上流行的电子政务架构，电子政务的功能通过以下四个领域的业务应用实现。

(1) G2C：Government to Citizen，政府对民众。

(2) G2B：Government to Business，政府对企业。

(3) G2E：Government to Employee，政府对公务员。

(4) G2G：Government to Government，政府部门之间。

根据利用信息技术的目的和信息技术的处理能力，可以从另一个角度对电子政务进行划分。

(1) 面向数据处理的第一代电子政务。

(2) 面向信息处理的第二代电子政务：目前多数电子政务系统属于此阶段。

(3) 面向知识处理的第三代电子政务：下一代电子政务系统。

随着计算机技术、互联网技术以及电子政务的发展，电话申报和远程网络报税方式已成为一种新的电子报税方式，为纳税人提供了一个快捷、高效的申报服务系统，既是税收信息化建设、税务机关进一步实现优化服务、提高征管水平的需要，也是广大纳税人迫切的期盼。

1994年，国家将税务机关分设为国家税务局和地方税务局两套机构后，开始推广使用电子报税技术，主要采用OCR/OMR方式、电话方式、银行储蓄卡、软盘申报等多种申报方式。1995年开始采用专用申报器方式，1997年以来，电子申报发展非常快。国税系统推行增值税防伪税控系统，一般纳税户采用该系统，增值税销项发票数据用IC卡与软盘申报采集，进项发票由税务局用扫描仪采集；个体纳税户一般可采用电话报税方式；企业主要采用网上报税方式，这些报税方式不仅是Internet技术迅速发展的结果，也是电子政务时代的要求。

通过加强地方税收信息化建设，尤其是采用电子报税方式，加上邮寄申报等辅助措施，地方税务部门办税效率大大提高。网上电子申报标准是电子申报的基础，是电子申报系统实现互联、互通、信息共享、业务协同和安全可靠的前提。应将计算机技术和税收业务的“两张皮”捏合起来，从战略和全局的高度对税收征管业务流程进行整合与设计，解决网上电子申报与金税工程、CTAIS、通用税务数据采集等税收应用软件相衔接的问题，并为“一窗式”自动比对提供真实有效的电子信息，减轻纳税人频繁向税务机关报送资料，减少办税服务厅税务人员由于录入纳税人数据带来的工作量，提升征管资料电子化水平。同时，解决与银行、国库、工商等部门的联网，实现相关的信息共享，建立税、企、银一体化网络，这也是提高网上电子申报效率的必然选择。

目前，普遍采用的地方税务电子申报方式是，在全部纳税人中推广使用计算机远程电子申报(即网上申报)，在小规模纳税人中推广使用电话和银税联网自动划缴税款，在个体双定业户中全部采用银税联网信用(自动划款)纳税方式。

7.2 系统需求分析

尽管我国在地方税务电子申报系统建设方面取得了一定的成果，但无论从深度上还是广度上，税收信息化的潜能都没有得到充分体现。借鉴发达国家在税收信息化方面的成功经验，有助于我国的税收信息化进程顺利、健康地发展。因此，地方税务电子申报系统的一些需求主要包括以下方面。

1. 税收信息化应用需要征管体制创新的支撑

只有将先进的管理理念、管理体制与技术相结合，才能产生巨大的效益。单纯强调技术更新，而忽视对征管体制的改革和创新，就会出现在落后的征管体制下，高技术和低效益并存、高投入和低产出共生的怪现象。反观国外税收信息化成功的关键环节，管理创新才是税收信息化顺利推进的保证因素。

我国在推进税收信息化的过程中，一定要明确税收管理必须以服务为宗旨，遵循信息技术规律，立足于为纳税人提供服务，对税收业务和工作流程进行重组和优化。税收征管部门内部应建立一种有极高敏锐度和反应力的组织结构，减少不必要的管理环节。

2. 强化信息安全机制，健全信息安全法制

针对系统存在的安全隐患，建立各级技术层次的安全体系。利用数据库系统、应用系统和网络系统的安全机制设置，使系统免遭破坏；采用具有双机热备份技术的硬件设备，出现故障时能够迅速恢复并采取适当的应急措施；选择合适的网络管理软件进行网络监管；采取身份认证、密码签名、访问控制、防火墙等技术手段，加强内部网络和数据库的安全管理，保护纳税人信息和办公信息的安全。

同时，要重视信息安全法制的健全，制定相关的法规，如纳税人的操作权限、税务人员的操作规范等，以适应地方税务电子申报系统安全运行的需要。

3. 以纳税人为服务核心，提高税务应用系统的开放性

我国地方税务电子申报虽然已进入电子化管理阶段，但大多还局限于税务系统内部的连接，仍处于一种封闭的状态，没有实现与相关部门以及大中型税源企业的联网，这制约了我国在电子商务环境下实现税收征管现代化的进程。在美国，税务机关已利用互联网构建起与纳税人以及其他个人和组织之间的税收信息通道。纳税人通过IRS(美国国家税务局)网站就可以查询到相关的税收信息，并可以在网上办理申报纳税，这不仅极大地方便了纳税人，同时，也降低了征税的成本。

在信息化高度发展的今天，电子商务越来越成为人们所青睐的消费形式，我们应针对电子商务的特点，在地方税务电子申报系统建设的进程中不断完善、强化税务部门的服务职能，将税收信息系统建设成一个开放式的系统，要能够提供各类税收信息，宣传税法，提供查询服务，提供综合网上税收服务，并进行网上电子申报纳税；要组织专家开发集电子纳税、电子稽查于一体的业务系统软件。尤其要开发一种能控制网上交易的新技术，即在企业服务器上设置具有追踪统计功能的征税软件，在每笔交易进行时自动按交易类别和金额计税入库，并通过建立数字身份证等方式掌握网络交易纳税人的交易活动和记录，防止偷逃税行为的发生。

4. 采用先进技术，促进信息资源的有效利用

近年来，我国的地方税务电子申报系统初步建成了一定规模的计算机局域网络和广域网络，但是网络功能的低下使得已有的信息资源得不到系统管理和集中处理，分析与监控的能力不够强，没有有效地与海关、工商、金融等相关部门实现信息资源的共享，影响了税收征管的效率。从国外的成功经验来看，我们应加强对先进技术的研究与应用，使税务部门已有的信息资源得到充分利用。

目前较为先进的数据挖掘技术越来越得到人们的青睐。数据挖掘是一门综合性的新技术，汇集了从数据库技术发展到现代的数据仓库(data warehouse)技术，以及统计分析和人工智能等诸多方法，能自动地从大量资料中发掘出对决策有用的信息，用尽量少的案例获得尽可能多的信息。这种技术在税收方面取得了有效的成绩，美国在采用了数据挖掘技术后节省了大量的开支，大大降低了税收成本，如政府收1000元的税，在日本要花10元的成本，在美国是5元的成本。由于我国在税收方面已经掌握了相当多的资料，因而数据挖掘技术的应用前景是乐观的。

下面从四个方面具体分析地方税务电子申报系统的业务需求。

1）系统用户

系统用户包括纳税人、系统管理员、各地市超级操作员、各地市操作员、专管员五种类型，相关工作任务、经验要求、优先级等内容如表7-1所示。

表7-1　系统用户

用户类别	工作任务	相关经验	优先级	备注
纳税人	纳税数据申报、电子扣款缴税、查询申报历史	熟练的计算机操作，熟悉申报流程和公司的财务报表数据	关键用户	主要用于电子申报系统
系统管理员	分配各地市超级操作员	精通计算机操作，熟悉数据库操作和管理	一般用户	用于征收管理系统
各地市超级操作员	分配、管理本地市操作员、专管员，包括权限分配、资料修改等	精通计算机操作，熟悉数据库操作和管理	次关键用户	用于征收管理系统
各地市操作员	根据分配的权限进行相应的业务操作	熟练的计算机操作和税务业务	关键用户	用于征收管理系统
专管员	管理所分配的纳税人	熟练的计算机操作和税务业务	关键用户	用于征收管理系统

2）电子申报功能

系统电子申报部分的主要功能包括：

- 纳税人通过Internet和介质（磁盘）两种方式完成申报表数据。
- 纳税人通过Internet上传方式和报盘方式报送区局统一格式的财务报表。
- 纳税人通过Internet方式上传企业所得税附表等明细附表。
- 纳税人通过Internet方式进行申报历史记录的查询和电子划款记录的查询。
- 纳税人通过Internet方式查看自己的减免、预缴和罚款等事项。
- 纳税人可以自助在线扣缴税款。

3）征收管理

系统征收管理部分的主要功能包括：

- 税务局操作员可以对申报数据进行查询统计。
- 税务局操作员可以对纳税人进行数据申报受理。
- 税务局操作员可以对纳税人的罚款、滞纳金和查补税款进行申报受理。
- 专管员可以对所管辖的纳税人申报资料浏览、打印以及对申报数据进行统计、查询。
- 实现与银行数据进行对账。
- 实现与各地市原有系统进行数据交换。

4）催报催缴功能

系统催报催缴部分的主要功能包括：

- 提供语音电话方式的催报催缴。
- 提供手机短信方式的催报催缴。
- 提供电子邮件方式的催报催缴。

7.3　系统设计

地方税务电子申报系统分为电子申报子系统、征收管理子系统、催报催缴子系统、内部数据接口子系统和税银联网接口子系统五个子系统（如图7-1所示），下面分别对这五个子系统进行说明。

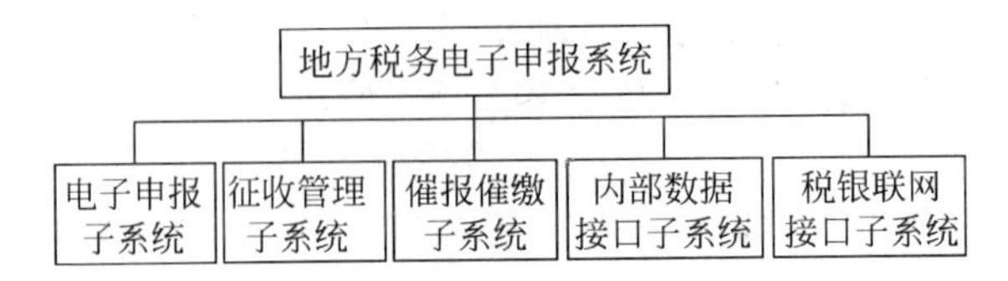

图 7-1 系统总体结构

1. 电子申报子系统

电子申报子系统的功能模块、功能项、描述等内容如表 7-2 所示。

表 7-2 电子申报子系统功能模块

功能模块	功能项	描　　述
用户登录	用户登录	纳税人登录
	密码修改	纳税人修改自己的登录密码
报表填写	在线填写	在线填写申报表
	离线填写	在线下载报表，离线填写，填写完报表后，可以在线提交申报或到税务局服务厅申报
	上期是否没完缴	上期没缴完
	查补未完税	罚款额不缴滞纳金
	是否逾期申报	
	表内校验	
	表间校验	
	税种税目校验	核定纳税人(有效)，但是可以申报没有核定的税种
	预缴校验	
	减免的校验	
	延期申报校验	
	延期缴纳校验	
申报、缴款	数据转换	
	申报提交	
	撤销申报	申报完后没有缴款，可以进行撤销申报，然后重新申报
查询统计	申报历史情况查询	查询申报历史(包括打印)
	查询划款记录	纳税人查询划款情况
	查询纳税基本信息	查询纳税人基本信息
	查询纳税人核定税种	查询纳税人核定的税种
	纳税人账户余额查询	纳税人发起
	查询欠税以及滞纳金情况	
	查询罚款情况	
	查询预缴	
	查询减免情况	
	企业所得税年报附表	
	离线申报数据	

2. 征收管理子系统

征收管理子系统的功能模块、功能项、描述等内容如表 7-3 所示。

表 7-3 征收管理子系统功能模块

功能模块	功能项	描述
文书办理	企业减免申请	按税种、税目、减免税额/税率、减免项目
	个人减免申请	合伙人的个人所得税申报需要填写身份证号
	延期申报申请	延期缴纳时间、预交金额
	延期缴纳申请	延期缴纳金额
	退税记录	对申报多余的扣款退还给纳税人
	查补税额记录	
特殊申报办理	延期申报	报办理延期申报的税款
	预缴申报	申报办理预缴的税款，需要扣除预缴；或者多进行申报，转入下期预缴
	减免申报	
	多次重复申报	对特殊的纳税人可以对同一税目多次申报
	欠税申报	先进行扣款，再进行新的月份申报，允许多次扣款，并计算滞纳金
	逾期申报	计算滞纳金，申报时对申报期限要进行节假日判断
	企业所得税汇算清缴	
	土地增值税汇算清缴	
	个人投资和合伙企业投资人汇算清缴	
	个人所得税汇算清缴	
缴税处理	税款计算	
	各税种滞纳金利率和计算	
	缴纳税款扣款(划款)	计算实纳税额及滞纳金，保存扣款详细信息
征收管理	纳税申报(操作员)	税务局操作员对纳税人进行申报，并录入罚款金额，而且滞纳金可以修改，但不能进行划款
	与银行对账	与银行进行隔天对账，由各地市操作员操作
	税种缴纳期限调整	手动调整
	重点纳税户的认定	手动维护，根据纳税的税额，由专管员进行操作
	查补税款征收	税务局稽查操作人员对纳税人少缴纳的税进行补缴
查询统计	申报记录统计	区操作员、各地市操作员、专管员，各自按照自己的所管理的范围，按照申报日期起止、地区、行业、预算款项、级次、城区、专管员、经济性质、税种及税目等指标项统计出纳税总户数、税额、扣款总额、申报率和申报成功率
	与银行扣款比对情况	区操作员、各地市操作员、专管员，各自按照自己的所管理的范围查询税银联网扣款比对情况
	欠税余额查询	比对情况列表
	专管员查看申报明细	只能查看专管员负责的纳税人所有情况
	重点纳税人每月税额的变化	统计纳税人每月税额的变化
	重点纳税人之间税额的变化	统计重点纳税人之间税额的变化

续表

功能模块	功能项	描　　述
代码维护	税种代码	
	税目、税率代码表	
	开户类型、经济类型、隶属关系、行业代码、控股类型和欠税类型	
	地段代码、乡镇代码、城区代码和分局代码	
	征收方式代码、附征税类别代码、预算级次、收款国库和征收机关等	
	其他各种代码	
规则维护	预算款项使用规则	
	预算级次的使用规则	
	预算级次的分成规则	
	国库代码拼写规则	
	附征税征收规则	
	滞纳金征收规则	
	税目、税率适用规则	
纳税人管理	电子申报纳税户的开户登记	纳税人进行电子申报的开业登记
	纳税人信息维护	修改资料、注销等
	核定纳税人税种、税目	进行申报
	核定纳税人申报征收方式	年报/月报/季报
操作员管理	操作员登记	超级操作员登记、一般操作员登记和专管员登记
	操作员权限分配	包括各级操作员的权限分配，上级可以给下级分配权限
	操作员维护	权限修改、注销和修改密码等
系统管理	系统日志	记录区前置机操作记录
	模板维护	对各个申报表的模板进行维护管理
	数据备份	对数据进行备份，为将来恢复使用
	数据恢复	对备份的数据进行恢复
	系统参数设置	设置一些系统参数

3. 催报催缴子系统

催报催缴子系统的功能模块、功能项、描述等内容如表 7-4 所示。

表 7-4　催报催缴子系统功能模块

功能模块	功能项	描　　述
电子邮件平台	电子邮件催报催缴	将电子邮件发送到未申报、未缴款纳税户的指定电子邮箱里，对纳税户进行催报催缴
语音电话平台	语音电话催报催缴	通过语音电话对未申报、未缴款的纳税户进行催报催缴
短信平台	短信催报催缴	将短信发送到未申报、未缴款纳税户的指定手机或小灵通上，对纳税户进行催报催缴

4. 内部数据接口子系统

内部数据接口子系统的功能模块、功能项、描述等内容如表 7-5 所示。

表 7-5 内部数据接口子系统功能模块

功能模块	功能项	描述
扣款数据信息导出	扣款数据信息	导出到地市局
申报情况数据导出	申报情况数据	导出到地市局

5. 税银联网接口子系统

税银联网接口子系统的功能模块、功能项、描述等内容如表 7-6 所示。

表 7-6 税银联网接口子系统功能模块

功能模块	功能项	描述
查询账户余额	查询纳税户银行账户余额	由税务区前置机发起请求，银行根据请求返回结果
划款	银行扣除纳税户账户相应的税款	由税务区前置机发起请求，银行根据请求进行扣税划款动作，并返回操作结果信息
对账	银行定时对账	由银行系统定时将前日划款信息反馈给税务系统

7.4 系统实现

系统拓扑结构图如图 7-2 所示，其中：

（1）Web 服务群由多台服务器或者 PC 组成。

（2）对于应用服务器做双机热备份处理，如果其中一台服务器出现故障，则将相应服务切换到另外一台服务器上继续执行，在服务器修复后，可将服务切换回来。

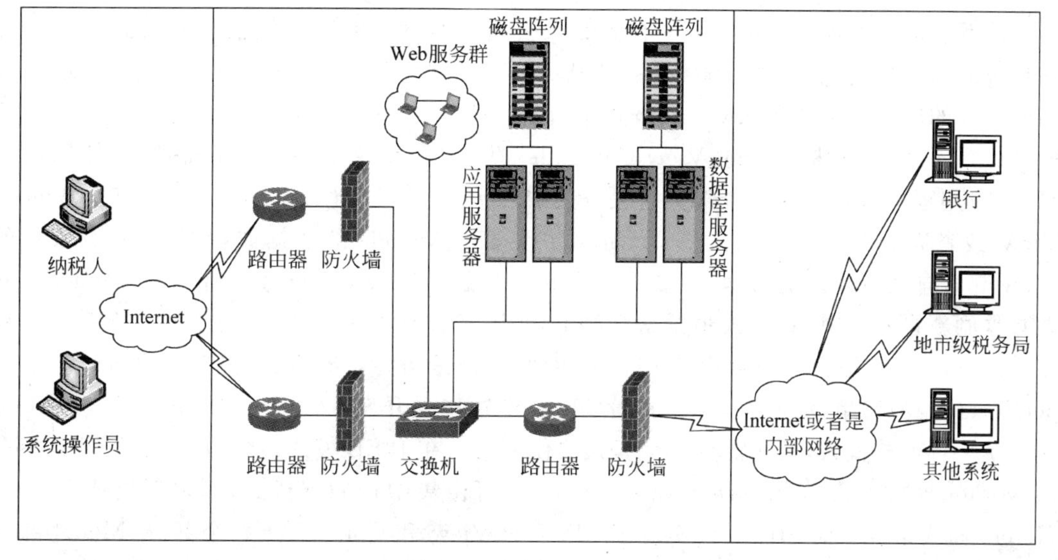

图 7-2 系统拓扑结构图

(3) 对于数据库服务器同样做双机热备份处理。

(4) 纳税人和税务操作人员通过 Web 方式访问系统。

(5) 对于银行、地级市税务局或者其他系统,连接方式采用 Internet 或者内部网络,视具体情况而定。

系统硬件要求如表 7-7 所示。

表 7-7 系统硬件要求

设备名称	数量	备注
Web 服务群	由多台服务器或者 PC 组成	PC 的配置和数量视具体业务量大小而定
应用服务器	2 台 IBM 或者 HP 小型机	双机热备份
数据库服务器	2 台 IBM 或者 HP 小型机	双机热备份
带宽		试点不低于 2Mb/s,正式使用不低于 10Mb/s

其中,Web 服务器指标要求为每秒处理的 Web 页面数大于 177.78 页面,同时支持的并发连接数指标大于 500;应用服务器 SPECjbb2000 指标要求大于 100002;数据库服务器 tpmC 指标要求大于 13333.33。

系统软件要求如表 7-8 所示。

表 7-8 系统软件要求

系统软件	软件产品	备注
Web 系统	Apache	
应用服务系统	Weblogic Server 8.1	版本根据应用服务器的操作系统而定,如 Windows/AIX/Solaris/HP-UX 等
数据库	Oracle 9i 以上版本	
操作系统	UNIX 系列	根据小型机而定
备份软件	DataWare/PlusWell/SavWareHA	视具体操作系统而定

该系统的开发环境包括运行平台为 Sun 公司的 JDK 1.6 和开发工具为 eclipse 3.3.0。在系统的客户端,我们主要依赖 MVC 模式,采用 XMLC 开源技术框架对系统进行编写,在与服务器的通信中利用了 XMLHttp 技术,包括:

(1) MVC 模式是 Model-View-Controller 的缩写,中文翻译为"模式-视图-控制器",MVC 应用程序总是由这三个部分组成。其中,Event(事件)导致 Controller 改变 Model 或 View,或者同时改变两者。只要 Controller 改变了 Models 的数据或者属性,所有依赖的 View 都会自动更新。类似地,只要 Controller 改变了 View,View 会从潜在的 Model 中获取数据刷新自己。MVC 模式最早是 Smalltalk 语言研究团提出的,应用于用户交互应用程序中。Smalltalk 语言和 Java 语言有很多相似性,都是面向对象语言,很自然地 Sun 公司在 petstore(宠物店)事例应用程序中推荐 MVC 模式作为开发 Web 应用的架构模式。MVC 模式是一种架构模式,其实需要其他模式协作完成。在 J2EE 模式目录中,通常采用 service to worker 模式实现,而 service to worker 模式可由集中控制器模式、派遣器模式和 Page Helper 模式组成。而 Struts 只实现了 MVC 的 View 和 Controller 两个部分,Model 部分需要开发者自己实现,Struts 提供了抽象类 Action,使开发者能将 Model 应用于 Struts 框架中。MVC 与 J2EE 架构的对应关系是,View 处于 Web 层或者说是 Client 层,通常是

JSP/Servlet,即页面显示部分。Controller 也处于 Web 层,通常用 Servlet 来实现,即页面显示的逻辑部分实现。Model 处于中间层,通常用服务端的 JavaBean 或者 EJB 实现,即业务逻辑部分的实现。

(2) XMLC(eXtensible Markup Language Compiler)是一种将 Web 页面设计与控制动态内容显示的程序逻辑完全分离的 Web 表示层技术,解决了页面设计与程序逻辑混为一体导致的开发窘境。XMLC 框架主要用到的技术有 Ant、Java、HTML、XML 和 DOM (Microsoft XML Document Object Model,微软 XML 文档对象模型),整个操作过程是通过预编译简化的 DOM 对象生成及 DOM 节点的操作。

(3) XMLHttp 是一套可以在 Javascript、VbScript、Jscript 等脚本语言中,通过 http 协议传送或接收 XML 及其他数据的一套 API,最大的好处是可以更新网页的部分内容而不需要刷新整个页面。XMLHttp 提供客户端同 http 服务器通信的协议,客户端可以通过 XMLHttp 对象向 http 服务器发送请求,并使用 DOM 对象处理响应。

CHAPTER 8

第 8 章

电子商务产品案例

8.1 网上商城购物系统简介

随着Internet技术和商业经济的发展，电子商务等新的Web应用也应运而生，其中尤以网上商城购物系统（简称网上商城）较为突出。根据中国互联网络信息中心（CNNIC）2009年的统计，中国网民的数量已经达到1.53亿，约占全国总人口的12%，巨大的网民规模为网上购物提供了广阔的发展空间。

电子商务（electronic commerce）一词虽然已被许多人所熟悉，但迄今还没有一个较为全面、具有权威性的定义，各种组织、公司、学术团体及专家都是依据自己的理解和需要为电子商务定义的。而我们可以从宏观和微观不同角度给出广义和狭义的定义，从宏观角度，电子商务是计算机网络所带来的又一次革命，旨在通过电子手段建立一种新的经济秩序，它不仅涉及电子技术和商业交易本身，而且涉及到诸如金融、税务、教育等其他社会层面；从微观角度，电子商务是指各种具有商业活动能力的实体（包括生产企业、商贸企业、政府机构、个人消费者等）利用网络和先进的数字化传媒技术进行的各项商业贸易活动。这里需要强调的有两点：一是商业活动背景，二是网络化和数字化。

2008年，中国电子商务市场前期延续了2007年电子商务市场持续高速增值的势头，后期则受到全球金融危机和发展瓶颈影响，交易额增长放缓。但总体来说，中国电子商务市场的发展仍在稳步前行。2008年中国电子商务市场交易额达到24 000亿元，同比增长达到41.2%，其中B2B市场仍是总交易额的构成主体，达到21 480亿元，比例占89.5%；C2C基本维持现状，达到1776亿元，比例占7.4%；B2C提速发展达到744亿元，比例占3.1%，整体业务格局的最大变化在于B2C市场份额进一步扩大。2008年6月中国网上购物人数达到6329万人，网上支付人数达到5697万人，增长率分别为25%和22.5%。中国电子商务市场发展前景依旧乐观，涌现出阿里巴巴、百度、中国制造网、中国化工网、生意宝、当当、卓越、淘宝网等优秀公司。

但是与美国等发达国家相比,迄今中国电子商务仍处于起步阶段,主要存在问题包括:

(1) 信用体系建设仍需加强。目前中国企业的信用评估严重匮乏,假冒伪劣商品屡禁不止,市场行为缺乏社会监督,导致电子商务市场鱼龙混杂,良莠不分,严重制约了电子商务的发展。

(2) 电子商务基础设施仍较差。虽然我国近年来对网络信息安全基础建设方面比较重视,但存在技术与应用发展不平衡问题。

(3) 从交易额看,中国电子商务交易金额少,在社会商品零售额中尚未形成规模,不是交易的主流。

(4) 从交易对象看,交易主要限于书籍、光盘、计算机及相关产品、信息咨询服务等,传统商品少,实物性商品交易比重较低。

(5) 从付款方式看,主要是货到付款方式,即以网下付款为主。

(6) 从用户满意度看,对基础设施、交易品种、结算方式、货物配送、信誉程度等方面,总体评价还不是很满意。

(7) 从政策环境看,对于我国电信资费、投资融资、安全保障、法律法规等方面的满意程度不是很高。

从未来发展趋势看,未来几年电子商务市场仍将保持更加快速的增长势头,到 2012 年国内市场规模有望接近 10 万亿元,其中有以下两点趋势值得关注:

① 业务模式的相互融合,在企业发展中必将逐渐探索 B2B、B2C 以及 C2C 方面的融合,同时电子商务和搜索引擎业务的融合也给我们带来了很多发展的空间。

② 跨平台、跨业务服务商之间的合作与并购案例将不断增多,促进整体电子商务企业规模的扩大,企业自建的电子商务平台在未来将会呈现爆发式增长。

利用 Internet 技术和协议,为改变传统的商业运作模式提供了一种技术上的可行方案。通过建立各种企业内部网 Intranet 和企业外部网 Extranet,采用廉价的网络通信手段,将买家与卖家、厂商与合作伙伴紧密地结合在一起,实现网上商城,消除时间与空间带来的障碍,从而大大地节约了交易成本,扩大了交易范围。在实际生活中,这种方案已经被广泛地运用到实际的商业活动中。

与传统的百货商店、连锁超市和大型卖场相比,网上商城具有下列优势:

- 地段。对于传统的有形店铺来说,一家门店选址和地段的优劣,几乎能够决定其未来经营的成败。城市中的商业网点资源,尤其是优质商业网点资源通常十分稀缺,而网上商城则不存在地段方面的制约。
- 经营成本。借助日益发展的 IT 技术和管理技术,网上商城通常能够省去从生产到销售过程中的许多环节,从而有效降低经营成本与交易成本,带来消费者、商家双赢的局面。有关调查显示,随着社会经济的发展及消费水平的提高,人们希望得到更加方便、更加快捷的购物方式,同时也乐于尝试各种新的购物方式。
- 节约社会劳动和经济资源,节省时间,加快科技知识传播,促进社会分工和新行业的产生。

正是在广大消费者对网上商城需求的推动下,企业对网上购物的方式不断进行创新,而不断发展的 Internet 技术给各种商业创新提供了重要支撑与平台。

8.2 系统需求分析

网上商城有许多现实或潜在的优点，可使企业的经营活动更为经济、简便、高效和可靠，更好地满足消费者需要，能够提高整个国民经济的运行效率和效益，提高社会生活质量。

网上商城服务的对象是需要通过网络进行购物的用户，这些用户通过该系统，能够方便获取商品的信息，查询到所需要的商品，并能够安全地交易。

网上商城在网上可以提供网上交易和管理等全程服务，主要功能包括(如图 8-1 所示)。

(1) 网上订购：一旦用户确定需要购买某一商品，可以通过该系统进行网上订购。

(2) 服务传递：传递各种商品的详细信息，包括商品名称、商品的特性、商品的价格和商品的促销情况等。

(3) 咨询洽谈：用户可以通过该系统对商家进行咨询，商家通过该系统对用户的咨询进行网上解答，实现用户与商家之间的互动。

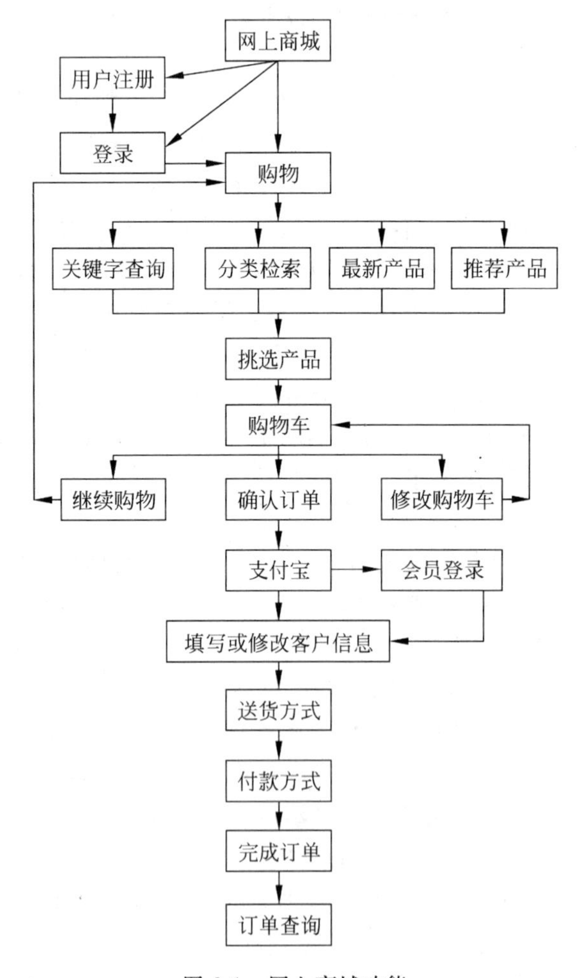

图 8-1 网上商城功能

(4) 网上支付：用户、商家等多个交易主体之间通过网络支付手段完成商品交易。

(5) 广告宣传：商家通过该系统在互联网上发布商品广告、优惠政策等促销活动信息。

(6) 意见征询：商家可以通过该系统有效获取消费者的意见。

(7) 业务管理：企业及用户的信息管理。

许多一般用户认为网上商城仅仅是创建一个 Web 网站，其实网上商城涵盖的内容要多得多，需要相关诸多技术的支持。网上商城的框架是对网上商城的概括描述，是网上商城基本要素的有机组合。网上商城的技术支持分为四个层次和两个支柱，自底向上的四个层次是：

① 网络层。

② 多媒体信息发布层。

③ 报文和信息传播层。

④ 贸易服务层。

两个支柱是：

① 社会人文性的政策法规。包括公共政策、法律法规和配送及物流管理等。

② 相关技术标准。包括商品编码技术、计算机网络技术、网络安全体系结构等。

四个层次之上是网上商城的应用，可以看出，网上商城的各种应用都是以四层技术和两个支柱为条件的。

系统的一些非功能性需求包括：

- 安全性要求：所有访问数据库的操作，必须有日志。
- 时间性要求：保证用户一次最简单购物过程在 1 分钟内完成。
- 美观性要求：要求界面美观，操作简便。

8.3　系统设计

如图 8-2 所示，下面对网上商城总体设计做进一步的介绍。

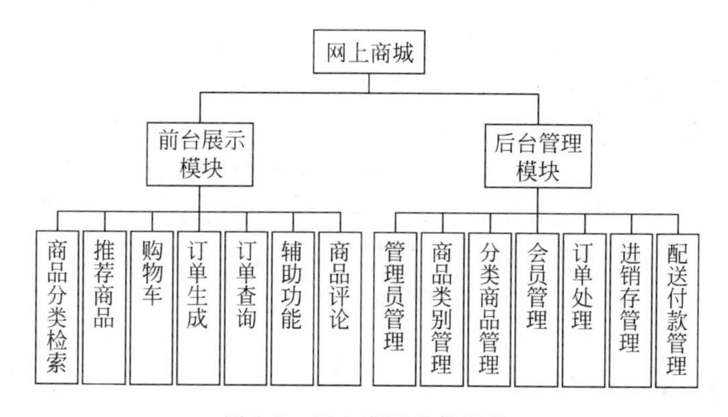

图 8-2　网上商城总体结构

1. 前台商店展示功能

前台商店展示功能用于客户浏览界面，以及对购物的流程显示，主要包括：

- 商品分类检索。商品的类别由店主自行在网上商城管理系统中设定，支持商品分类检索。在检索中，当查询到某一级分类时，自动显示该级别以及其所有子类别以下的商品。

- 员工个人信息维护。员工利用该功能可以维护系统允许个人维护的信息，其中自我介绍、联系方式和兴趣爱好等将公开给整个公司。
- 首页推荐商品、特价商品和排行榜商品。管理员可在商城管理系统中设定一些重要的商品，作为首页推荐商品，这些商品直接在首页出现。同样，也可以设定部分商品为首页推荐的特价商品及首页排行榜商品。
- 购物车。选中商品后，只要单击"购买"按钮，商品自动进入购物车(同样商品不会重复进入)。在购物车中可自由调整购买商品的数量，即时计算采购金额。
- 订单生成。在购物车中确认所购商品的品种和数量后，可进入订单确认。确认所购商品和送货方式、付款方式等资料，确认后生成订单。生成的订单明细清楚，应付款项清晰明了。
- 订单查询。会员可以随时查询订单的当前处理情况，如是否配送、是否收到货款等，也可以查询已经成交的历史订单。
- 辅助功能。包括会员资料修改、密码修改、用户缺货登记、缺货登记处理、发货或缺货通知等。
- 商品评论。客户可以对商品进行评论，管理员可以在商品档案管理中进行管理。

2. 后台商城管理功能

后台商城管理功能用于商品及会员管理界面，以及对订单、配送和付款的后台流程处理，主要包括：

- 管理员管理。后台管理商品和处理订单，帮助用户修改密码、群发邮件等。
- 商品类别管理。添加、删除、修改商品分类。
- 分类商品管理。在不同的类别下管理商品，包括商品上传、修改和删除等功能。商品资料包括商品名称、品牌、产地(生产商)、市场价、优惠价、商品详细介绍等。
- 会员管理。修改、删除会员资料等，以及查看会员订单信息、会员访问信息。
- 处理订单。付款确认、商品出货、订单查询，可以根据需要设定员工权限处理相关项，如送货员只具有商品出货权限，财务只具有付款确认权限。
- 进销存功能。进货开进货单，其他费用支出开支出单，可查看每日、每月、每年营业统计，以及查询商品库存数量。
- 配送方式。配送方式支持运费可以分为买家支付以及卖家承担，买家支付时可以有平邮、快递之分，平邮快递单位价格由发货地价格决定。
- 付款方式。付款方式具有很强的扩展性，集成了一些在线支付功能，如支付宝、网银在线支付等。

8.4 系统实现

考虑到B/S结构"瘦"客户端、良好的开放性以及用户远程查询的需求，因此，网上商城采用基于B/S模式的三层分布式体系结构(如图8-3所示)，将大量的数据处理工作交给服务器端处理，客户端只需通过普通的IE浏览器即可访问系统，方便快捷而且利于系统的更新与维护。

图 8-3 网上商城的 B/S 三层结构

由于 J2EE 规范的出现使得系统的开发更加方便，层次更加清楚，更利于对复杂事务的处理，而且充分考虑安全性问题。因此，网上商城的开发采用 Java 语言作为程序开发语言，开发环境为 eclipse 3.3.0。另外，Web 服务器使用 Tomcat 5.5，Database 服务器选用 MySQL 5.0。

网上商城的 B/S 结构包括：

(1) 外部表现层(前台商店显示功能)。实现顾客与商城交互的表示逻辑。在本系统中，包括登录、查询、下订单等顾客请求界面，均由 JSP 页面实现，动态的 JSP 部分处理了顾客可见的动态网页。

(2) 业务逻辑层(后台商城管理功能)。对于顾客的 JSP 请求页面，Web 服务器负责解释、执行该 JSP 页面，JSP 页面可以置于任何网络服务器端与应用程序服务端。在本系统中，JSP 页面通过 ADO(ActiveX Data Objects)与关系数据库 MySQL 互联，并将查询、录入等结果以页面文件形式返回给顾客浏览器。

(3) 数据库服务层。负责管理和存储数据，完成数据查询、数据更新、添加和运行存储过程等操作。在本系统中，数据库服务器端采用 MySQL 数据库作为 ODBC(Open Database Connectivity)数据源，并以 ADO 技术进行数据库存取等操作，使 Web 页面与数据库紧密联系在一起。

这种 B/S 结构不仅将客户机从沉重的负担和不断提高的性能要求中解放出来，也将技术维护人员从繁重的维护升级工作中解脱出来。由于客户机将主要的事务处理逻辑工作分给了服务器，使客户机"苗条"了许多，不再负责处理复杂计算和数据访问等关键事务，只负责用户界面的显示工作，因此，系统维护人员不再为程序的维护工作奔波于多个客户机之间，而将主要精力放在服务器程序的更新工作上。同时，这种三层结构中层与层之间相互独立，任何一层的改变不会影响其他层的功能，具有较大的灵活性。

开发一个网上商城网站，首先需要选择动态网页开发技术，当前比较流行的动态网页开发技术有 JSP、ASP 和 PHP。合理的选择开发技术，对于网站开发的完成有着非常重要的影响。

ASP(Active Server Page)是一个 Web 服务器端开发环境，利用它可以产生和执行动态的、交互的、高性能的 Web 服务应用程序。ASP 采用脚本语言 VBScript 作为开发语言，具有如下特点：

- 使用简单的脚本语言结合 HTML 代码，即可快速地完成网站的应用程序开发。
- 无须编译器编译，可在服务器端直接解释执行。
- 使用普通的文本编辑器，即可进行编辑设计。
- 与浏览器无关(Browser Independence)，客户端只需要使用可执行 HTML 代码的浏览器。
- 能与任何 Active X 脚本语言兼容。

- 可使用服务器端的脚本产生客户端的脚本。
- ActiveX 服务器构件(ActiveX Server Components)具有无限可扩充性。

PHP(Hypertext Preprocessor)是一种跨平台的服务器端嵌入式脚本语言,大量地借用了 C、Java 和 Perl 语言的语法,并耦合 PHP 自有特性,使 Web 开发者能够快速地写出动态页面代码。具有如下特点:

- 可以编译成与许多数据库相连接的函数。PHP 与 MySQL 是目前较佳的组合,可以编写外围函数间接存取数据库。通过这样的途径,当更换使用的数据库时,可以轻松地更改代码以适应变化。PHP LIB 是提供一般事务需要的一系列 PHP 数据库基库,但 PHP 提供的数据库接口不统一,如对 Oracle、MySQL 和 Sybase 的接口彼此都不一致,这也是 PHP 的一个缺点。
- 提供类和对象。基于 Web 的编程任务非常需要面向对象编程能力,PHP 支持构造器、提取类等功能。

JSP 是 Sun 公司推出的新一代网站开发语言,将 Java 语言从 Java 应用程序和 Java Applet 发展到 JSP(Java Server Page)。JSP 可以在 Serverlet 和 JavaBean 的支持下,完成功能强大的网站程序,具有如下特点:

- 将内容的产生和显示进行分离。使用 JSP 技术,Web 页面开发人员可以使用 HTML 或者 XML 标识设计和格式化最终页面,使用 JSP 标识或者小脚本产生页面的动态内容。产生内容的逻辑被封装在标识和 JavaBeans 群构件中,并且捆绑在小脚本中,所有的脚本都在服务器端执行。如果核心逻辑被封装在标识和 JavaBeans 中,那么其他人员,如 Web 管理人员和页面设计者,能够编辑和使用 JSP 页面,而不影响内容的产生。在服务器端,JSP 引擎解释 JSP 标识,产生所请求的内容,如通过存取 JavaBeans 群构件,使用 JDBC 技术存取数据库,并且将结果以 HTML(或 XML)页面的形式返回浏览器。这有助于设计者保护自己的代码,而又保证任何基于 HTML 的 Web 浏览器的可用性。
- 强调可重用的群构件。绝大多数 JSP 页面依赖于可重用且跨平台的构件,如 JavaBeans 或 Enterprise JavaBeans,执行应用程序所要求的复杂处理。开发人员能够共享和交换各种构件,使得这些构件为更多用户使用,这种基于构件的方法加速了系统的总体开发进程。
- 采用标识简化页面开发。许多 Web 页面开发人员可能并不熟悉脚本语言,JSP 技术封装了许多功能,这些功能是在 XML 标识中进行动态内容产生所需要的。标准的 JSP 标识能够存取和实例化 JavaBeans 构件,设定或者检索群构件属性,下载 Java Applet,以及执行用其他方法更难于编码和耗时的功能。

对于应用范围,JSP 和 PHP 可在所有服务器平台上执行,而 ASP 只能在微软的服务器产品上执行。

通过对这三种语言分别做回圈性能测试及存取 Oracle 数据库测试,比较三者的性能。在循环性能测试中,JSP 只用了大约四秒钟就完成了 20 000×20 000 的回圈,ASP、PHP 测试的是 2000×2000 循环(少一个数量级),却分别用了 63 秒和 84 秒;数据库测试中,三者分别对 Oracle 8 数据库进行 1000 次 Insert、Update、Select 和 Delete 操作,JSP 需要 13 秒,PHP 需要 69 秒,ASP 则需要 73 秒。

通过比较，不难看出 JSP 的综合实力是最强的。JSP 页面的内置脚本语言是基于 Java 编程语言的，而且所有的 JSP 页面都被编译成 Java Servlet。因而，JSP 页面具有 Java 技术的所有好处，包括健壮的存储管理和安全性。因此，选用基于 Java 的 JSP 技术作为动态网页的开发技术。

最后，在建设网站系统之前，必须对系统用到的数据进行细致地分类和具体的结构设计。数据库设计需要遵循一些规则，一个好的数据库设计满足一些严格的约束和要求，如尽量分离各实体对应的表，一个实体对应一个表；确定实体的属性、对应的字段以及各实体之间有何种联系。实体、属性与联系是进行数据库概念设计时需要考虑的三个元素，也是一个好的数据库设计的核心。

CHAPTER 9

第 9 章

嵌入式系统产品案例

9.1 嵌入式家庭网关简介

随着计算机、通信等相关技术的发展，计算变得越来越自由，在资源使用方面也越来越灵活，逐渐呈现出普及计算（pervasive computing）或泛在计算（ubiquitous computing）的模式。普及计算是一种新型的计算模式，在该模式下，计算以人为中心，人机交互类似于人与人之间的自然交流方式（如语言、姿势、书写等），用于计算的设备无处不在，分布在人们生活的环境中，并能够随时随地为人们提供所需要的服务，而使用计算设备的人则感知不到计算机的存在。IT 技术每一次大的突破都会触发一个大的消费浪潮，创造一个新的市场。1994 年，多媒体技术的成熟及与 PC 技术的结合，产生了真正意义上的家用计算机，掀起消费 IT 的第一次浪潮；1999 年，因特网技术的成熟，使每一台计算机连在一起，触发了消费 IT 的第二次浪潮。当前，伴随着普及计算理论研究的突破，SoC 技术、嵌入式技术、语音识别技术和家庭网络技术等技术的有机结合必将引发消费 IT 的第三次浪潮，其结果将是 IT 技术融合为人类生活的一部分，随时随地，无处不在。

在数字技术蓬勃发展的今天，各种信息家电（Information Appliance，IA）不断涌现，数字化家庭将成为信息基础设施的重要组成部分，其中家庭网络是一项关键技术。家庭网络的目标是将一个家庭中各种信息家电（如数字电视、游戏机、PDA 等）及其他控制设备（如电表、水表、汽表、能源自动控制、保安系统等）通过网络连接为一个小范围的局域网（如图 9-1 所示），集成控制网和信息网二者的功能和服务，解决“最后 10m 的问题”，主要包括家庭网络的联网技术和接入技术两部分内容。家庭网络的特点是简单、实

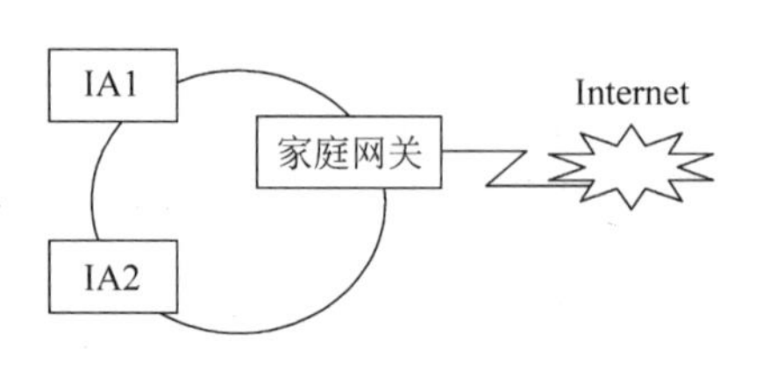

图 9-1　家庭网络模型

用、廉价、可靠，目前国内外相关标准正在制定中，未有正式标准推出，但业界普遍认为未来的标准需要通过市场竞争来选择和检验。

由于未来家庭内部将会有多个信息设备(包括计算机、信息家电和控制设备)同时联入Internet，不可能为每个信息家电都提供一个Internet接口，而且在目前没有一种主导联网和接入解决方案的情况下，为了解决各种信息家电之间的互连和互操作性问题，通常在考虑家庭网络的组成时，设置一个家庭网关(home gateway)。

家庭网关，将家庭网络中的信息家电联入Internet网，是家庭网络的出口。家庭网关是家庭网络的关键设备，使家庭中的信息家电(如数字电视、游戏机、PDA等)之间可互相通信，并通过同一个Internet高速管道实现集成的语音、数据和视频服务。家庭网关结合了数字调制/解调器、SOHO路由器或集线器的功能，从而实现了多个信息家电对互联网的共享访问。它完成了媒体转换、速率匹配、防火墙、加密证实、IP地址获得、地址解析等功能，同时，它又是家庭网络的中心，需要处理多协议的转换、系统管理、多个网络的连接等功能。家庭网关具有多个物理层接口，如ADSL Modem、Cable Modem、UWB、Wi-Fi、IEEE 1394接口，在高层协议中包含TCP/IP协议、MPEG协议、UPNP、HAVI、Jini等协议。

目前PC一般可作为家庭控制中心、数据处理中心和服务器，家庭网关除了作为家庭网络的网络中心，还具有以下三个方面的用途：

(1) 实现各种家用设备的互连和互操作，同时，能够通过一台家用控制器实现对所有家用设备的集中控制。

(2) 作为家庭中一个唯一的Internet接入点，不必每个家用设备都分配一个IP地址，节约网络资源，节省Internet的访问费用，并将服务分配到各个设备中。

(3) 由于只有一个Internet存取点，家庭网络的安全性也易于保证。

在对未来的构想中，所有的家庭设备都可以通过家庭网关相连，不仅是设备之间交互，而且还可以连接到Internet上。在家里，在丈夫进行商业事务处理的同时，家庭主妇可以通过网络进行购物和付账，小孩也可以从Internet上下载最新版本的歌曲，在自己的立体声设备上播发，而且还可以通过网络发送短消息给老师和伙伴，从而将家庭生活带入一个丰富多彩的世界：电子商务、教育、赛事、游戏、电影、音乐以及其他服务。

将家庭网关设计为一个嵌入式的家庭专用设备，坚固耐用，与实现网关功能的普通PC相比(这是Microsoft公司目前主推的数字家庭联网方案)，传统操作系统不够稳定，易用性较差，作为提供关键功能(如安全功能)的网关，PC经常死机和需要重新启动是不能接受的，专用设备在性价比上存在较大优势。

9.2 总体设计

目前国内外许多厂家推出了家庭网关产品及其解决方案，包括：

(1) OSGi规范。1999年3月12日Alcatel、IBM、Motorola、Philips、Sun等15家公司宣布成立开放服务网关组织(Open Service Gateway initiative，OSGi)，联合制定用于将消费类产品与小型商用电器连接Internet的技术规范。OSGi规范包括一个服务框架和三个基本服务规范：logging、a Web server和device access，OSGi规范定义了住宅网关的上层服务和服务接口。上广电SVA-iHome网络信息家庭系统采用OSGi标准，这在国内还是第一家。

(2) Microsoft 公司的数字家庭实验室计划。以家用 PC 为核心，实现各种家用设备的互连。

(3) i. Link 和 HAVi。1998 年 5 月，松下、索尼、夏普、东芝以及飞利浦等 8 家公司提出了基于 IEEE 1394 接口的 HAVi 家庭网络方案，并成立了标准制订团体"HAVi 推动协议会"，2000 年 1 月份公布了该标准的正式版本 1.0。

(4) Internet Home。2001 年初，全球领先的互联网设备和解决方案的供应商美国思科(Cisco)系统公司正式推出了互联网家庭(Internet Home)计划，在 1700 平方英尺的互联网家庭展台上，思科公司向全世界展示了由高速、不间断的互联网连接以及众多带有网络功能的家用电器所带来的激动人心的生活方式。

(5) IGRS 标准组。IGRS 组织是一个由中国企业牵头的公司联盟，2003 年 7 月 17 日，由信息产业部科技司批准，联想、TCL、康佳、海信、长城等 12 家高科技信息企业组成的信息设备资源共享协同服务标准化工作组(IGRS 标准组，简称"闪联")正式宣布成立。"闪联"将负责制定"信息设备资源共享协同服务"的标准，该标准将包括计算机、家电和手机等产品之间的智能互联、资源共享以及产品之间的工作方式，这种标准的概念符合未来"数字家庭"的概念。"闪联"提交的《信息设备资源共享协调服务协议标准 1.0 版》目前已成为国家信息产业部的建议批准。

从业界的动向来看，目前 Linksys(2002 年底该公司已被 Cisco 公司兼并)和 Netgear 公司是家庭区域网市场的"领头羊"，2003 年两家公司的收入总和接近 6 亿美元。同时，生产 ADSL Router 和 SOHO Router 一类产品的国内外厂家有 Cisco、Alcatel、3COM、SEG、中兴、东信、华为、速捷时等公司，这些产品主要定位于 SOHO 环境，尤其是小型单位办公环境，产品价格定位较高(如 SEG 公司的 Prestige 643/645 ADSL Router 售价大约为 1700 元)，使用复杂，不能很好满足普通家庭用户的需求。但这些产品经过面向家庭区域网的定制开发，也能较快地推出相应的产品，因此，这些潜在的对手也是未来市场竞争中不可忽略的一个重要因素。

由信息产业部组织，国家经贸委 2000 年 9 月国家技术创新重点专项计划"家庭信息化网络(Home Information Network)技术体系研究及产品开发"项目工作会议在四川省绵阳市召开，四川长虹电子集团公司、青岛海尔集团公司、深圳中兴通讯股份有限公司、清华同方股份有限公司、深圳 TCL 集团公司、江苏春兰集团公司、信息产业部电子第三研究所、无锡小天鹅股份有限公司、上海广电(集团)股份有限公司、厦门厦新电子股份有限公司和北京阜国数字股份有限公司等十一个在家用电器和相关产品领域于全国有很大影响的公司和单位参加了会议，会议主要讨论并通过了《"中国家庭信息网络制标技术委员会"章程》、《"中国家庭信息化网络技术体系研究及产品开发"项目管理办法》等重要文件，成立了家庭信息网络的联合体，并一致推选长虹电器股份有限公司为第一任委员会会长单位，信息产业部电视电声研究所为委员会秘书单位。中国"家庭信息网络"制标技术委员会将联合开发家庭信息网络中的共性技术和产品互联规范，实现消费类电子、通信和计算机行业间的大范围协作，形成统一标准和自主知识产权，同时以联合体的名义承担了国家技术创新重点专项项目，目的在于开展家庭网络技术和基本框架以及终端产品的研究和开发，以增强我国民族工业的国际竞争实力。这一 21 世纪极具前瞻性的重大科研项目由若干个子项目组成，其中有 5 个项目由长虹电器股份有限公司牵头，3 个项目由海尔集团牵头，全体委员共同协作开发。项目包括传输层平台、会话及应用层传输交互体系、家庭数字网络架构及软件平台等，委员会将按计划迅速开发拥有自主知识产权的专用机芯，推出功能丰富、兼容性好、互联几何扩张性好的家用电器网络系列产品。“数字化家庭信息网络系统技术与产品”也已列入信息产业“十五”计划发展的重点和优先发展的项目，国家将投资 15 个亿支持该项目的实施。国家信息产业权威人士及科研专家称，家庭信息网络技术目前在全球尚处于萌芽阶段，由我国家电巨头和科研机构率先联合进行标准的制定和核心软件的开发，无疑抓住了未来市场的主动权。目前，《家庭网络系统技术规范》已提交信息产业部，进入标准制订程序。

综上所述，可以看出，家庭网关的标准与技术目前仍不统一，哪一种标准与技术能够成为主流，需要市场和用户的选择与检验。家庭网关的总体设计主要是根据家庭网络目标市场情况，确定家庭网关的总体功能定位、软硬件划分以及性能指标。家庭网关主要实现了多种网络协议转换和处理，和骨干网路由器相比，其吞吐量和响应速度要求并不高，简单（设备即插即用）、可靠、易用、廉价（价格应低于 600 元）、具有较高的性价比是家庭网关的主要特点，力争做到家庭网关的内容是高科技产品，外观是消费类产品。因此，家庭网关的许多功能（如路由表的维护、寻径和转发）一般采用软件实现，而不采用专用 IC 电路实现。

考虑到家庭网关的灵活性、可移植性等因素，采用一种软硬件分层结构来实现家庭网关（如图 9-2 所示），尽量采用主流的家庭联网技术和接入技术，以满足更大的目标用户群。

层次					
应用软件	Http Server(配置和管理网关)				
	NAT/PAT、DHCP Client/Server/Proxy、HTTP				
TCP/IP协议栈	TCP、UDP				
	IP、ICMP、BGP、RIP			PPP(PPPOE)	
RTOS	RTOS(包括文件系统)				
基本硬件系统	Driver	Driver	Driver	Driver	Driver
	LED	Ethernet	ADSL	USB	Wi-Fi/UWB

图 9-2 嵌入式家庭网关的主要结构

根据用户需求和电信营运商提供服务情况，下一步可扩展的高级功能包括完整的防火墙功能（Firewall）、虚拟专用网（Virtual Private Network，VPN）、全 IP 电话支持（支持 VoDSL 的电话终端和话音网关设计）、SNMP 网管系统、其他增值服务等。

最后，需要对家庭网关采用的家庭网络联网技术和接入技术，从多个方面进行全面分析：满足需求、技术成熟、建网成本、环境适应能力、通信质量、用户接受程度、发展潜力等。

家庭网络的联网技术（Home Networking）是实现各种设备之间互连，进行信息交互、集中控制和管理，目前包括电话线（HomePNA 2.0 规范）、电力线（HomePlug Powline 1.0 规范）、以太网（IEEE 802.3 规范）、Wi-Fi（802.11b 规范）、BlueTooth 2.0 规范、HomeRF 2.01 规范、红外（Infrared）、IEEE 1394（FireWire or i. Link）、超宽带（Ultra WideBand，UWB）等多种技术。

家庭网络的接入技术（Broadband Access）是通过一个家庭网关设备将家庭网络接入 Internet 网，能够完成更大范围的信息交互，方便用户上网以及进行远程设备控制等，最终实现家庭生活的数字化、网络化和智能化，现阶段较有竞争力的面向家庭用户的主流宽带网络接入技术包括基于双绞线的 ADSL(VDSL)技术、基于 HFC 网的 cable modem 技术、基于五类线的以太网接入技术、光纤接入技术、WLAN 技术、GPRS 技术、3G 技术、LMDS/MMDS 等多种技术,这些技术各有特点,最终的发展目标是光纤到户,实现质量稳定、低费用、高带宽的家庭接入方式。在今后一段时期内不会只是一种相对优越的技术的天下,多种技术之间的相互补充、相互竞争,相信将带来市场的充分繁荣。

根据未来市场情况,在嵌入式家庭网关设计中,联网采用以太网(IEEE 802.3 规范)技术,接入采用基于双绞线的 ADSL(VDSL)技术。

9.3 硬件设计

ARM(Advanced RISC Machine)系列处理器是英国 ARM 公司于 1990 年开发成功的 32 位 RISC 处理器,ARM 公司专注于设计,靠转让 IP 设计许可,本身不生产芯片,ARM 处理器以其高性能、小体积、低功耗、体系结构兼容性好、紧凑代码密度和多供应商的出色结合而著名,被公认为业界领先的 32 位嵌入式 RISC 微处理器核,在数字通信、移动计算和多媒体数字消费等领域得到了广泛的应用。

目前,ARM 处理器有六个产品系列:ARM7、ARM9、ARM9E、ARM10、ARM11 和 ARM SecureCore。ARM7TDMI 属于 ARM7 通用处理器系列,采用 32 位整数核的 3V 兼容版本,是采用三级流水线(指令的执行分为三个阶段:取指、译码和执行)的 Harvard 结构的 32 位 RISC 处理器核,内含 ARM7TDMI 处理器核、Embedded ICE、JTAG Controller 和总线接口单元(Bus Interface Unit,BIU)等,具有外部协处理器、软件跟踪调试和 AMBA 总线接口。主要特点是:

(1) 支持 Thumb16 位压缩指令集,能够有效地提高软件代码的存储密度,但只有 32 位指令大约一半的执行性能。

(2) 片上调试(debug)支持,能够根据外部调试请求终止处理器的执行。

(3) 内含一个增强的高性能乘法器(multiplier),能够直接产生 64 位输出结果。

(4) EmbeddedlCE 硬件在线支持软件断点(breakpoint)和视点(watchpoint)功能。

EmbeddedICE 是一种基于 JTAG 接口的 ARM 的内核调试通道,它处理典型的 ICE 功能,如条件断点、单步运行。因为这些设备都在片上,Embedded ICE-RT 技术将避免使用笨重的、不可靠的探针接插设备,嵌入在芯片中的调试模块与外部的系统时序独立,它可以直接运行在芯片内部的时钟速度。

ARM7TDMI 有七种工作模式,每种工作模式都有其专门的寄存器组,以完成快速的异常处理。ARM7TDMI 处理器主要包括 31 个通用 32 位寄存器、6 个状态寄存器、32 位 ALU、整型 32×8 乘法器、32 位桶形移位器、5 个独立的内部总线(PC 总线、增量总线、ALU 总线、A 总线和 B 总线)、Instruction Decoder and Logic Control。在 0.35μm 工艺情况下,晶体管数为 74 209,主频最高可达到 66MHz,工作电压 3.3V,MIPS 可达到 60,芯片面积 2.1mm^2,功耗 87mW,Metal layers 为 3。

另外,面向 ARM7TDMI 处理器的嵌入式操作系统和软件开发工具已经比较成熟,价格低廉,单片价格大约 30~40 元,因此,设计的嵌入式家庭网关中采用 ARM7TDMI 处理器。

确定了家庭网络的主流联网技术和接入技术，从而能够确定嵌入式家庭网关的硬件接口类型，解决软硬件(硬件物理接口如RJ45/USB，软件接口主要是指协议的匹配和处理)接口匹配问题。家庭网关可能包含多种接口，如RJ11、USB、RJ45、IEEE 1394、Wi-Fi、UWB等接口，因此，硬件采用模块化结构，灵活、可剪裁，可组合成不同档次、面向不同需求的产品。

在本方案的设计中，家庭网关的物理通信接口包括四个10/100Base-T接口(三个接口用于家庭网内部Ethernet连接；一个接口用于共享的Uplink端口，可外接hub或switch)、一个RJ11接口(用于内置ADSL modem，可扩展支持VDSL modem等设备)、一个并口和两个串口。

9.4 软件设计

为实现软件的灵活、可靠、可移植等目标，可对嵌入式家庭网关flash ROM中的软件进行在线升级，同时，对软件采用模块化结构设计，主要包括嵌入式操作系统(含硬件驱动程序和文件系统)、TCP/IP网络协议栈和应用软件三部分，分别描述如下所示。

1. 嵌入式操作系统

嵌入式操作系统(RTOS)是满足嵌入式系统并发需求、提高嵌入式软件开发效率和可移植性的重要手段，也是嵌入式应用程序必不可少的运行平台。RTOS可分为两大类：

(1) 深嵌入、强实时的RTOS，如VRTX、VxWorks、pSOS、Nucleus、AVIS、IOS、DeltaOS、PPSM、Itron、Mentor Graphics公司的VRTXoc for ARM和Xyron Semiconductor公司的ZOTS。

(2) 浅嵌入、弱实时的RTOS，如RT-Linux、嵌入式Linux、Windows NT Embedded、Windows CE、PalmOS、EPOC、PPSM等。

RTOS一般采用微内核结构，基于优先权抢占的调度策略，具有任务管理、任务间同步和通信(如信号量、消息队列、异步信号、共享内存、管道等)、内存管理、中断管理等功能。衡量RTOS内核的技术指标主要有上下文切换时间(Context Switch Time)、中断响应时间(Interrupt Response Time)、内核代码最小尺寸、调度器实现的算法、系统调用的数量、系统对象的限制、内存保护、多处理器支持等。

嵌入式系统的需求多种多样，不同的RTOS又具有各自的特点，选择RTOS时，主要确定RTOS的特点是否满足应用需求，除考虑上述内核性能指标外，还应考虑下述问题：

- 除内核外，RTOS提供的构件(如TCP/IP协议栈、嵌入式数据库、嵌入式GUI等构件)功能、性能如何，能否满足应用需求。
- 提供的开发平台功能和易用性如何。
- RTOS的结构是否合理，这将影响到能否方便地增加新设备的驱动程序和应用程序的移植。
- 版权(license)和财务问题，包括RTOS和开发平台的一次性购置费用、RTOS的版费(是Royalty-pay还是Royalty-free)以及未来的升级费用等。
- 标准化支持，RTOS的API是否符合相应标准，如POSIX 1003.4或Itron。
- RTOS的可剪裁问题。

- 整套产品的成熟度和可靠性以及市场竞争能力如何，是否具有持续发展的能力。

关于 RTOS 的未来发展，提高 RTOS 的可信性、防危性(safety)、安全性(security)、容错能力(fault tolerance)、高可用能力(high availability)、高性能(high performance)以及多处理器和分布式处理能力是主要的发展方向之一。

嵌入式系统的需求多种多样，不同的 RTOS 又具有各自的特点。考虑到家庭网关的应用程序属于深嵌入、实时性要求不高的应用，同时需要丰富的应用程序、开放的 API 和低成本特性，因此，在家庭网关设计中，选择 Nucleus 操作系统。

2. TCP/IP 网络协议栈

家庭网关通过网络与各种 IA 相连，相互交互进行工作，由于目前网络主要采用 TCP/IP 协议，IPX/SPX 和 NetBIOS/NetBEUI 等协议较少使用，因此，家庭网关相关协议主要考虑 TCP/IP 协议，需要支持的协议包括：

- 物理层和数据链路层协议。支持多种网络连接方式，主要包括 Ethernet(即 IEEE 802.3 协议)协议和 ADSL 链路控制协议。
- 网络层和传送层协议。包括 ARP、RARP、ICMP、BOOTP、DHCP Client/Server/Proxy、PPP、IP、DNS、RIP V1.0/V2.0、TCP、UDP 等协议，家庭网关既可以支持静态 IP 地址，也可以通过 DHCP 或 BOOTP 服务器支持动态 IP 地址；既可以通过 IP 地址直接进行连接，也可以通过 DNS 服务器域名解析进行连接。由于家庭网关是一个低端路由器，只需要 RIP1、RIP2 等静态路由协议，不需要 OSPF 这样高级、复杂的路由协议。
- 应用层协议。包括 TFTP、TELNET、STMP、IMAP4、POP3、HTTP 和 SNMP 等协议，支持家庭网关配置管理应用软件和 IA 上运行的各种客户端软件(如 E-mail)。
- 安全协议。由于目前 IA 主要用于家庭网环境下，一般不能直接接入 Internet，必须通过家庭网关公共出口，因此，可以采取一些较为简便的安全措施，如包过滤、NAT/PAT 及多层次口令保护。

上述协议是家庭网关中可能用到的最大协议集合，在开发具体型号的产品时，可根据应用情况和产品配置情况做一个合理的裁剪。

3. 应用软件

家庭网关上的应用软件，主要是配置管理软件，客户端通过浏览器(配置管理软件作为嵌入浏览器的控件在家庭网关上执行)与在家庭网关上运行的 Web Server 软件相连，配置家庭网关的有关参数，如 DHCP、包过滤等，同时，提供系统日志、诊断、性能统计等功能，尽量减少用户的配置工作量。

同时，Sun JINI、Microsoft uPNP 和 Sony HAVi 应用层服务协议和应用层软件，以及家庭网关的集中控制功能软件也是下一步考虑实现的重点。

有关“嵌入式家庭网关”更详细的内容参见教材《SoC 技术原理与应用》。

CHAPTER 10

第 10 章

计算机网络产品案例

10.1 企业多功能服务器系统简介

在信息革命的经济时代，信息化对于现代企业发展的重要性，是不言而喻的。随着 Internet 信息技术的发展，以及企业与外部的信息交流不断增多，企业对基于 Internet 服务的要求也不断增加，企业网络与 Internet 网络之间的区分已经不再明显。企业需要采用基于 Internet 技术，与业务伙伴、供货商和顾客之间进行多种形式的信息交流。

企业网络中有着大量的信息和数据，对企业的业务活动起着至关重要的作用。由于任务的需要，员工可能离开办公室，但是仍然需要随时随地的获得网络中的信息和数据。同时，企业的多个办公地点之间也需要共享网络中的数据，因此，需要将公司的网络连成一体，使员工、客户、供应商或其他业务合作伙伴能实现远程访问和多点办公。

大多数企业一方面需要享用必要的 Internet 应用服务，另一方面又不希望在信息系统建设方面投入大量的资金和人力。目前企业信息化的现状包括：

- 互联网宽带接入的成本大幅降低。
- 企业内部的信息化交流增多。
- 企业通过互联网与外部的交流日益频繁。
- 信息应用的种类增多。
- 远端接入的服务需求增多。

企业信息化面临的问题包括：

- 企业内外部的信息化交流平台缺乏，或者价格昂贵。
- 信息产品大都针对某一项应用服务，来自不同厂商的产品很难得到较好的整合。
- 缺乏经验丰富的 IT 管理人员。
- 配置和管理不方便。
- 定制化开发的项目成本过高。

- 对于企业的具体服务支持较弱。

企业多功能服务器系统，即以较低的成本、较高的性价比、全面解决中小企业信息化建设为目的组建的多种功能服务器系统，主要面向针对中小企业、SOHO一族、中小学校及网络产业等量身设计。该系统要求以免费的Linux为基本操作系统平台，将移动OA、IM移动信息服务器、电子邮件、防火墙、文件共享、VPN、DHCP、FTP、DNS、Web网站、宽带上网网关、WAP、SMS、MMS、VoIP、IM、Proxy、终端服务器、数据库等服务集成到一台服务器中，最终以低成本实现中小企业的信息化，提高企业工作效率、降低运营成本以及提升企业客户形象。考虑到用户操作方便和易于维护，需要提供了一个功能完整、安装容易、高稳定性、低维护需求且经济的商用服务器解决方案，通过浏览器接口及清晰的图形按钮等方便灵活地操作界面，可让非计算机专业的普通用户，不需要了解太多的Linux知识即可对服务器系统进行维护与管理，轻松地完成服务器各项功能的设定。

10.2 系统功能需求

考虑到系统主要应用于中小型企业，并且本着为用户搭建低成本服务器平台的目的，因此，从整体上对本系统做出以下要求：

- 系统各个功能尽量满足用户在使用中简单、易用的原则。
- 要求提供友好、简单的用户界面，使得普通用户经过简单的培训即可操作。
- 同等条件下尽量选择资源耗费较小的系统的原则。
- 系统尽量使用现有资源，以及互联网上的免费资源。
- 如果应用到第三方非正式的产品，可以提供相应的源代码。
- 需要考虑系统的灾难恢复机制以及在线升级能力。要求提供一般灾难的自动恢复功能以及重大灾难的系统整体恢复功能。

因此，系统整体要求实现以下功能。

- 电子邮件功能。
- 防火墙。
- 文件共享。
- VPN服务。
- DHCP服务。
- FTP服务。
- DNS服务(动态域名服务)。
- Web服务。
- 宽带上网网关。
- 有关企业应用程序：如移动OA、IM移动信息服务器等。
- 提供可选的增值服务功能，如购物车、相册、手机短信、VOIP网络电话等。

系统特性要求包括：

- 人性化的管理接口。操作简单轻松上手；有效管理实时通信软件，提升工作效率；远程升级万无一失。
- 稳定的网络环境。使用稳定性高的Linux操作系统，安全稳定性高，一般突然停电也不会造成系统毁损；邮件密录功能，可备份监控所有进出邮件状况。

- 防病毒安全机制。超强防毒过滤邮件，有效阻挡垃圾及中继邮件问题，避免公司内部交叉感染；WebMail 在线收发邮件，邮件具备自动备份、回信、转寄等功能。
- 有效阻挡垃圾邮件。智能型过滤邮件功能，减少频宽浪费；支持 SMTP 身份认证功能，有效防止垃圾邮件问题；WebMail 在线收信，即使不在办公室也能收到最新消息。
- 可快速整合企业应用。如企业日常的业务管理系统；提供完整现金流、物流的网上商城；企业营销及客服沟通系统；提供企业完整的多元化应用，集成所有网络服务器功能于一身，轻松满足企业的所有需求。
- 节省成本投资低廉。节省昂贵的操作系统软件费用及电话建制费用；省去每天维护问题的负担及 MIS 系统人员的开发、维护成本。
- 通信节费系统。整合 VoIP 网络电话服务，可在任何有线及无线网络环境中使用；免布线、月费、学习，提供企业 e 化的通信环境；体验全球分机漫游，互打完全免费；可依需要自行设定分机及拨打外线；指定转接可自由设定将网络电话来电转接至一般电话或手机。

10.3 系统总体框架

本系统与其他相关的企业应用软件，如移动 OA、IM 移动信息服务器、VoIP 的关系如图 10-1 所示，需要实现的功能主要包括电子邮件、防火墙、文件共享、VPN、DHCP、FTP、DNS、Web 网站、宽带上网网关等。

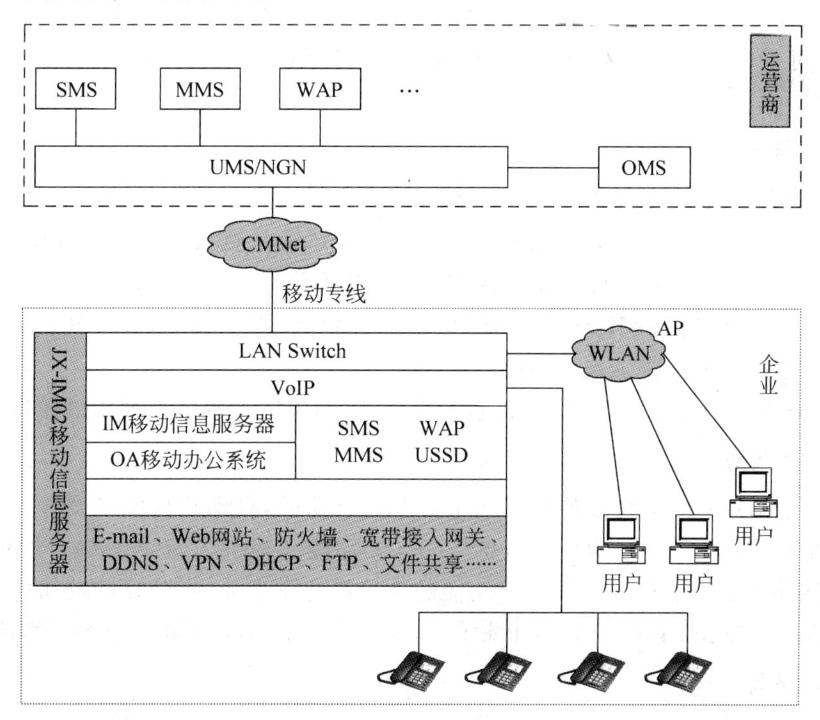

图 10-1 系统架构图

下面对系统架构中各子功能做进一步的说明。

1. 电子邮件

电子邮件服务，支持目前所有标准的邮件协议（POP3/SMTP/IMAP），可以和Outlook、Foxmail等常用邮件客户端结合使用，还提供了界面友好的WebMail功能，用户可以通过它方便地撰写和查看HTML格式的邮件，另外需提供强大的反垃圾邮件功能，可将绝大部分垃圾邮件拒之门外；提供邮件查毒功能（利用现有的第三方构件，如Anti-spam mail，暂不考虑二次开发），而且电子邮件还提供了多域名支持，从而使企业建立多个域名的邮件服务成为可能。邮件系统具备方便的管理员操作功能，可以方便地添加、删除或注销用户，并且对用户的邮件占用空间可以进行监控与限制。

本功能可选软件包为Sendmail、Postfix等。

2. 防火墙

提供一个安全、高效、专业的防火墙，可以充分保护企业内部信息不被窃取，保证企业网络的正常、安全使用，提供基于策略的包过滤功能、NAT地址转换功能、反向地址映射功能等多种安全服务功能，为企业提供了一个安全的"保护神"。它能有效抵御黑客的攻击、有效隐藏内部网络拓扑结构和企业内部服务器等信息，能方便企业进行内部信息服务的部署。

本功能可采用Linux自带的防火墙netfilter/iptables，但需要提供完善友好的设置界面。

3. 文件共享

企业公共资料的共享和内部电子文件的交换是经常需要使用的功能。需要提供基于授权的文件共享服务，且文件共享服务还提供对于工作组的支持，可以保证基于部门的共享文件访问安全。

本功能可采用Samba软件包，实现网络文件与打印共享，但需要提供完善良好的用户操作界面。

4. VPN服务

VPN（虚拟专用网）技术可以使企业将局域网范围安全扩展到远程分支机构办公室和家庭办公室，与以前的专线互连方式相比明显地减少了通信费用和通信设备投资。VPN还提供了增强的安全性，支持的验证协议包括PAP、CHAP、MS-CHAP/MS-CHAP2、EAP等；支持的加密协议包括MPPE-40标准加密协议和MPPE-128增强加密协议等。同时，VPN为企业移动办公提供了技术基础。

本功能采用Linux自带VPN软件包实现该功能，但需要提供良好的可操作界面。

5. DHCP服务

通过提供DHCP服务可以使内部网用户主机启动后，自动获得网络设置参数，包括IP地址、网关地址、DNS服务器地址等信息。DHCP功能还提供了IP与MAC地址绑定的功能，方便了网络的IP地址管理，DHCP功能的应用简化了企业内部网络维护的负担。

本功能采用Linux自带的DHCP软件包实现该功能，但需要提供良好的可操作界面。

6. FTP服务

FTP（文件传输服务）服务主要用来提供大容量文件的传输，能方便企业内部用户之间，以及企业与客户之间的大容量信息的交换。

本功能采用 Linux 自带的 vsftpd 软件包实现该功能，但需要提供良好的可操作界面，实现 ftp 站点的建立维护功能，并可以对站点的其他参数进行设置。

7. DNS 服务（动态域名服务）

没有固定 IP 地址的用户需要提供动态域名解析服务，这样即使通过 xDSL 或者 cable 上网而没有固定地址的用户也能在自己企业内部架设自己的电子邮件、Web 等 Internet 服务。

该功能考虑与第三方代理公司合作，只需要提供设置维护域名的界面，如让用户选择代理公司，并输入相关参数，可实现与相应代理公司的对接。

8. Web 服务

提供了简便的开通企业网站的功能。

本功能采用 Linux 自带的软件包实现该功能，但需要提供良好的可操作界面，实现 Web 站点的建立维护功能，并可以对站点的其他参数进行设置。

另外，提供多行业的门户网站模板供用户选择使用，用户只需要加入部分自己的信息即可产生本公司的网站。

本功能采用 Linux 自带的 Apache 和 Tomcat 软件包。

9. 宽带上网网关

支持多种宽带上网接入方式，包括 LAN、xDSL、cable 等多种接入方式，管理员只需要进行简单的设置就可以完成多功能服务器的上网配置，而企业内的员工也可以利用多功能服务器提供的共享上网功能接入 Internet。

该功能需要在前端统一管理界面内完成。

10. 提供可选的增值服务功能

提供可选的增值服务功能，如购物车、相册、手机短信、VOIP 网络电话等。

11. 其他功能

- 以稳定的 RedHat Linux 版本为基础，各功能模块源码下载最新稳定的版本作为工作的基础，不要 Snapshot 版本。
- 本服务器建立独立 E-mail server 支持内网和外网应用。
- 支持在线升级功能。
- 主要工作包括开发（配置界面和备份/恢复程序）、熟悉、剪裁、定制、测试（只测每个服务功能块的顶层功能和接口，以及 Bug-fix 点和修改点）、配置和集成。
- DNS 动态域名服务：联系三家域名解析服务单位，提供相应的接口，完成集成工作。
- 加入 telnet 服务，配置界面中相应加入 telnet 参数配置项。
- 备份支持和备份策略：需要备份用户配置文件、数据文件；支持用户自己定义备份方案（如手工备份，自动定时备份等）；支持本地备份和网络备份。
- 用户权限方案设计：允许 Linux 系统用户登录；根据 Linux 用户权限，自动分配系统功能模块的使用权限。
- 安装问题：编写 Linux Shell 语言安装程序，先装 Linux 基本版本，主要包含内核＋

TCP/IP＋文件系统＋数据库等，再安装各服务功能块（tar 方式直接展开）。

- 配置界面尽量简单，许多配置选项给出缺省参数，加“启用”和“缺省”按钮，实现稳定运行的目标。
- 基于 GPL 开源软件的主要功能实现是可信的、可用的这样一个假设前提，若有大的 Bug 问题或难以解决的缺陷问题，可能还需要投入较大精力予以开发和解决。

10.4 软硬件平台及技术要求

1. 软件平台

- 系统前端管理界面采用 Java 开发语言，在其他一些软件功能的改造时可以用 C 语言，配置和启用采用 Linux Shell 语言。
- 系统建议前端管理界面采用 struts 架构，或更为合理的通用技术架构。
- 系统采用 RedHat Linux 9 以上版本作为操作系统软件。
- 系统采用 MySQL 4.0.7 以上版本作为数据库软件。
- 系统采用 Tomcat 4.0 以上版本为 Web 应用服务器软件。
- 系统采用 Apache 2.0 以上版本作为 Web 服务器软件。

2. 硬件平台

系统运行环境最低硬件配置要求如表 10-1 所示。

表 10-1 系统运行环境最低硬件配置

编号	规　　格	基本配置	最大配置
1	CPU：PⅢ 1.0GHz	1	1
2	DDR DRAM 内存 266MHz	256MB	512MB
3	HDD 硬盘	40GB	120GB
4	网卡：10～100MB	1	2
5	光驱：40X	1	1

3. 其他技术要求

- 系统网络需要支持双网卡工作。
- 系统需要支持 WLAN 服务。
- 系统采用 B/S 模式。
- 为配合 IM、OA 等应用产品，系统 Web 服务器采用 Tomcat 软件。
- 系统预留 VoIP 等接口，该部分的设计应确保系统整体的运行正常稳定。

CHAPTER 11

第11章

无线通信产品案例

11.1 基于短信的移动搜索平台简介

随着互联网对人们工作、生活的日益渗透，互联网的信息也飞速膨胀，催生了互联网搜索业务的诞生以及搜索引擎技术的发展。移动搜索业务作为传统互联网搜索技术（主要是基于PC的搜索）的延伸，依托移动网络无处不在的特性，发挥出传统互联网搜索所不具备的优势，为用户随时、随地、随身提供信息服务，使移动终端成为用户随身的大百科全书、黄页和图书馆，让用户在任何时刻、任何地点都能感受到信息时代的方便快捷和无穷乐趣。

与传统的互联网搜索相比，移动搜索只需要一台普通的移动终端就可以随时随地搜索而不受网络限制，还可以通过短信方式及时互动沟通。根据有关预测，到2009年底全球的手机用户将超过20亿，到2010年，全球手机用户将突破30亿，而全球电脑用户只有手机用户五分之一，并且这其中还有相当一部分不能上网。因此，移动搜索有着广大的潜在用户群体。

同时，简单地认为移动搜索就是用手机上网浏览搜索引擎网站的观点是片面的。真正的移动搜索应该是针对移动终端用户的需求特点所做的专门开发，除了使用移动终端上Internet浏览搜索引擎站点外，用户还可以采用SMS、WAP等无线接入方式实现信息的查询。同基于WAP浏览搜索引擎站点实现信息查询的移动搜索方式相比，基于短信的移动搜索操作更简单，费用更低廉。用户只需编辑短信，发送查询关键字到指定的移动搜索服务平台，就可以获取需要了解的信息。以Google为例，不论你在美国的哪个州，向手机上输入McDonalds并发给Google的SMS搜索引擎，十几秒后Google就会反馈当地麦当劳的电话、地址以及其他相关信息。除此之外，基于短信的移动搜索服务还可以提供天气预报、股票报价、比赛比分、航班信息、位置信息、购物等服务。

与传统互联网搜索市场竞争激烈的现状相比，移动搜索市场才刚刚起步。在国外,开展移动搜索业务的主要厂家集中在英国。2004 年 5 月,英国三家主要的移动运营商 Orange、Vodafone 以及 O2 分别推出了 AQA(即时问答)搜索服务,这种搜索服务可以提供一些问题的准确答案,每回答一个问题用户需要支付 1.76 英镑的费用,如帝国大厦有多少级台阶等。乐曲名的手机搜索服务是由英国 Shazam 娱乐公司开发的,系统在收到手机发来的声音后首先去除噪音,并在几十毫秒内从保存了上百万首乐曲的数据库中搜索出匹配的乐曲。

在国内,移动搜索业务虽然起步较晚,但发展迅速。目前,移动搜索业务主要由移动搜索服务商提供,以运营商为主体开展的移动搜索业务较少,如 2003 年 8 月中国电信推出的基于黄页数据库的黄页短信搜索服务,该业务提供地区性关键词检索和书签搜索两种方式服务。

当前,活跃在中国市场上的短信搜索服务提供商主要包括 Cgogo、悠悠村(UUCUN)、明复、宜搜、中联软通等,短信搜索主要是这些服务提供商在各地推出的本地化业务,具有一定的区域性。尽管这些短信服务平台所涵盖的服务领域和服务内容都可以扩充,但同互联网海量的、丰富的服务信息相比,目前短信搜索服务平台还不具备移动搜索查询的普遍性,如人们希望通过编辑短信获取一些基本的日常生活信息,如“成都公交信息”、“鲁迅作品”等,都是现阶段短信移动搜索无法实现的功能。因此,设计和开发一个通用的基于短信的移动搜索平台是当前移动搜索领域的一个重要研究课题。

11.2 系统需求分析

移动搜索(mobile searching)是基于移动网络的搜索技术总称,用户借助移动终端(如手机、PDA 等)采用 SMS、WAP、IVR 等接入方式,将欲查询信息的关键字发送到指定的服务器,服务器自动进行相关存储信息的查询、匹配和排序,然后将查询结果及时地返回移动终端。

与传统的互联网搜索相比,移动搜索具备自身独有的特性。

(1) 方便、灵活:同传统互联网搜索比较,移动搜索的自由度更大,不受固定终端(PC)限制,借助移动终端能够随时、随地实现信息搜索、查询。

(2) 精确搜索:考虑到移动终端屏幕小、存储和处理能力有限、网络接入速度慢等特点,移动搜索更注重查询结果的简约化和查询实效性,具备更强的自然语言分析对答能力,并提供更为精准的垂直搜索结果,如基于短信的问答改变为交互方式的查询,更加简单直观。

(3) 个性化:移动搜索可以结合移动用户的搜索记录、搜索习惯等个人偏好进行分析筛选,提供符合用户个人需求的搜索功能。通过与定位服务的结合,移动搜索服务商可以提供更有针对性的产品,如当用户需要了解就餐资讯时,移动搜索技术可以根据他们所处的位置来反馈就近的餐馆而不是简单的罗列信息和海选。

按照搜索内容,移动搜索业务可分为:

(1) 综合搜索:用户通过输入关键词,进入 WAP 或接入 Web 网络,对 WAP 或 Web 网络上的站点内容进行搜索。搜索引擎根据一定规则,将链接结果和内容结果反馈给用户终端。

(2) 垂直搜索：分类型进行内容搜索，如媒体类型，包括音频、视频、图片等；领域内容，包括科技、体育、娱乐等。用户通过多种无线接入方式(包含短信、WAP 等)提出搜索请求，搜索特定类型的内容或服务，这类搜索信息精简、目标性强、适应移动技术特点。

按照接入方式，移动搜索业务可分为两类。

(1) WAP 方式搜索：通过 WAP 浏览器输入关键字，提供 WAP 以及 Web 站点内容的搜索。

(2) 短信方式搜索：在短消息中输入关键字或自然语句，发送到移动搜索服务器，搜索到用户需要的信息。短信搜索又分为普通短信搜索和 OTA 短信搜索，由于对终端适配性较好，应用广泛。

按照应用内容，移动搜索业务可分为公众搜索和行业应用搜索。

(1) 公众搜索：包括新闻搜索、音乐搜索、游戏搜索、图片搜索、天气搜索、地图搜索、彩铃/炫铃搜索、黄页搜索、购物搜索、网站搜索、招聘就业搜索等。

(2) 行业应用搜索：包括证券信息搜索、交通信息搜索、农业信息搜索、教育信息搜索等。

按照搜索范围，移动搜索业务可分为三种。

(1) 站内搜索(网内搜索)：搜索范围限定运营商业务平台上的内容。

(2) 站外搜索(网外搜索)：搜索范围限定在运营商业务平台外的内容，包括独立的 WAP 网站内容和互联网内容。

(3) 本地搜索：结合用户所属地特点进行的搜索，搜索的内容主要是实用化的本地信息，如区域黄页搜索、地图搜索和比价搜索等服务。

同基于 WAP 的移动搜索相比，基于短信的移动搜索更具竞争优势。

(1) 成本费用与查询速度上：使用 WAP 网络实现移动搜索时，成本费用由两部分组成，一是使用移动网络服务产生的服务费用；二是因使用 WAP 服务产生的通信费用。使用 WAP 上网，GPRS 按流量计费，普通文字为 0.03 元/KB，语音为 0.09 元/KB，图片为 0.6 元/KB，视频和其他服务则费用更昂贵；使用短信实现移动搜索时，成本费用主要包括月租费(根据需要进行定制)和短信(0.1 元/条)使用条数的费用。在接收相同的信息内容时，从成本上讲二者基本相同，都有价格优势。但是，基于 WAP 的移动搜索受网络的影响较大，反应速度较慢，带宽占用相对较高。因此，基于短信的移动搜索更显优势。

(2) 支持业务上：与基于 WAP 的移动搜索相同，基于短信的移动搜索不但能接收文本信息，而且能支持声音和图片的传递。伴随着 3G 时代的来临，带宽的增加，基于 WAP 的服务能处理的事情，基于短信的服务都能处理。因此，从移动搜索业务上讲，基于短信的移动搜索能够满足广大用户的查询需求。

(3) 用户群体上：短信移动搜索的操作流程比基于 WAP 的移动搜索操作流程更简单、更方便。

目前，中国的手机用户早已突破三亿，其中广大的农村市场还有待进一步开发。因此，结合移动搜索的操作流程，基于短信的移动搜索比基于 WAP 的移动搜索有着更为广大的用户消费群体。因此，对基于短信的移动搜索平台的研究有着更现实的意义和广阔的市场前景。

基于短信的移动搜索平台是一个面向 GSM 和 CDMA 无线网络的移动搜索平台，为中国的移动终端用户推出了一种崭新的电信增值服务——移动搜索业务，使用户借助移动终端随时、随地、随身实现信息的搜索、查询。目前，基于短信的移动搜索业务包含以下一些重要内容。

(1) 新闻话题搜索：包括政治、财经、体育、娱乐等。

(2) 出行查询：包括饭店、旅游景点、航班、车次表、天气等。

(3) 便民咨询：包括心理咨询、情感咨询、疾病及治疗、医院及医生查询等。

(4) 知识百科搜索：包括历史、地理、天文、文学、艺术、军事、政治、典故等。

(5) 考试成绩查询：包括高考成绩查询、英语等级考试查询、研究生考试查询、医师考试查询以及其他行业考试成绩查询等。

(6) 单位信息查询：包括各企业或服务场所或政府机构的地址、电话等。

(7) 手机 114 查询：包括传统的电话查询 114 所有功能。

(8) 面向特定行业的应用：根据行业特征制定相应的查询目录，更快、更准的提供信息查询，如针对成都风情的搜索，包括小吃、旅游景点、航班等。

(9) 用户感兴趣的其他搜索问题：包括其他任何不违反国家法律和涉及个人隐私的问题。

11.3 系统结构

基于短信的移动搜索业务的结构模型如图 11-1 所示。移动终端通过 SMS 无线网络接入方式连接到移动搜索引擎服务器，借助搜索引擎服务器实现查询关键字在数据库中的匹配、查询，并且将检索结果及时地返回移动终端。同时，平台的搜索引擎连接着各 CP (Content Provider 内容提供商)的服务器，负责检索各 CP 提供的专项服务信息以及互联网海量的服务信息。

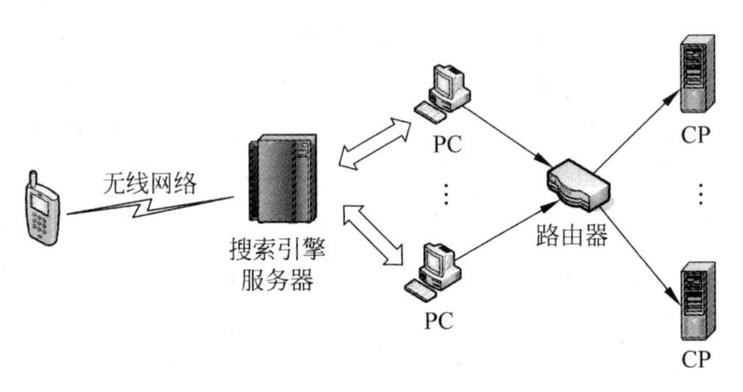

图 11-1 基于短信的移动搜索业务结构

结合平台需求分析，基于短信的移动搜索平台体系结构(虚线部分)如图 11-2 所示。灵活的三层架构设计，使得该平台能适应多种搜索引擎接口，保证了信息检索的广度和信息查询的准确性。主要包含以下三个模块。

(1) 短信接口模块：分为短信接收和短信发送两个子模块，实现平台的短信收发功能，该模块实现了短信移动搜索平台与移动终端短信接口的信息交互，接收用户发送的短信以及向移动终端发送搜索引擎返回的查询结果。

(2) 信息处理单元：该模块负责处理短信接口模块与搜索引擎模块之间的交互信息，

实现查询关键字向搜索引擎用户查询接口的写入以及接收从搜索引擎返回的查询结果。信息处理单元包含接收关键字、调用CGI查询、处理返回结果三个子模块，其中，接收关键字模块具有提取查询关键字和转发查询关键字功能，调用CGI查询模块实现了信息查询关键字向搜索引擎用户查询接口的写入以及查询结果的接收，处理返回结果模块接收从搜索引擎返回的查询结果，并且对查询结果进行再处理，具有接收查询结果、搜索结果的格式转换（包括二次排序、内容过滤、信息分割、格式转换等）、搜索结果的转发等功能。

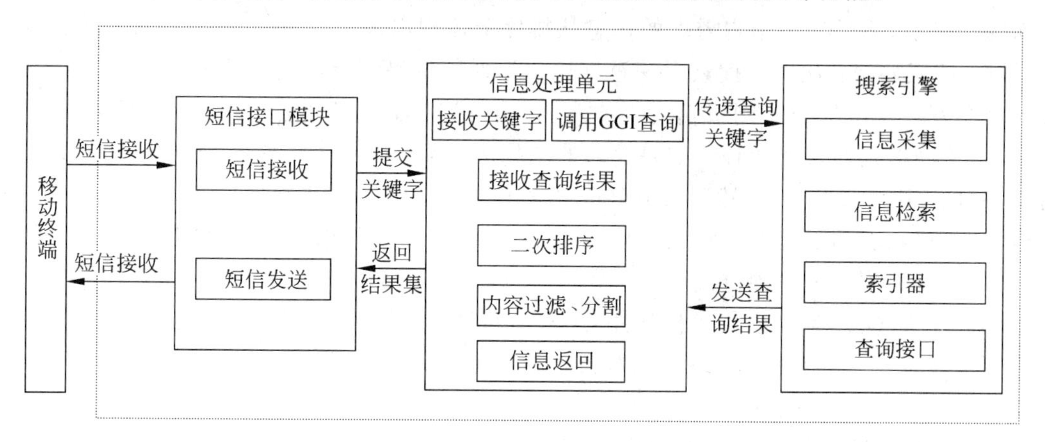

图 11-2　基于短信的移动搜索平台系统结构

(3) 搜索引擎模块：该模块负责检索各CP提供的基于短信的专项服务信息以及互联网海量的、丰富的内容信息，为平台提供信息服务，使其成为一个通用的移动搜索服务平台。

在短信接口模块中，移动终端采用二进制格式存储短信，以PDU串方式发送信息，中文字符采用Unicode UTF-8编码。服务器采用Java语言的串口处理机制，通过RS232接口，借助GSM Modem与MOXA串口采集器实现服务器与移动终端短信接口的信息交互。根据GSM短信编码规范，PDU是一串ASCII码，由0～9，A～F这些数字和字母组成，是8位字节的十六进制数，或者BCD码十进制数。PDU串不仅包含可显示的消息本身，还包含很多其他信息，如SMS(短信服务中心)号码、目标号码、回复号码、编码方式和服务时间等。发送和接收的PDU串，结构不完全相同。

信息处理单元包含以下子模块（如图11-3所示）。

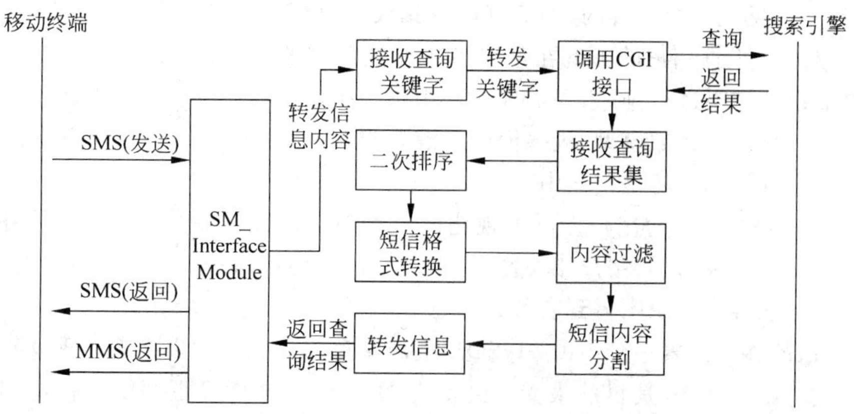

图 11-3　信息处理单元结构

(1) 提取查询关键字：提取短信接口模块接收到的查询关键字，即移动终端发送的短信内容。

(2) 转发查询关键字：将获取的查询关键字转发给搜索引擎模块的用户查询接口。

(3) 调用 CGI 接口：调用 Search. cgi 程序，实现查询关键字向平台搜索引擎用户查询接口的写入，以及接收搜索引擎返回的查询结果。

(4) 二次排序：对搜索引擎第一次查询返回的结果集，从内部相似度与外部热度两个方面综合分析，将最满足用户需求的信息从排序上体现出来，提高移动搜索的准确度。

(5) 格式转换：从平台搜索引擎查询接口返回的结果集，包括各 CP 提供的信息服务以及从互联网上获取的普通网页信息。由于各 CP 提供的服务信息针对性强，答案简单、精确，满足移动搜索的特征，因此，如果返回的结果集中只包含各 CP 提供的服务信息，则只需对结果进行字符编码转换，然后将其转发给短信接口模块；如果返回的查询结果中包含了普通的网页信息，则首先需要重置网页，将其转换成短信规范格式，然后再进行字符编码转换，最后将其返回给短信接口模块。

(6) 短信过滤：对搜索引擎模块用户查询接口返回的查询结果进行内容过滤。

(7) 短信分割：针对移动终端屏幕较小的特征，结合网络服务商指定的短信格式，对查询结果的内容进行分割。

(8) 消息转发：将处理后的查询结果返回给短信接口模块，通过短信接口模块的短信发送子模块发送给移动终端。

为了高效地检索互联网以及各 CP 提供的服务信息，短信移动搜索平台采用开源的 Dpsearch 搜索引擎作为后台搜索引擎服务器，并对其重新配置，将一些主流信息网站设置成 Dpsearch 的底层元搜索服务器，保证了信息检索的全面性。

重新配置后的 Dpsearch 搜索引擎主要由包含以下四个模块。

(1) 网页抓取：网页的抓取量，是衡量一个搜索引擎好坏的重要标志，这一阶段抓取的网页量对于后续阶段的索引和查询有着重要的影响。决定网页抓取量大小的工具是网页抓取器，又称为网络爬虫(spider)。

(2) 索引器(indexer)：对网页抓取器所收集的信息进行分析处理，从中抽取索引项，用于表示文档以及生成文档库的索引表。索引项包含元数据索引项和内容索引项两种。元数据索引项与文档的语意内容无关，如作者名、URL、更新时间、编码、长度、链接流行度等；内容索引项是用来反映文档内容的，如关键词及其权重、短语、单字等。

(3) 检索器：根据用户的查询在索引库中快速检出文档，进行文档与查询的相关度评价，对将要输出的结果进行排序，并实现某种用户相关性反馈机制。检索器常用的信息检索模型有集合理论模型、代数模型、概率模型和混合模型等多种，可以查询到文本信息中的任意字词，无论出现在标题还是正文中。

(4) 用户查询接口：为用户提供可视化的查询输入和结果输出界面，方便用户输入查询条件、显示查询结果、提供用户相关性反馈机制等，主要目的是方便用户使用搜索引擎，高效率、多方式地从搜索引擎中得到有效的信息。

基于短信的移动搜索平台借助 MySQL 数据库存储从互联网以及各 CP 服务器上检索到的信息。由于 MySQL 是目前最受欢迎的开源 SQL 数据库管理系统，由 MySQL AB 开发、发布和支持，同时，MySQL 又是一个快速的、多线程、多用户和健壮的 SQL 数据库服务器，因此，采用 MySQL 数据库作为后台数据库服务器有利于维护平台的稳定性和健壮性。

针对搜索引擎检索和存储信息的特征，同时考虑到二次排序算法的实现策略，短信移动搜索平台的 Search 数据库主要由 5 张数据表组成，分别是服务器信息表、服务器策略表、链接表、URL 信息表和 URL 表。

11.4 系统实现

基于短信的移动搜索平台搭建在 Linux 操作系统上，整个平台的搭建工作分为三个部分。

(1) 安装搜索引擎：主要包含数据库 MySQL 的安装、Apache 服务器的定制以及 Dpsearch 搜索引擎的安装与配置，运行该搜索引擎，将搜索结果保存到 MySQL 的 SEARCH 数据库中。

(2) 安装中间软件模块：安装 Java 语言编写的短信接收/发送模块和 C 语言编写的 CGI 接口模块，实现搜索引擎与移动终端的信息交换。从 Search 数据库中提取用户查询结果，转发给 CGI 接口，经过短信分割与封装后，发送到用户移动终端。

(3) 配置 GSM Modem：打开服务通信端口，同时初始化该端口，准备接收/发送数据。

针对移动终端的特殊性，如无线连接带宽有限(短信发送与接收)、显示屏幕小、处理和存储能力弱等，如何快速、准确地从海量信息中获取查询内容，满足移动终端用户的需要是当前移动搜索领域面临的一个主要难题。在这种背景下，实现一种基于内部相似度和外部热度的二次排序 ISEH 算法，将从后台搜索引擎返回的查询结果进行二次处理与排序，提高搜索的精确度，减少带宽的占用，满足移动终端搜索的需求是平台的一项关键技术。

ISEH 算法主要内容包括以下内容。

(1) 基于 Web 半结构化特征属性的内部相似度计算。

算法思想：借助 Web 文档丰富的结构体信息，对出现在这些结构体(如<title>…</title>、<head>…</head>等)中的索引项赋予一定的结构体特征属性权值，加强该索引项的权值，通过权值反映出该索引项对文档的贡献。

实现策略一：借助数据库中记录的索引项结构体信息，在利用余弦距离公式计算内部相似度时，将索引项的结构体特征属性权值加入，得出内部相似度值(Internal_Weight)。

实现策略二：利用 Web 文档半结构化特征属性，对出现在这些半结构体中的索引项进行权值累加。

实现步骤包括：

① 定义结构体特征属性权值。

② 基于查询关键字按照不同的结构体特征属性在数据库中检索，对检索到的文档赋予一定的结构体特征属性权值，并记录该文档的位置。

③ 对所有被检索到的文档进行基于结构体特征属性的权值累加，得出最终的内部相似度值。

与方法一相比，方法二操作简单、实现难度小，且得出的权值理论上与方法一计算出的权值相同。因此，我们主要采用方法二对内部相似度权值进行计算。

实现过程：

① 定义索引项的半结构化特征属性权值，其权值分配如表 11-1 所示。

表 11-1 半结构化特征属性的索引项权值分配

ID	半结构化特征属性	权值
1	<title>. </title>，<head>. </head>	4.0
2	<a herf>..</herf>	3.0
3	<meta>	2.0
4	其他	1.0

② 多次检索，得出查询结果集合。

对用户提交的查询关键字按照结构体特征属性进行检索，对每次检索得出的结果集赋予一定的权值，并标记其位置，如首先基于查询关键字在数据库中查找索引项(查询关键字)出现在<title>. </title>之间的结果集合，对找到的结果都赋予结构体特征属性权值4.0，同时标记其位置；然后，查找索引项出现在<head>. </head>之间的结果集合，按照相同的方法对找到的结果赋予相对应的权值，并标记其位置。依此类推，按照 Web 半结构化特征属性，检索出基于查询关键字的所有查询结果。

③ 权值累加，得出最终的相似度值。

按照不同的结构体特征属性将检索到的文档集合起来，对其进行权值累加，如查询关键字同时在该文档的<title>与<head>中出现，那么累加后该文档的权值为 8.0；如果仅仅出现在<meta>，则该查询关键字的权值为 2.0。权值越大，说明内部相似度越高。

最后，将文档的权值除以 10，赋值给内部相似度值，得出查询关键字与该文档基于 Web 半结构特征属性的相似度值。

(2) 网页外部热度值。

网页外部热度值是衡量网页在其主题领域的重要程度。由于与 PageRank 算法思想基本相同，通常采用链接分析法进行评估。因此，本文直接运用 PageRank 算法计算网页的外部热度值(Poprank_Weight)。

(3) ISEH 算法实现。

基于文档的内部相似度值和外部热度值，得出文档的最终排序值(Weight)：

$$\text{Weight}=K_1\times\text{Internal\_Weight}+K_2\times\text{Poprank\_Weight}$$

其中，K_1、K_2 为 Internal_weight 和 Poprank_Weight 的相关系数，$K_1+K_2=1$，是实验获得的经验值。

(4) 搜索性能分析。

评价信息搜索性能的主要指标为查全率和查准率。综合考虑查全率(recall)和查准率(precision)可以得到新的评估指标-综合评估率 F(满意度因子)，其计算公式如下：

$$F=\frac{\text{precision}\times\text{recall}\times 2}{\text{precision}+\text{recall}}$$

在实验中，可将 www. google. cn 和 www. baidu. com 设置成元搜索的底层搜索引擎，从 Internet 上获取有关成都城市公共设施建设和发展的 3541 篇文档，其中，2560 篇来自 www. google. cn，1800 篇来自 www. baidu. com，并去掉相同的文档。然后，将它们人工分为公交信息、铁路信息、航班信息、旅游景点、名小吃共5个类别，经过特征词约简后分别得到各类别的文档向量空间维数。实验采用的数据集如表11-2所示。

表11-2 实验数据集

类别 参数	公交信息	铁路信息	航班信息	旅游景点	名小吃
文档数	535	652	409	912	1033

针对3541篇文档，我们做了两次对比实验：第1次利用传统搜索引擎对数据集进行随机查询，统计查全率与查准率，然后计算出满意度因子F；第2次实验仍然采用第1次实验的查询向量，借助元搜索引擎对数据集完成第一次查询，然后在返回的结果集上使用ISEH算法进行二次排序，统计查全率与查准率，计算出返回结果的满意度因子F。在进行的20次随机实验中，结果如图11-4所示。

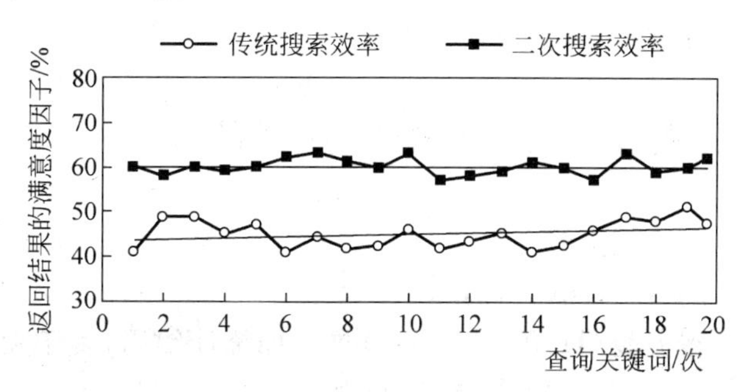

图11-4 搜索系统性能对比分析

由图11-4可见，传统搜索引擎满意度因子为46%，采用ISEH算法进行二次排序后将返回结果的满意度因子提高到63.57%，重点提高了查准率。此外，元搜索引擎20次随机查询的平均时间为0.18秒，而在此基础上平均0.079秒就能完成二次排序。因此，ISEH算法能够适应移动搜索快捷、准确的特征，是实现基于短信的移动搜索平台的关键技术。

CHAPTER 12

第 12 章

算法类案例

算法是计算机科学中的重要分支之一，是程序设计和软件开发的基础。在一个大型软件系统的开发中，设计出有效的算法将起到决定性作用。下面以常用的霍夫曼(Huffman)算法(又称霍夫曼编码)为例，介绍其原理及应用。

12.1 霍夫曼算法原理

霍夫曼于 1952 年根据香农(Shannon)在 1948 年提出的“信息熵(Entropy)”理论的基础上，设计了一种不定长编码的方法，称为霍夫曼(Huffman)编码，是一种统计编码，属于无损压缩编码。在常用的英文 ASCII 编码和中文 GB2312 编码中，每个字符的编码长度都是相同的。而霍夫曼编码的码长则是变化的，对于出现频率高的“符号”，编码的长度较短；而对于出现频率低的“符号”，编码长度较长。因此，处理全部信息的总码长一定小于实际信息的符号长度。

霍夫曼编码是霍夫曼树的一个应用，在数据结构的有关教科书中，一般都会介绍霍夫曼树和霍夫曼编码，换言之，霍夫曼编码的核心是构造霍夫曼树。霍夫曼树又称最优二叉树，是一种带权路径长度最短的二叉树。所谓树的带权路径长度，就是树中所有的叶结点的权值乘上其到根结点的路径长度(若根结点为 0 层，叶结点到根结点的路径长度为叶结点的层数)。树的带权路径长度记为 $\mathrm{WPL}=(W_1\times L_1+W_2\times L_2+W_3\times L_3+\cdots+W_n\times L_n)$，$N$ 个权值 $W_i(i=1,2,\cdots,n)$ 构成一棵有 N 个叶结点的二叉树，相应的叶结点的路径长度为 $L_i(i=1,2,\cdots,n)$，可以证明霍夫曼树的 WPL 是最小的。

Huffman 算法可分为静态 Huffman 算法、动态(自适应)Huffman 算法和范式 Huffman(Canonical Huffman)算法，其中工程实际中运用最广泛的是范式 Huffman 算法。同时，Huffman 算法既可以用软件实现，也可以用硬件实现。

12.2 算法步骤

如图 12-1 所示，霍夫曼算法主要步骤包括：

(1) 将 0/1 输入数据流的符号按照出现概率递减的顺序排列。

(2) 将两个最小出现概率进行合并相加，得到的结果作为新符号的出现概率。

(3) 重复进行步骤(1)和步骤(2)直到概率相加的结果等于 1 为止。

(4) 在合并运算时，概率大的符号用编码 1 表示，概率小的符号用编码 0 表示。

(5) 记录下概率为 1 处到当前信源符号之间的 0/1 序列，从而得到每个符号的编码。

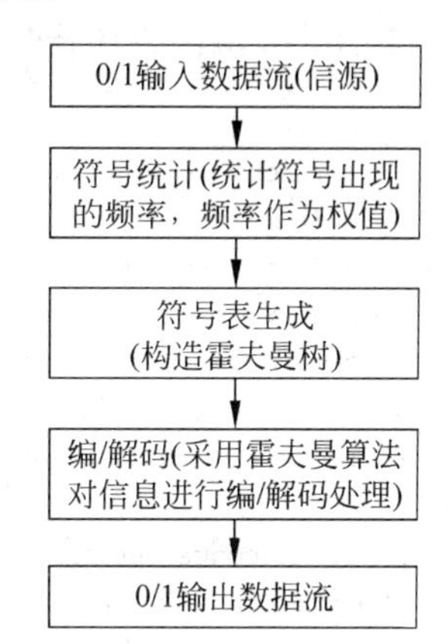

图 12-1 霍夫曼算法主要步骤

例：设将信源符号按出现概率大小顺序排列为 $U=\{a1, a2, a3, a4, a5, a6, a7\}$，对应的概率分别为 $p=\{0.20, 0.19, 0.18, 0.17, 0.15, 0.10, 0.01\}$。

Step 1：将 U 中概率最小的两个符号 a6 与 a7 分别指定为 1 与 0，然后将它们的概率相加再与原来的 a1～a5 组合并重新排序成新的信源为：$U'=\{a1, a2, a3, a4, a5, a6'\}$，对应的概率分别为 $p=\{0.20, 0.19, 0.18, 0.17, 0.15, 0.11\}$。

Step 2：将 U'中概率最小的两个符号 a5 与 a6′分别指定 1 与 0 后，再进行概率相加并重新按概率排序，然后将它们再与原来的 a1～a4 组合，并重新排序成新的信源为：$U''=\{a5', a1, a2, a3, a4\}$，对应的概率分别为 $p=\{0.26, 0.20, 0.19, 0.18, 0.17\}$。

Step 3：直到最后得 $U''=\{a3'', a1'\}$，对应的概率分别为 $p=\{0.61, 0.39\}$。

霍夫曼编码的具体方法：每次相加时都将 0 和 1 赋予相加的两个概率，读出时由该符号开始一直走到最后的 1，将路线上所遇到的 0 和 1 按最低位到最高位的顺序排好，就是该符号的霍夫曼编码，如 a7 从左至右，由 U 至 U''，其码字为 0000，a6 将所遇到的 0 和 1 按最低位到最高位的顺序排好，其码字为 0001(该算法过程也可以使用二叉树表示)。依此类推，用霍夫曼编码所得的平均比特率为：Σ 码长×出现概率，本例为：$0.2\times2+0.19\times2+0.18\times3+0.17\times3+0.15\times3+0.1\times4+0.01\times4=2.72$b。根据香农的“信息熵”理论，可以算出本例的信源熵为 2.61b，二者已经是很接近了。

根据符号出现的概率，构造平均长度最短的异字头码字，霍夫曼编码通常采用两次扫描的办法，第一次扫描得到统计结果，第二次扫描进行编码。霍夫曼编码具有一些明显的特点：

(1) 编出来的码都是异字头码，保证了码的唯一可译性。

(2) 由于编码长度可变。因此，译码时间较长，使得霍夫曼编码的压缩与还原相当费时。

(3) 编码长度不统一，硬件实现有难度。

(4) 对不同信源的编码效率不同，当信源的符号概率为 2 的负幂次方时，达到 100%的编码效率；若信号源符号的概率接近或相等，则编码效率最低。

(5) 由于 0 与 1 的指定是任意的，故由上述过程编出的最佳码不是唯一的，但其平均码长是一样的，故不影响编码效率与数据压缩性能。

12.3 算法实现

Huffman 编码程序代码示例如下：

```
#include <stdio.h>
/* For routines fgetc,fputc,fwrite and rewind */
#include <memory.h>
/* For routines memset,memcpy */
#include <malloc.h>
/* For routines malloc and free */
#include <stdlib.h>
/* For routines qsort et exit */

/* Error codes returned to the caller */
#define NO_ERROR      0
#define BAD_FILE_NAME 1
#define BAD_ARGUMENT  2
#define BAD_MEM_ALLOC 3

/* Useful constants */
#define FALSE 0
#define TRUE  1

/* Global variables */
FILE *source_file, *dest_file;
typedef struct s_tree {
  unsigned int byte;
/* A byte has to be coded as an unsigned integer to allow a node to have a value over 255 */
  unsigned long int weight;
  struct s_tree *left_ptr, *right_ptr;
  } t_tree, *p_tree;

#define BYTE_OF_TREE(ptr_tree)   ((*(ptr_tree)).byte)
#define WEIGHT_OF_TREE(ptr_tree)   ((*(ptr_tree)).weight)
#define LEFTPTR_OF_TREE(ptr_tree)   ((*(ptr_tree)).left_ptr)
#define RIGHTPTR_OF_TREE(ptr_tree)   (*(ptr_tree)).right_ptr)
typedef struct {
  unsigned char bits[32];
  unsigned int bits_nb;
  } t_bin_val;

#define BITS_BIN_VAL(bin_val)   ((bin_val).bits)
#define BITS_NB_BIN_VAL(bin_val)   ((bin_val).bits_nb)
/* Being that fgetc = EOF only after any access then 'stored_byte_status' is 'TRUE' if a byte has
been stored with 'fgetc' or 'FALSE' if there's no valid byte not already read and not handled in
'stored_byte_val' */
```

```
int stored_byte_status = FALSE;
int stored_byte_val;

/ * Pseudo procedures * /
#define beginning_of_data()  { (void)rewind(source_file); stored_byte_status = FALSE; }
#define end_of_data()  (stored_byte_status?FALSE:!(stored_byte_status = ((stored_byte_val =
  fgetc(source_file))!= EOF)))
#define read_byte()  (stored_byte_status?stored_byte_status = FALSE,(unsigned char)stored_
  byte_val:(unsigned char)fgetc(source_file))
#define write_byte(byte)  ((void)fputc((byte),dest_file))
  unsigned char byte_nb_to_write = 0,
                val_to_write = 0;


void write_bin_val(t_bin_val bin_val)
/ * Returned parameters: None
    Action: Writes in the output stream the value binary - coded into 'bin_val'
    Errors: An input/output error could disturb the running of the program
* /
{ unsigned char bit_indice,bin_pos;
  char pos_byte;
  for (bin_pos = (BITS_NB_BIN_VAL(bin_val) - 1) & 7,pos_byte = (BITS_NB_BIN_VAL(bin_val) - 1) >> 3,
bit_indice = 1;bit_indice <= BITS_NB_BIN_VAL(bin_val);bit_indice++)
      {  / * Watch for the current bit to write * /
        val_to_write  =  (val_to_write << 1)|((BITS_BIN_VAL(bin_val)[pos_byte] >> bin_pos) & 1);
  / * Move to the next bit to write * /
        if (!bin_pos)
            { pos_byte--;
              bin_pos = 7;
            }
        else bin_pos--;
        if (byte_nb_to_write == 7)
/ * Are already 8 bits written? * /
            { write_byte(val_to_write);
              byte_nb_to_write = 0;
              val_to_write = 0;
            }
        else  / * No, then the next writting will be in the next bit * /
              byte_nb_to_write++;

      }
}

void fill_encoding()
/ * Returned parameters: None
    Action: Fills the last byte to write in the output stream with zero values
    Errors: An input/output error could disturb the running of the program
* /
{ if (byte_nb_to_write)
      write_byte(val_to_write << (8 - byte_nb_to_write));
}
```

```
void write_header(t_bin_val codes_table[257])
/* Returned parameters: None
   Action: Writes the header in the stream of codes
   Errors: An input/output error could disturb the running of the program
*/
{ register unsigned int i,j;
  t_bin_val bin_val_to_0,
            bin_val_to_1,
            bin_val;          /* Is used to send in binary mode via write_bin_val */
  *BITS_BIN_VAL(bin_val_to_0) = 0;
  BITS_NB_BIN_VAL(bin_val_to_0) = 1;
  *BITS_BIN_VAL(bin_val_to_1) = 1;
  BITS_NB_BIN_VAL(bin_val_to_1) = 1;
  for (i = 0, j = 0; j <= 255; j++)
      if BITS_NB_BIN_VAL(codes_table[j])
         i++;
  /* From there, i contains the number of bytes of the several non null occurrences to encode */
  /* First part of the header: Specifies the bytes that appear in the source of encoding */
  if (i<32)
    {   /* Encoding of the appeared bytes with a block of bytes */
      write_bin_val(bin_val_to_0);
      BITS_NB_BIN_VAL(bin_val) = 5;
      *BITS_BIN_VAL(bin_val) = (unsigned char)(i - 1);
      write_bin_val(bin_val);
      BITS_NB_BIN_VAL(bin_val) = 8;
      for (j = 0; j <= 255; j++)
          if BITS_NB_BIN_VAL(codes_table[j])
             { *BITS_BIN_VAL(bin_val) = (unsigned char)j;
               write_bin_val(bin_val);
             }
    }
  else { /* Encoding of the appeared bytes with a block of bits */
         write_bin_val(bin_val_to_1);
         for (j = 0; j <= 255; j++)
             if BITS_NB_BIN_VAL(codes_table[j])
                write_bin_val(bin_val_to_1);
             else write_bin_val(bin_val_to_0);
    };
  /* Second part of the header: Specifies the encoding of the bytes (fictive or not) that appear
in the source of encoding */
  for (i = 0; i <= 256; i++)
      if (j = BITS_NB_BIN_VAL(codes_table[i]))
         { if (j<33)
              { write_bin_val(bin_val_to_0);
                BITS_NB_BIN_VAL(bin_val) = 5;
              }
           else { write_bin_val(bin_val_to_1);
                  BITS_NB_BIN_VAL(bin_val) = 8;
                }
           *BITS_BIN_VAL(bin_val) = (unsigned char)(j - 1);
```

```
            write_bin_val(bin_val);
            write_bin_val(codes_table[i]);
          }
}

void suppress_tree(p_tree tree)
/* Returned parameters: None
    Action: Suppresses the allocated memory for the 'tree'
    Errors: None if the tree has been build with dynamical allocations!
*/
{ if (tree!= NULL)
     { suppress_tree(LEFTPTR_OF_TREE(tree));
       suppress_tree(RIGHTPTR_OF_TREE(tree));
       free(tree);
     }
}

int weight_tree_comp(p_tree *tree1,p_tree *tree2)
/* Returned parameters: Returns a comparison status
    Action: Returns a negative, zero or positive integer depending on the weight of 'tree2' is
less than, equal to, or greater than the weight of 'tree1'
    Errors: None
*/
{ return (WEIGHT_OF_TREE(*tree2) ^ WEIGHT_OF_TREE(*tree1))?((WEIGHT_OF_TREE(*tree2)<
WEIGHT_OF_TREE(*tree1))?-1:1):0;
}

p_tree build_tree_encoding()
/* Returned parameters: Returns a tree of encoding
    Action: Generates an Huffman encoding tree based on the data from the stream to compress
    Errors: If no memory is available for the allocations then a 'BAD_MEM_ALLOC' exception
is raised
*/
{ register unsigned int i;
  p_tree occurrences_table[257],
          ptr_fictive_tree;
/* Sets up the occurrences number of all bytes to 0 */
  for (i=0;i<=256;i++)
       { if ((occurrences_table[i]=(p_tree)malloc(sizeof(t_tree)))==NULL)
            { for (;i;i--)
                  free(occurrences_table[i-1]);
              exit(BAD_MEM_ALLOC);
            }
         BYTE_OF_TREE(occurrences_table[i])=i;
         WEIGHT_OF_TREE(occurrences_table[i])=0;
         LEFTPTR_OF_TREE(occurrences_table[i])=NULL;
         RIGHTPTR_OF_TREE(occurrences_table[i])=NULL;
       }
/* Valids the occurrences of 'occurrences_table' with regard to the data to compressr */
  if (!end_of_data())
     { while (!end_of_data())
```

```
            { i = read_byte();
              WEIGHT_OF_TREE(occurrences_table[i])++;
            }
        WEIGHT_OF_TREE(occurrences_table[256]) = 1;
/ * Sorts the occurrences table depending on the weight of each character * /
(void)qsort(occurrences_table,257,sizeof(p_tree),weight_tree_comp);
        for (i = 256;(i!= 0)&&(!WEIGHT_OF_TREE(occurrences_table[i]));i--)
            free(occurrences_table[i]);
        i++;
/ * From there, 'i' gives the number of different bytes with a null occurrence in the stream to
compress * /
        while (i>0)              / * Looks up (i + 1)/2 times the occurrence table to link the
nodes in an uniq tree * /
            { if ((ptr_fictive_tree = (p_tree)malloc(sizeof(t_tree))) == NULL)
                { for (i = 0;i <= 256;i++)
suppress_tree(occurrences_table[i]);
                  exit(BAD_MEM_ALLOC);
                }
              BYTE_OF_TREE(ptr_fictive_tree) = 257;

WEIGHT_OF_TREE(ptr_fictive_tree) = WEIGHT_OF_TREE(occurrences_table[--i]);
LEFTPTR_OF_TREE(ptr_fictive_tree) = occurrences_table[i];
              if (i)
                { i--;
                  WEIGHT_OF_TREE(ptr_fictive_tree) += WEIGHT_OF_TREE(occurrences_table[i]);
                 RIGHTPTR_OF_TREE(ptr_fictive_tree) = occurrences_table[i];
                }
              else RIGHTPTR_OF_TREE(ptr_fictive_tree) = NULL;
              occurrences_table[i] = ptr_fictive_tree;
              (void)qsort((char * )occurrences_table,i + 1,sizeof(p_tree),weight_tree_comp);
              if (i)          / * Is there an other node in the occurrence tables? * /
                  i++;        / * Yes, then takes care to the fictive node * /
            }
      }
  return ( * occurrences_table);
}

void encode_codes_table(p_tree tree,t_bin_val codes_table[257],t_bin_val  * code_val)
/ * Returned parameters: The data of 'codes_table' can have been modified
     Action: Stores the encoding tree as a binary encoding table to speed up the access.
     'val_code' gives the encoding for the current node of the tree
     Errors: None
 * /
{ register unsigned int i;
  t_bin_val tmp_code_val;
  if (BYTE_OF_TREE(tree) == 257)
     { if (LEFTPTR_OF_TREE(tree)!= NULL)
/ * The sub - trees on left begin with an bit set to 1 * /
          { tmp_code_val  =  * code_val;
            for (i = 31;i>0;i--)
```

```
BITS_BIN_VAL( * code_val)[i] = (BITS_BIN_VAL( * code_val)[i] << 1)|(BITS_BIN_VAL( * code_val)
[i-1] >> 7);

* BITS_BIN_VAL( * code_val) = ( * BITS_BIN_VAL( * code_val) << 1) | 1;
              BITS_NB_BIN_VAL( * code_val)++;
encode_codes_table(LEFTPTR_OF_TREE(tree),codes_table,code_val);
               * code_val = tmp_code_val;
             };

      if (RIGHTPTR_OF_TREE(tree)!= NULL)
                              /* The sub-trees on right begin with an bit set to 0 */
         { tmp_code_val = * code_val;
           for (i=31;i>0;i--)

BITS_BIN_VAL( * code_val)[i] = (BITS_BIN_VAL( * code_val)[i] << 1)|(BITS_BIN_VAL( * code_val)
[i-1] >> 7);
               * BITS_BIN_VAL( * code_val) <<= 1;
              BITS_NB_BIN_VAL( * code_val)++;

encode_codes_table(RIGHTPTR_OF_TREE(tree),codes_table,code_val);
               * code_val = tmp_code_val;
             };
     }
  else codes_table[BYTE_OF_TREE(tree)] = * code_val;
}

void create_codes_table(p_tree tree,t_bin_val codes_table[257])
/* Returned parameters: The data in 'codes_table' will be modified
   Action: Stores the encoding tree as a binary encoding table to speed up the access by calling
encode_codes_table
   Errors: None
*/
{ register unsigned int i;
  t_bin_val code_val;
  (void)memset((char * )&code_val,0,sizeof(code_val));
  (void)memset((char * )codes_table,0,257 * sizeof( * codes_table));
  encode_codes_table(tree,codes_table,&code_val);
}

void huffmanencoding()
/* Returned parameters: None
     Action: Compresses with Huffman method all bytes read by the function 'read_byte'
     Errors: An input/output error could disturb the running of the program
*/
{ p_tree tree;
  t_bin_val encoding_table[257];
  unsigned char byte_read;
  if (!end_of_data())
/* Generates only whether there are data */
      { tree = build_tree_encoding();
/* Creation of the best adapted tree */
```

```
        create_codes_table(tree,encoding_table);
        suppress_tree(tree);
/ * Obtains the binary encoding in an array to speed up the accesses * /
        write_header(encoding_table);
/ * Writes the defintion of the encoding * /
        beginning_of_data();   / * Real compression of the data * /
        while (!end_of_data())
              { byte_read = read_byte();
                write_bin_val(encoding_table[byte_read]);
              }
        write_bin_val(encoding_table[256]);
                                       / * Code of the end of encoding * /
       fill_encoding();
                                       / * Fills the last byte before closing file, if any * /
      }
}

void help()
/ * Returned parameters: None
    Action: Displays the help of the program and then stops its running
    Errors: None
 * /
{ printf("This utility enables you to compress a file by using Huffman method\n");
  printf("as given in 'La Video et Les Imprimantes sur PC'\n");
  printf("\nUse: codhuff source target\n");
  printf("source: Name of the file to compress\n");
  printf("target: Name of the compressed file\n");
}

int main(int argc,char * argv[])
/ * Returned parameters: Returns an error code (0 = None)
    Action: Main procedure
    Errors: Detected, handled and an error code is returned, if any
 * /

{ if (argc!= 3)
      { help();
        exit(BAD_ARGUMENT);
      }
  else if ((source_file = fopen(argv[1],"rb")) == NULL)
            { help();
              exit(BAD_FILE_NAME);
            }
        else if ((dest_file = fopen(argv[2],"wb")) == NULL)
                  { help();
                    exit(BAD_FILE_NAME);
                  }
              else { huffmanencoding();
                     fclose(source_file);
                     fclose(dest_file);
                   }
```

```
    printf("Execution of codhuff completed.\n");
    return (NO_ERROR);
}
```

Huffman 解码程序代码示例如下：

```
#include <stdio.h>
/* For routines printf,fgetc and fputc */
#include <memory.h>
/* For routine memset */
#include <malloc.h>
/* For routines malloc and free */
#include <stdlib.h>
/* For routine exit */

/* Error codes returned to the caller */
#define NO_ERROR        0
#define BAD_FILE_NAME 1
#define BAD_ARGUMENT   2
#define BAD_MEM_ALLOC 3

/*   Useful constants */
#define FALSE 0
#define TRUE   1

typedef struct s_tree {
   unsigned int byte;
/* A byte has to be coded as an unsigned integer to allow a node to have a value over 255 */
   struct s_tree *left_ptr, *right_ptr;
                     } t_tree, *p_tree;
#define TREE_BYTE(ptr_tree)   ((*(ptr_tree)).byte)
#define LEFTPTR_OF_TREE(ptr_tree)   ((*(ptr_tree)).left_ptr)
#define RIGHTPTR_OF_TREE(ptr_tree)   ((*(ptr_tree)).right_ptr)

typedef struct {
   unsigned char bits[32];
   unsigned int bits_nb;
   unsigned char presence;
               } t_bin_val;
#define BITS_BIN_VAL(x)   ((x).bits)
#define NB_BITS_BIN_VAL(x)   ((x).bits_nb)
#define PRESENCE_BIN_VAL(x)   ((x).presence)

/* Global variables */
FILE *source_file, *dest_file;

/* Being that fgetc = EOF only after an access, then 'byte_stored_status' is 'TRUE' if a byte has
been stored by 'fgetc' or 'FALSE' if there's no valid byte not handled in 'val_byte_stored' */
int byte_stored_status = FALSE;
int byte_stored_val;
```

```
/* Pseudo procedures */
#define end_of_data()  (byte_stored_status?FALSE:!(byte_stored_status = ((byte_stored_val =
fgetc(source_file))!= EOF)))
#define read_byte()  (byte_stored_status?byte_stored_status = FALSE,(unsigned char)byte_
stored_val:(unsigned char)fgetc(source_file))
#define write_byte(byte)  ((void)fputc((byte),dest_file))

unsigned char byte_nb_to_read = 0;
unsigned int val_to_read = 0;

unsigned char read_code_1_bit()
/* Returned parameters: Returns an unsigned integer with the 0 - bit (on the right of the
integer) valid
   Action: Reads the next bit in the stream of data to compress
   Errors: An input/output error could disturb the running of the program
   The source must have enough bits to read
 */
{ if (byte_nb_to_read)
       { byte_nb_to_read--;
         return ((val_to_read >> byte_nb_to_read) & 1);
       }
  else { val_to_read = read_byte();
            byte_nb_to_read = 7;
            return ((val_to_read >> 7) & 1);
         }
}

unsigned int read_code_n_bits(unsigned char n)
/* Returned parameters: Returns an unsigned integer with the n - bits (on the right of the
integer) valid
  Action: Reads the next n bits in the stream of data to compress
  Errors: An input/output error could disturb the running of the program
  The source must have enough bits to read
 */
{ register unsigned char i;
  unsigned int result;
  result = 0;
  i = n;
  while (i)
         { while ((byte_nb_to_read<9)&&(!end_of_data()))
                  { val_to_read = (val_to_read << 8) + read_byte();
                    byte_nb_to_read += 8;
                  }
           if (i >= byte_nb_to_read)
              { result = (result << byte_nb_to_read) + val_to_read;
                i -= byte_nb_to_read;
                byte_nb_to_read = 0;
              }
           else { result = (result << i) + ((val_to_read >> (byte_nb_to_read - i)) & ((1 << i) - 1));
                  byte_nb_to_read -= i;
                  i = 0;
```

```
            }
        }
    return (result);
}

void read_header(t_bin_val codes_table[257])
/ * Returned parameters: The contain of 'codes_table' is modified
   Action: Rebuilds the binary encoding array by using the header
   Errors: An input/output error could disturb the running of the program
 * /
{ register unsigned int i,j;
   char num_byte;
   (void)memset((char * )codes_table,0,257 * sizeof( * codes_table));
/ * == Decoding of the first part of the header === * /
   if (read_code_1_bit())
/ * First bit = 0  => Present bytes coded on n * 8 bits
                                              = 1  => Present bytes coded on 256 bits * /
       for (i = 0;i <= 255;i++)

PRESENCE_BIN_VAL(codes_table[i]) = read_code_1_bit();
   else { i = read_code_n_bits(5) + 1;
          while (i)

{ PRESENCE_BIN_VAL(codes_table[read_code_n_bits(8)]) = 1;
                i--;
              }
       }
   PRESENCE_BIN_VAL(codes_table[256]) = 1;
/ * Presence of a fictive 256 - byte is enforced! * /
/ * == Decoding the second part of the header == * /
   for (i = 0;i <= 256;i++)
       if PRESENCE_BIN_VAL(codes_table[i])
          { if (read_code_1_bit())
                                    / * First bit = 0  => 5 bits of binary length - 1 followed by a
binary word
                                              = 1  => 8 bits of binary length - 1 followed by a
binary word * /
                j = read_code_n_bits(8) + 1;
            else j = read_code_n_bits(5) + 1;
            NB_BITS_BIN_VAL(codes_table[i]) = j;
/ * Reading of a binary word * /
            num_byte = (j - 1) >> 3;
            if (j & 7)
                {                  / * Reads the bits that takes less than one byte * /

BITS_BIN_VAL(codes_table[i])[num_byte] = (unsigned char)read_code_n_bits(j & 7);
                 j -= j & 7;
                 num_byte--;
                }
            while (j>= 8)
                 {               / * Reads the bits that takes one byte, at least * /
```

```
BITS_BIN_VAL(codes_table[i])[num_byte] = (unsigned char)read_code_n_bits(8);
                          j -= 8;
                          num_byte--;
                        }
             }
}

void suppress_tree(p_tree tree)
/* Returned parameters: None
     Action: Suppresses the allocated memory for the tree
     Errors: None if the tree has been build with dynamical allocations!
 */
{ if (tree!= NULL)
      { suppress_tree(LEFTPTR_OF_TREE(tree));
        suppress_tree(RIGHTPTR_OF_TREE(tree));
        free(tree);
      }
}

p_tree tree_encoding(t_bin_val codes_table[257])
/* Returned parameters: A binary tree is returned
   Action: Returns the decoding binary tree built from 'codes_table'
   Errors: None
 */
{ register unsigned int i;
  unsigned int j;
  p_tree ptr_tree,current_node;
  if ((ptr_tree = (p_tree)malloc(sizeof(t_tree))) == NULL)
     { exit(BAD_MEM_ALLOC);
     }
  TREE_BYTE(ptr_tree) = 257;
  LEFTPTR_OF_TREE(ptr_tree) = NULL;
  RIGHTPTR_OF_TREE(ptr_tree) = NULL;
  for (i = 0;i <= 256;i++)
     { for (current_node = ptr_tree,j = NB_BITS_BIN_VAL(codes_table[i]);j;j--)
          { if (BITS_BIN_VAL(codes_table[i])[(j - 1) >> 3] & (1 << ((j - 1) & 7)))
               if (LEFTPTR_OF_TREE(current_node) == NULL)
                  { if ((LEFTPTR_OF_TREE(current_node) = (p_tree)malloc(sizeof(t_tree))) == NULL)
                       { suppress_tree(ptr_tree);
                         exit(BAD_MEM_ALLOC);
                       }

current_node = LEFTPTR_OF_TREE(current_node);

LEFTPTR_OF_TREE(current_node) = NULL;

RIGHTPTR_OF_TREE(current_node) = NULL;
                       }
                  else current_node = LEFTPTR_OF_TREE(current_node);
             else if (RIGHTPTR_OF_TREE(current_node) == NULL)
```

```
                          { if ((RIGHTPTR_OF_TREE(current_node) = (p_tree)malloc(sizeof(t_
tree))) == NULL)
                            { suppress_tree(ptr_tree);
                              exit(BAD_MEM_ALLOC);
                            }

current_node = RIGHTPTR_OF_TREE(current_node);

LEFTPTR_OF_TREE(current_node) = NULL;

RIGHTPTR_OF_TREE(current_node) = NULL;
                    }
                 else current_node = RIGHTPTR_OF_TREE(current_node);
             if (j == 1)
                 TREE_BYTE(current_node) = i;
             else TREE_BYTE(current_node) = 257;
          }
       };
   return (ptr_tree);
}

void huffmandecoding()
/* Returned parameters: None
    Action: Decompresses with Huffman method all bytes read by the function 'read_code_1_bit'
and 'read_code_n_bits'
    Errors: An input/output error could disturb the running of the program
*/
{ t_bin_val encoding_table[257];
  p_tree ptr_tree,current_node;
  if (!end_of_data())      /* Are there data to compress? */
     { read_header(encoding_table);
       ptr_tree = tree_encoding(encoding_table);
       do { current_node = ptr_tree;
             while (TREE_BYTE(current_node) == 257)
                    if (read_code_1_bit())
                                  /* Bit = 1  => Got to left in the node of the tree
                                             = 0  => Got to right in the node of the tree */

current_node = LEFTPTR_OF_TREE(current_node);
                    else current_node = RIGHTPTR_OF_TREE(current_node);
               if (TREE_BYTE(current_node)<= 255)
                    write_byte(TREE_BYTE(current_node));
           }
       while (TREE_BYTE(current_node)!= 256);
       suppress_tree(ptr_tree);
     }
}

void aide()
/* Returned parameters: None
    Action: Displays the help of the program and then stops its running
```

```
    Errors: None
  */
{ printf("This utility enables you to decompress a file by using Huffman method\n");
  printf("as given 'La Video et Les Imprimantes sur PC'\n");
  printf("\nUse: dcodhuff source target\n");
  printf("source: Name of the file to decompress\n");
  printf("target: Name of the restored file\n");
}

int main(int argc,char * argv[])
/ * Returned parameters: Returns an error code (0 = None)
    Action: Main procedure
    Errors: Detected, handled and an error code is returned, if any
 * /
{ if (argc!= 3)
      { aide();
        exit(BAD_ARGUMENT);
      }
  else if ((source_file = fopen(argv[1],"rb")) == NULL)
            { aide();
              exit(BAD_FILE_NAME);
            }
        else if ((dest_file = fopen(argv[2],"wb")) == NULL)
                 { aide();
                   exit(BAD_FILE_NAME);
                 }
             else { huffmandecoding();
                    fclose(source_file);
                    fclose(dest_file);
                  }
  printf("Execution of dcodhuff completed.\n");
  return (NO_ERROR);
}
```

上述两个程序在 Microsoft VC6.0 环境下全部编译通过，并能正确运行，分别实现 Huffman 编码和解码功能。

12.4 算法应用

霍夫曼编码应用广泛，主要应用于各种信源的压缩/解压缩中，如 JPEG 标准和 MPEG 标准的处理过程中都使用了 Huffman 编/解码。

下面是一个采用霍夫曼编/解码对计算机文件进行压缩和解压缩的例子（如图 12-2 所示）。

计算机文件是以字节为单位组成的，每个字节的取值从 0 到 255，可将每个字节都看成字符，共 256 种字符。霍夫曼编码之所以能够对文件进行压缩，完全是由于文件能够满足哈夫曼编码的条件。首先，可将一个文件看作一个单符号信源；其次，任何一个文件都是由一个个字节构成的，每一个字节就是一个字符，而字符只有 256 种，因此，一个文件最多含有

256 种字符。这样,可以将文件中包含的每种字符看作一个信源符号。最后,必须知道每种字符在该文件中出现的概率,这是容易办得到的,因为每个文件总的字符数是容易知道的,而每种字符在文件中出现的次数也是可以统计的,因此,能够计算出每种字符在该文件中出现的概率,从而顺利构造出 Huffman 树,实现编码功能。解码过程则是与此相反的过程,读出文件中存储的符号表(即 Huffman 树),实现解码功能。

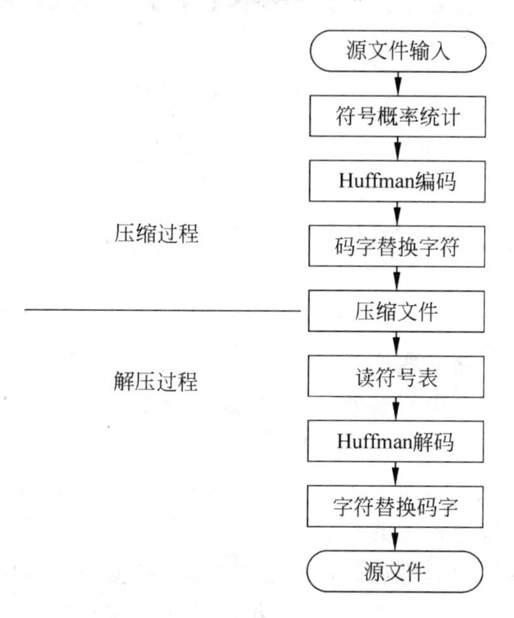

图 12-2 文件压缩/解压缩过程

CHAPTER 13

第13章

多媒体产品案例

13.1 MP3编/解码器简介

当前，由于各种信息以爆炸性的速度迅速增长，导致了信息传输和存储问题的产生。在目前存储资源和传输带宽有限的情况下，如何对信息进行有效的压缩，是一个十分重要的问题。信源和信道是信息传输中的两个重要环节，信源编码主要解决信息传输的有效性问题，通过对信源的表示、压缩、加扰、加密等一系列处理，力求用最少的数码传递最大的信息量；信道编码主要解决信息传输的可靠性问题，即尽量使处理后的信号适于传输，在传输过程中不出错或尽量少出错。

近十年来，数字音频信号在很多领域得到了广泛的应用。使用数字音频方式处理和传输信号有很多优点，包括信号传播中不易受到干扰、容易复制、易于保存等，并且可对数字信号进行特殊的处理，如混音、量化等。数字音频信号的格式一般是脉冲编码调制(Pulse Code Modulation，PCM)形式，为达到CD的音质，每秒需传送1.4MB的信息量，若以一首四分半钟的歌曲估计，需要至少45MB的空间存储，在网络传输中传输速度要求更高。因此，对于音频信号的有效压缩至关重要。

数字音频压缩有一套非常丰富的算法理论，音频压缩技术根据数据有无损失，可分为无损压缩(lossless)及有损(lossy)压缩两大类：

(1) 有损压缩是指在压缩过程中丢弃了一些次要数据，但仍能实现比较好的压缩效果，代表性的音频标准包括WMA、MP3、Ogg/Vorbis等。

(2) 无损压缩是指压缩过程中不丢弃任何数据，经压缩解压后能够得到与原始文件完全相同的解码文件，代表性的音频标准包括FLAC、APE等。

按照压缩方案的不同，又可将其划分为以下四种。

(1) 时域压缩(或波形编码)技术：直接针对音频PCM码流进行处理，通过静音检测、非线性量化、差分等手段对码流进行压缩，主要包括 G. 711、G. 722、ADPCM、LPC、CELP 等技术。

(2) 子带压缩技术：将信号分解为若干子频带内的分量之和，然后对各子带分量根据不同的分布特性，采取不同的压缩策略以降低码率。子带压缩技术目前广泛应用于数字声音节目的存储、制作与广播中，主要有 MPEG-1 的层 1、层 2 和层 3 三种技术。

(3) 变换压缩技术：对一段音频数据进行变换，对所获得的变换域参数进行量化、传输，而不是将信号分解为几个子频段，通常使用的变换包括 DFT、DCT(离散余弦变换)、MDCT(改进的离散余弦变换)等。

(4) 混合压缩技术：上述三种技术相互融合的混合压缩等。

MP3 是采用国际标准 MPEG-1 中的第三层音频压缩模式，即 MPEG-1/Audio Layer 3，对声音信号进行压缩的一种格式，中文也称为"电脑网络音乐"。MPEG-1 中的第三层音频压缩模式比第一层和第二层编码复杂得多，但音质最高，可与 CD 音质相比。MPEG-1 音频压缩标准是第一个高保真音频数据压缩标准，除 AC-3 之外，其他的音频压缩算法只适用于语言(如码激励线性预测 CELP)或只有中等的压缩质量(如自适应差分脉冲编码调 ADPCM)。MPEG-1 音频压缩标准虽然是 MPEG-1 标准的一部分，但它完全可独立应用。

为保证其普遍适用性，MPEG-1 音频压缩标准具有以下特点：

(1) 音频信号采样频率可以是 32kHz、44.1kHz 或 48kHz。

(2) 压缩后的比特流支持单声道模式、双一单声道模式、立体声模式和联合立体声模式四种模式。

(3) 压缩后的比特流具有预定的几种比特率之一。此外，MPEG-1 音频标准也支持用户使用预定的比特率之外的比特率。

(4) MPEG-1 音频标准提供三个独立的压缩层次，使用户可在复杂性和压缩质量之间权衡选择。

(5) 编码后的比特流支持循环冗余校验(Cyclic Redundancy Check，CRC)。

(6) MPEG-1 音频标准支持在比特流中载带附加信息。

有关 MP3 编码器，如图 13-1 所示，编码算法过程是，以单声道而言，MP3 的一个编码框包含 1152 个音频采样信号(一个编码框相当于 2 块，每个块包含 576 个音频采样信号)，每个采样点为 16 位。MP3 编码时，首先将原始输入的 16 比特 PCM 采样点经过滤波器组分析(filter bank analysis)，转换成 32 频宽的子频带信号(sub-band signals)，然后通过修正离散余弦转换(Modified Discrete Cosine Transform，MDCT)，将每个子频带信号再细分为 18 个次频带，然后根据第二心理学模型(psychoacoustic model Ⅱ)所提供的音频信号信遮比(Signal-to-Mask，SMR)，对每一个子频带信号做位分配及量化编码，最后，将编码后的数据依照 MPEG-1 定义的位串形式输出即可。

有关 MP3 解码器流程如图 13-2 所示。其中同步及差错检查，包括帧头解码模块在主控模块开始运行后，主控模块将比特流的数据缓冲区交给同步及差错检查模块，该模块包含两个功能，即帧头信息解码及帧边信息解码，根据它们的信息进行尺度因子解码及哈夫曼解码，得出的结果经过逆量化、立体声解码、混淆缩减、IMDCT、频率反转、合成多相滤波六个模块处理之后，得到左右声道的 PCM 码流，再由主控模块将其放入输出缓冲区输出到声音播放设备。

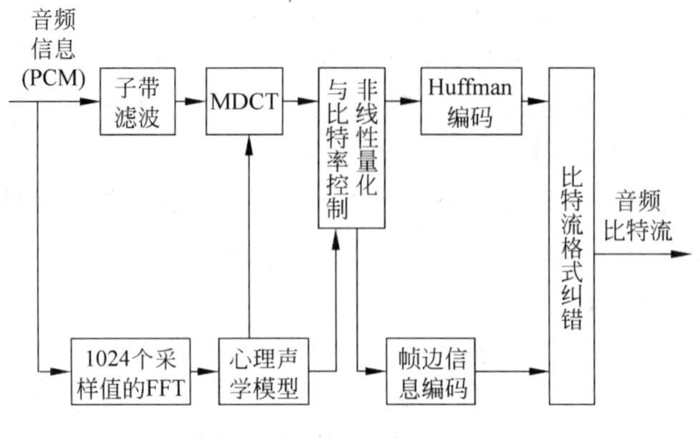

图 13-1　MP3 编码流程

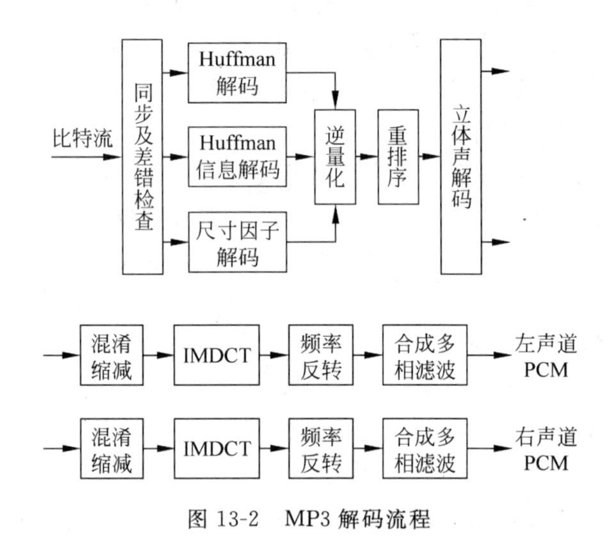

图 13-2　MP3 解码流程

13.2　系统开发平台的构建

MP3 播放器的开发，首先需要搭建一套合适的开发环境，包括硬件开发平台，如开发板、S3C2410 微处理器、主机等；软件开发平台，如 Qt 开发环境、嵌入式操作系统、交叉编译环境、调试工具等。

1. 硬件开发平台的构建

ARM(Advanced RISC Machines)处理器是一种 16/32 位的高性能、低成本、低功耗的嵌入式 RISC 微处理器，由英国 ARM 公司设计，然后授权给各半导体厂商生产，目前已经成为应用最为广泛的嵌入式处理器，大约占据了 32 位 RISC 微处理器 75%以上的市场份额。

采用 RISC 架构的 ARM 微处理器具有如下特点：

- 体积小、低功耗、低成本、高性能。
- 支持 Thumb(16 位)/ARM(32 位)双指令集，能很好地兼容 8 位/16 位器件。

- 大量使用寄存器，指令执行的速度更快。
- 大多数数据操作都在寄存器中完成。
- 寻址方式灵活简单，执行效率高。
- 指令长度固定。

ARM微处理器目前包括以下七个系列：ARM7、ARM9、ARM9E、ARM10E、SecurCore、Xscale、StrongARM，其中，ARM7、ARM9、ARM10是常用的三种通用处理器。

ARM7微处理器使用了ARM7TDMI、ARM7TDMI-S、ARM720T三种内核，将ARM体系结构完全扩展到32位，主频提升到400MHz；提供0.9MIPS/MHz三级流水线结构，代码密度高并兼容16位Thumb指令集；支持的操作系统很多，包括Windows CE、Embedded Linux、PalmOS等。ARM7TDMI是目前使用最广泛的32位嵌入式RISC处理器，TDMI的含义是：支持16位压缩指令集Thumb，支持片上Debug，内嵌硬件乘法器，嵌入式ICE，支持片上断点和调试点。

ARM9微处理器采用ARM9TDMI内核，在高性能和低功耗特性方面提供最佳的性能，具有五级整数流水线，指令执行效率更高；提供1.1MIPS/MHz的哈佛结构；支持32位ARM指令集和16位Thumb指令集；全性能的MMU，支持Windows CE、Embedded Linux、PalmOS多种主流嵌入式操作系统；支持数据Cache和指令Cache，具有更高的指令和数据处理能力。ARM9E使用单一的处理器内核，提供了微处理器DSP应用系统的解决方案，采用了类似Thumb的机制，通过很少的硬件代价，使得大多数Java虚拟机字节码可以加速运行，这对于嵌入式场合的Java应用无疑是极其有效的。

ARM10E微处理器具有高性能和低功耗的特点，采用了新的体系结构，提供了64位的读取/写入(load/store)体系，6级整数流水线使得指令执行效率更高，主要应用于下一代无线设备、数字消费品、成像设备、工业控制、通信和信息系统等领域。

ARM系列处理器的成功在于极高的性能和极低的能耗，这使得它能够与高端的MIPS和PowerPC嵌入式微处理器相抗衡。另外，根据市场需要进行功能的扩展，也是取得成功的一个重要因素。随着更多厂商的支持和加入，在可以预见的将来，ARM仍将主宰32位嵌入式微处理器市场。

综上所述，我们选择三星公司生产的ARM9微处理器S3C2410处理器，一款为手持设备设计的低功耗、高集成度的微处理器，基于ARM920T内核结构，核心频率为203MHz。

搭建的硬件平台包括一台装有FC4版Linux操作系统的宿主机(Host)，一块YFDVK-2410-Ⅱ开发目标板(Target，内含S3C2410微处理器)，一台支持100M和10M的快速Ethernet交换机、两根双绞线和一根串口线，用于连接宿主机和开发目标板。

2. 软件开发平台的构建

随着嵌入式系统的发展，提出了对嵌入式实时操作系统(RTOS)的需求，于是出现了许多商用的RTOS产品，如Vxworks、PSoS、QNX、Neculeus、Windows CE、PalmOS等，这些商用的RTOS虽然功能强大，但是价格昂贵，而且网络协议栈、开发平台等开发资源都是由相应的RTOS公司提供，这使得开发者完全受制于提供RTOS的公司。一种在网络上产生的操作系统Linux的出现打破了这一局面，其来自于一位名叫Linus Tovralds的业余爱好者，在网上大量Linux开发者热衷协助与开发下，Linux在短期内成为一个稳定、成熟的操作系统。同时，Linux的开发都是在GPL(GNU Public License)的版本控制之下，因此，

Linux 内核采取开发源代码的方式，这为众多的嵌入式开发者提供了一个很好的平台和选择。

推荐选择 Embedded Linux 作为嵌入式操作系统平台，主要理由如下：

- Embedded Linux 系统是桌面 Linux 系统的一个精简版本，具有层次结构并且内核完全开放，由很多体积小且性能高效的模块组成。在内核代码完全开放的前提下，不同领域、不同层次的用户可以根据自己的应用需要，容易实现对内核的改造，能够以较低的成本开发出满足需要的嵌入式系统。另外，随着硬件水平的飞速发展，很多传统的 RTOS 厂商无法同步跟踪硬件的最新技术，而随着智能专用系统和应用需求的增多，迫切需要一个强大的操作系统作为支持。Embedded Linux 是全世界无数的 Linux 爱好者和志愿者共同维护的，更容易跟踪最新的技术趋势。
- 强大的网络支持功能。Embedded Linux 诞生于 Internet 并具有 UNIX 的特性，因此，支持所有标准 Internet 协议，可以利用 Linux 的网络协议栈将其开发成嵌入式的 TCP/IP 协议栈。
- Embedded Linux 具有广泛的硬件支持性。无论是 RISC 还是 CISC 结构处理器，32 位还是 64 位的各种处理器，Embedded Linux 都能运行。Embedded Linux 通常使用的微处理器为 Intel x86 芯片族，同时也能运行 Motorola 公司 68K 系列 CPU 和 IBM、Motorola 公司的 PowerPC 以及 Intel 公司 StrongARM Xscale CPU 等处理器，这表明 Embedded Linux 具有广泛的应用前景。
- Linux 低硬件要求。核心 Linux 操作系统本身的微内核体系结构相当简单，网络文件系统以模块形式置于微内核的上层，驱动程序和其他部件可在运行时作为可加载模块添加到内核中，这为构造定制的嵌入系统提供了高度模块化的构件方法。一个完备的 Embedded Linux 内核要求大约 1MB 内存，可采用闪存进行存储。
- Embedded Linux 具有一整套工具，容易自行建立嵌入式系统的开发环境和交叉运行编译环境，并可以跨越许多嵌入式系统开发中需要仿真工具的障碍。一般的嵌入式开发系统程序调试和跟踪都需要使用仿真器实现，而使用 Embedded Linux 系统做开发时，可以直接使用调试器对操作系统进行内核调试。
- Embedded Linux 遵循通用的国际标准，方便程序的移植。

Qt 是一家挪威软件公司 Trolltech 的产品，该公司主要开发两种产品：一种是跨平台应用程序界面框架，另外一种是嵌入式 Linux 开发的应用程序平台，能够应用到 PDA 等各种移动设备上，Qt 和 Qtopia 分别是其中具有代表性的两个产品。Qt 是一个多平台的 C++ 图形用户界面应用程序框架，给用户提供精美的图形用户界面所需要的所有元素，而且采用一种基于面向对象的设计思想，因此，用户对其对象的扩展是相当容易的，并支持真正的构件编程。

Qt 是 Linux 桌面环境 KDE 的基础，与 Windows MFC 的实质是一样的，所以 Qt 最大的优点在于其跨平台性，可以支持现有的多种操作系统平台，主要包括 Windows 95、Windows 98、Windows NT 4.0、Windows 2000、Windows XP、UNIX、Linux、SUN Solaris、Hp-UX、Compaq True64UNIX、IBM AIX、SGI IRIX 及其他 x11 平台、Macintosh MacOS X 等。

QT/Embedded 是面向嵌入式系统的 Qt 版本，是 Qt 的嵌入式 Linux 窗口系统，是完整的自包含 C++ GUI 和基于 Linux 的嵌入式平台开发工具。QT/Embedded API 用于高端 PDA 等产品，内部对于字符集的处理采用了 Unicode 编码标准，实现了字符处理的国际化。

Qtopia 是嵌入式 Linux 的桌面系统，建立在 QT/Embedded 之上，分为开放源代码版本与收费版本，其中，开放源代码版本提供了 PDA 的桌面系统基本源代码，收费版本包括手机模块代码等增强部分。

3. 嵌入式应用软件的开发过程

嵌入式应用软件开发，主要是指 RTOS 之上的应用程序开发，开发过程一般采用嵌入式软件工程(software engineering for embedded real-time system)生命周期的瀑布模型，并可考虑快速原型方法。通常，嵌入式应用软件开发过程可分为分析、设计、实现、测试和维护五个阶段，每一个阶段都包含一系列相关的活动。

由于嵌入式系统受资源限制，不可能建立庞大、复杂的开发平台，其开发平台和目标运行平台往往相互分离。因此，嵌入式软件的开发方式一般是(如图 13-3 所示)，在主机(host)上建立开发平台，进行应用程序的分析、设计、编码，然后主机同目标机(target)建立连接，将经交叉编译(cross compiling)后的应用程序目标代码下载到目标机上进行交叉调试(cross debugging)、性能优化分析(profiling)和测试，最后将应用程序“固化(burning)”到目标机中实际运行。

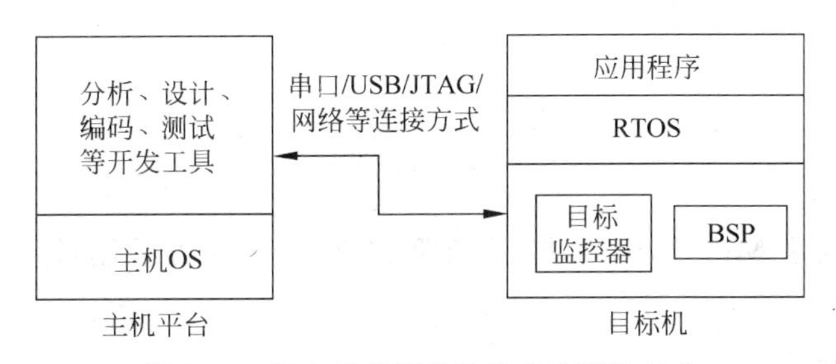

图 13-3 嵌入式应用软件的交叉开发方式

交叉编译(cross-compiling)，简单地说，在一个处理器平台上生成另一个处理器平台上的可执行代码，这里说的平台分别是指宿主机平台 host 和目标平台 target。在我们的开发中，host 是一台装有 FC4-Linux 操作系统的 PC，通过串口或网络接口与 target 通信；target 是 arm-linux 平台(arm 指平台所使用的 CPU 是 S3C2410 ARM9 处理器，linux 指运行的操作系统是 Linux)。在 Host 上开发程序，运行交叉编译器 arm-linux-gcc，编译应用程序，而由 arm-linux-gcc 生成的二进制程序将在 target 上运行。

建立交叉编译环境是进行 Qtopia 桌面系统和 MP3 播放器开发、移植的第一步，目前常用的交叉开发环境主要有开放和商业两种类型。开放的交叉开发环境的典型代表是 GNU 工具链，目前已能够支持 x86、ARM、PowerPC 等多种处理器；商业的交叉开发环境主要有 Metrowerks Code Warrior、ARM Software Development Toolkit 等。对于交叉编译和交叉调试工具，可以自己生成，也可以从网上下载。交叉编译和交叉调试工具一般由专门的机构负责维护，可以从他们的网站免费获得。

13.3 MP3 播放器设计

我们实现的 MP3 播放器采用 C++和 C 语言混合编程的形式，其中，顶层函数采用符合 Qt 特点的 C++程序，底层的 MP3 音频解码模块采用 C 语言。如图 13-4 所示，MP3 音频文件的处理过程是，首先利用一个开源的高质量的 MPEG 解码库将 MP3 数据流解码为 PCM 数据，然后利用底层的音频驱动程序 OSS 将 PCM 转化为模拟信号驱动 D/A 转换、播放 MP3 音乐。

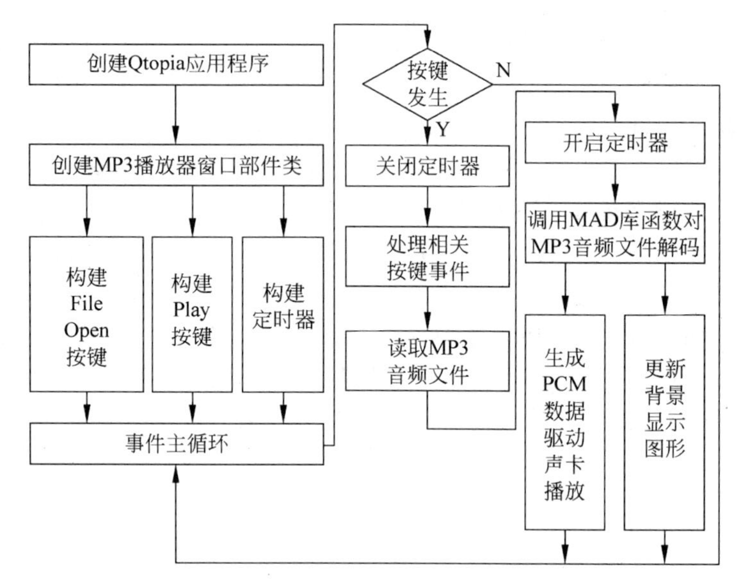

图 13-4 MP3 播放器处理流程

MP3 播放器包含 MP3 解码模块、音频驱动模块、定时器控制模块、按键事件处理模块等。

1. MP3 解码模块

MP3 解码模块的作用是调用 MP3 解码库 MAD 接口函数，将 MP3 音频文件转换为 PCM 数据。目前有许多优秀的 MP3 解码器都可以达到此目的，MAD 是其中一款高质量的 MPEG 音乐解码器，在支持 MPEG-1、MPEG-2 以及 MPEG 2.5 的所有三层声音层 layer Ⅰ、layer Ⅱ、layer Ⅲ都完全得到了实现。

MAD 具有 24 位 PCM 输出，完全是定点计算，遵循 GPL(General Public License)协议，提供了完全的 24 位 PCM 输出，使用 MAD 的应用程序可以产生更高质量音频输出，即使输出设备只支持 16 位的 PCM 数据，应用程序仍然可以通过其他方法增加可听声音的动态范围。由于 MAD 使用整数计算而不是浮点数计算，因此，适合没有浮点数单元的架构，其所有的计算都在 32 位的定点表达式下处理。目前许多媒体播放器采用 MAD 对 MP3 文件进行解码操作，如 xmms、mpg321 等。因此，我们选择了 MAD 作为 MP3 的音频解码库。

MAD 提供了有效的编程接口函数使得 MP3 的解码过程得到了简化，如 mad_stream 结构体及相关函数 mad_stream_init、mad_stream_buffer，可有效完成 MP3 buffer 的相关处理。

2. 音频驱动模块

音频驱动模块的作用是激活 D/A 芯片播放 MP3 音乐。目前，在 Linux 下常用的声卡驱动程序主要包括 OSS 和 ALSA 两种。最早出现在 Linux 上的音频编程接口是 OSS (Open Sound System)，由一套完整的内核驱动程序模块组成，可以为绝大多数声卡提供统一的编程接口。OSS出现的历史相对较长,这些内核模块中的一部分(OSS/Free)是与Linux内核源码共同免费发布的。由于得到了商业公司的鼎力支持,OSS已经成为在Linux下进行音频编程的事实标准,支持OSS的应用程序能够在绝大多数声卡上正常工作。

ALSA(Advanced Linux Sound Architecture)是一个完全开放源代码的自由项目,而OSS则是由公司提供的商业产品,因此,在对硬件的适应程度上OSS要优于ALSA,能够支持的声卡种类更多。因此,我们选用了OSS作为MP3播放器的音频驱动程序。

在Linux中,常用的音频设备文件包括/dev/asp、/dev/audio和/dev/mixer。/dev/dsp是音频采集和播放的设备文件,向该设备写数据意味着激活声卡上的D/A转换器进行放音,而向该设备读数据则意味着激活声卡上的A/D转换器进行录音;/dev/audio兼容Sun工作站上的音频设备;/dev/mixer是混音器对应的设备文件。Linux的声卡驱动程序支持将混音器的操作直接作用在音频文件上,即如果已经打开/dev/dsp设备,则无需打开/dev/mixer设备。

在Embedded Linux中,通过使用一系列系统调用实现对声卡的操作,包括open、read、write、ioctl和close等系统调用。在打开音频设备文件后,需要利用ioctl系统调用函数设定音频数据的格式和声卡的运行模式,包括采样频率、量化精度、声道数、音量、数据缓冲区大小等。然后,调用write函数进行音频的播放。在程序结束前,调用close关闭设备文件描述符。

3. 定时器控制模块

定时器控制模块的作用是控制解码帧的调用以及图形背景显示。在Qt中所有对象的基类中,都提供了一个基本的定时器接口。通过QObject::startTimer()接口,可将一个以毫秒为单位的时间间隔作为参数启动定时器,并返回一个唯一的整数定时器标识符。该定时器在每一个时间间隔"触发",直到使用该定时器的标识符调用QObject::killTimer()接口结束。

使用这种工作机制,应用程序在一个事件回路中运行,可以通过QApplication::exec()开始一个事件回路。当定时器触发时,应用程序发送一个QTimerEvent,并且控制流直到定时器事件被处理时才会离开事件回路。

定时器的精确性依赖于所使用的操作系统,Embedded Linux操作系统的定时精度可达1ms的时间间隔。因此,我们使用的定时器的定时间隔设为20ms,这样可以保证MP3播放器对音频文件的数据流进行实时的解码。定时器功能的主要应用程序接口是QTimer,使用方法如下:

```
MP3Timer::MP3Timer(QWidget * parent):QTimer(Parent),interval(20)
{
stop();
}
```

其中interval(20)是定时器的定时间隔时间。

4. 按键事件处理模块

按键事件处理模块的作用是播放器的播放暂停、音量控制等功能的实现。按键功能设计主要包括以下几个部分。

- 开始/暂停键:由于MP3播放器采用定时器控制音频流的播放,因此,通过使用定时器类的成员函数 start()和 stop()实现播放器的开始/暂停功能。

- 文件打开键：通过使用 Qt 中 QFileDialog 类的成员函数 getOpenFileName()，可以开启“文件打开”对话框并得到文件的路径参数。通过设置该函数的参数，可以有选择性地显示文件。因此，可方便地查找需要播放的 MP3 音频文件。
- 音量控制键：通过使用 Qt 中 QSlider 类实现音量控制的部件。当音量变化时，部件中的变化参量传递给自定义的 MP3Timer 类成员函数 setVolume()。其中，setVolume()函数直接调用 Linux 系统的 I/O 控制函数 ioctl()，通过设定正确的参数，可达到控制音量的目的。

13.4 MP3 播放器测试

主要包含应用软件的测试和 MP3 播放器的测试两个部分。

1. 应用软件的测试

应用软件是指完成某一种特定应用功能的软件系统，特点是按照给定的具体需求、量身定做的一个软件系统。

应用软件测试是保证软件质量的重要活动，贯穿于整个软件开发生命周期，是软件项目实施不可缺少的环节。软件测试的直接目的是发现软件中存在的缺陷(Bugs)，进而改正软件中的错误、弥补缺陷及完善功能，从而保证开发软件的质量和性能。

目前，国内软件企业对软件的质量越来越重视。然而，要想保证软件质量，在注重软件开发过程规范化的同时，也不能忽视软件测试工作对于保证软件质量的重要意义。软件测试的重要性对于可靠性要求较高的应用软件，如在航空航天、银行保险、电信通讯、操作系统乃至游戏等嵌入式软件中的重要性显得尤为突出。相关研究数据表明，国外软件开发机构40%的工作量花在软件测试上，软件测试费用占软件开发总费用的 30%～50%。对于一些高可靠、高安全的软件，测试费用可能相当于整个软件项目开发所有费用的 3～5 倍。由此可见，要成功开发出高质量的软件产品，必须重视并加强软件测试工作。

软件测试的方法和技术是多种多样的，对于软件测试技术，可以从不同的角度加以分类。从是否需要执行被测软件的角度，可分为静态测试和动态测试；从测试是否针对系统的内部结构和具体实现算法的角度来看，可分为白盒测试和黑盒测试。

由于我们所设计的 MP3 播放器系统主要完成 MP3 音频文件的播放。因此，主要采用黑盒测试方法测试 MP3 音频文件播放的音质效果。

2. MP3 播放器的测试

经过对 MP3 播放器的系统资源使用率和音质效果测试，测试结果如下：

- 在频率 203MHz 的 ARM9 微处理器上，MP3 播放器占用 CPU 约为 30%，内存占用为 3～4MB。
- 使用黑盒测试方法，经过测试证明 MP3 播放器能有效地、高质量地播放各种采样率和码率的 MP3 歌曲，同时，利用常用音质评价方法中的主观评价法，并在若干志愿用户协助下，听取了多个不同类型 MP3 歌曲。测试结果证明，MP3 播放器和现流行的 TTPlayer、Winamp、Foobar 等 MP3 播放器的音质效果毫无差异。

CHAPTER 14

第 14 章 IC设计产品案例

14.1 税控机 51 核 SoC 芯片简介

针对税控收款机的市场需求，我们设计了一种以兼容 MCS-8051 MCU 为核的 SoC 芯片（简称税控机 51 核 SoC 芯片），片内集成 Flash ROM、RAM、并口、串口、I2C、ISO 7816-3 等模块。与现有多数税控机构造方案相比，本芯片集成度更高、性能更优、功能更强、价格更低，具有明显的市场竞争优势，能够有效地提高税控机的市场竞争能力。

该芯片是一个全数字芯片，完成税控机的所有数字处理功能，主要功能包括：

(1) 通用计算和控制等处理功能。在二进制指令级兼容 MCS-51 的 8 位 MCU 核，软件接近 100%可移植，通过执行税控机软件，完成税控机各种数据计算和外设控制功能。

(2) 片内存储器。8KB Flash ROM，16KB 的 RAM。

(3) 与 MCS-51 兼容的外设接口。提供 P0/P1/P2/P3 四个接口，在功能和时序上与 MCS-51 基本兼容。

(4) 扩展串口。提供一个片内扩展的 UART 接口 S2，用于连接扫描仪/电子秤、modem 等外设。

(5) 扩展并口。提供两个片内扩展的并行接口 P4/P5，用于连接键盘、显示器、打印机、IC Reader 等外设。

(6) 扩展 I2C 接口。提供一个片内 I2C 接口，用于连接 E2PROM。

(7) 扩展 ISO 7816-3 接口。提供一个片内 ISO 7816-3 接口，用于连接 IC 卡（主要是 CPU 卡）阅读器等外设，硬件实现偶校验和出错应答功能。

(8) 扩展 16 位地址总线。提供 16 位地址总线信号，用于片外扩展存储器。

(9) 其他。RTC、WatchDog 和键盘硬件扫描功能。

税控机 51 核 SoC 芯片主要技术指标如下：

(1) Synopsys 公司的 DW8051 核。二进制指令级兼容 MCS-51，

每个指令周期包含四个时钟周期，一般工作频率60MHz(0.35 Micro条件下)，最高可达166MHz(0.18 Micro条件下)，Anchor Chips、Ascom、Timeplex、Atmel、Inari、iS3、Symbol等公司已成功地将该IP核用于自己产品的构造中。

(2) DW8051核内提供256B RAM，128B ROM。

(3) SFR地址分配完全兼容MCS-51。

(4) 8KB片内Flash ROM，16KB片内RAM。

(5) 6个并口、3个串口、1个ISO 7816-3接口，可有效满足税控机外设的连接需求。

(6) 提供一个片内I2C接口，用于连接E2PROM。

(7) 3个16位Timers/Counters。

(8) 最多可支持6个外部中断信号线。

(9) 由于税控机51核芯片的外设较多，驱动较大，极限电流达30mA(60MHz条件下)。

(10) 兼容TTL。

(11) 封装形式为QFP104。

(12) 具有较大的ESD保护电压。

(13) 工作环境温度为－40～85℃。

(14) 正常工作电压范围为3.3～5V。

(15) 省电模式为DW8051核有idle和stop两种模式，主要针对手持税控机。

(16) 适用于工业领域，具有稳定性和抗电磁干扰能力。

14.2 Synopsys DW8051 IP核的结构及信号描述

由于税控机51核SoC芯片主要基于Synopsys DesignWare DW8051 MacroCell IP核，采用IP-based的方法构造的，下面先介绍一下DW8051 IP核的结构及信号描述。

Synopsys公司一般将DW8051 IP核免费提供给购买其EDA工具的IC设计公司，作为设计相关ASIC芯片的核心，我们介绍的DW8051 IP核版本为3.5a，相应的配置工具为coreBuilder-2001.08-CB3.3.1，交付包中包括DW8051-3.5a-REL.tar.Z和coreBuilder-2001.08-CB3.3.1.tar.Z两个文件，作为8位通用处理器，主要完成通用计算和控制功能。

DW8051 IP核具有以下主要特性。

(1) 同工业标准的MCS-51芯片兼容：包括支持111条汇编指令，在二进制级与MCS-51完全兼容，以及全双工的串口，Timer和I/O口控制信号都保持兼容。

(2) 高速的体系结构：每个指令周期包含四个时钟周期，消除多余的指令周期，提供双数据指针，工作频率分别可达到60MHz(0.35 Micron条件下)、100MHz(0.25 Micron条件下)、166MHz(0.18 Micron条件下)，平均指令执行时间是标准MCS-51的2.5倍。

(3) 参数化配置核内RAM/ROM地址范围。

(4) 通过SFR总线，容易集成用户定义的外围接口。

(5) 增强的16位存储器接口。

(6) MOVX指令周期可伸缩，以存取快速/慢速的RAM外设。

(7) 全静态同步设计。

(8) 支持工业标准的软件编译器、汇编器、调试器、仿真器和ROM monitors。

(9) 支持FPGA Compiler Ⅱ。

下面分别对 DW8051 的输入输出信号、内部框图、配置参数等进行详细描述。

(1) DW8051 IP 核的输入输出信号如图 14-1 所示。

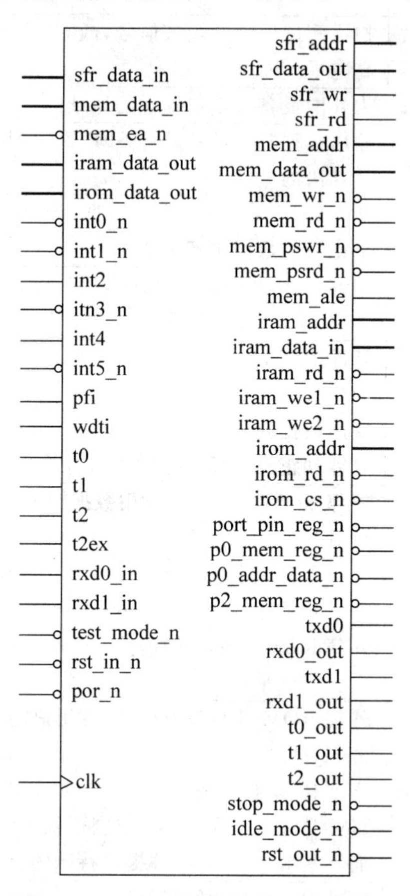

图 14-1 DW8051 IP 核输入输出信号

(2) DW8051 共有 149 个引脚信号，每个信号的详细描述如表 14-1 所示。

表 14-1 DW8051 IP 核接口信号描述表

序号	名　称	位数	类型	含　义
1	clk	1	In	系统主时钟，除了一个产生 mem_ale 输出信号的寄存器外，其他所有的内部寄存器都在时钟的正沿触发
2	por_n	1	In	上电复位，低电平有效，强制初始化至少需要保持两个时钟周期有效。此输入信号的正沿应该同 clk 信号的正沿内部同步
3	rst_in_n	1	In	标准的 8051 复位输入信号，低电平有效，同下一个总线周期结束内部保持同步。至少需要保持 8 个时钟周期有效
4	rst_out_n	1	Out	复位输出，低电平有效，是 por_n 和 rst_in_n 信号内部同步的逻辑与操作。可用于复位内部其他模块和外部相连的硬件
5	stop_mode_n	1	Out	指示 DW8051 核已经进入停止模式，低电平有效。退出停止模式的唯一方式是复位
6	idle_mode_n	1	Out	指示 DW8051 核已经进入空闲模式，低电平有效。退出空闲模式的方式是复位或一个使能的外部中断产生

续表

序号	名　称	位数	类型	含　义
7	test_mode_n	1	In	扫描测试模式的输入信号,低电平有效。在正常操作过程中,应保持高电平
8	sfr_addr	8	Out	为外围设备或端口提供的地址总线
9	sfr_data_out	8	Out	输出数据到内部和外部 SFR 寄存器,当 sfr_wr 信号有效时,数据才是合法的
10	sfr_data_in	8	In	从外部 SFR 寄存器输入数据,sfr_rd 信号有效后,在 Clk 信号的下一个正沿对数据进行采样
11	sfr_wr	1	Out	外部 SFR 寄存器/端口的写信号,高电平有效,仅保持一个时钟周期
12	sfr_rd	1	Out	外部 SFR 寄存器/端口的读信号,高电平有效,仅保持一个时钟周期
13	mem_addr	16	Out	外部 ROM 和 RAM 的地址线。从 mem_ale 信号的负沿之前半个时钟到负沿之后一个时钟内有效
14	mem_data_out	8	Out	输出数据到外部。从 mem_wr_n/mem_pswr_n 信号的正沿之前一个时钟到正沿之后一个时钟内有效
15	mem_data_in	8	In	外部 ROM/RAM 的复用数据输入,在 mem_rd_n/mem_psrd_n 的正沿对数据进行采样
16	mem_wr_n	1	Out	外部 RAM 的写使能信号,在 mem_wr_n 的正沿 mem_data_out 的数据应被锁存
17	mem_rd_n	1	Out	外部 RAM 的读使能信号,在 mem_rd_n 的正沿 mem_data_in 提供的数据应被采样
18	mem_pswr_n	1	Out	外部 ROM 的写使能信号,使用户能将程序下载到外部 ROM 中。在 mem_pswr_n 的正沿 mem_data_out 的数据应被锁存,通过 MOVX 指令传送数据到外部 ROM 中,与传送到外部 RAM 中一样。当 SPC_FNC SFR的 WRS 控制位被设置为 1 时,mem_pswr_n 被激活,而不是 mem_wr_n,并提供特殊的方式使能 Flash EPROM 的编程
19	mem_psrd_n	1	Out	外部 ROM 的读使能信号,在 mem_psrd_n 的正沿 mem_data_in 的数据被采样
20	mem_ale	1	Out	地址锁存使能信号,在 mem_ale 的负沿,外部地址/数据线上复用的地址信号应被锁存
21	mem_ea_n	1	In	外部程序存储器使能信号,当 mem_ea_n 保持高电平时,DW8051 CPU 执行内部程序存储器中的代码(假如可能,同时除非程序计数器超出了内部 ROM 的参数化空间)。当 mem_ea_n 保持低电平时,CPU 通过存储器总线仅执行外部程序存储器中的代码
22	iram_addr	8	Out	内部 RAM 的地址线,在内部 RAM 读存取期间,稳定一个时钟周期;在内部 RAM 写存取期间,稳定两个时钟周期
23	iram_data_in	8	Out	写到内部 RAM 的数据,在写周期的第 2 个时钟周期是有效的
24	iram_data_out	8	In	从内部 RAM 读出的数据,在 C3 周期的时钟信号正沿,读出的数据才是有效的
25	iram_rd_n	1	Out	指示信号,表明内部 RAM 的一个读操作。对所有指令而言,在 C2 周期低电平有效,在 C3 周期要求间接的内部 RAM 读存取。同时,所有要求对内部 RAM 直接读存取的指令都通过 R0~R7 寄存器进行。在一般硬件设计中,不需要使用 iram_rd_n 信号。对内部 RAM 的读操作纯粹是内部 RAM 地址总线 iram_addr 的功能

续表

序号	名　　称	位数	类型	含　　义
26	iram_we1_n	1	Out	内部 RAM 的写使能信号 1,低电平有效,保持两个周期(即整个写周期)。指示写地址总线 iram_addr 是有效的
27	iram_we2_n	1	Out	内部 RAM 的写使能信号 2,低电平有效,写周期的第 2 个周期保持。指示 iram_data_in 上写数据是有效的
28	irom_addr	16	Out	内部 ROM 的地址总线,在 C1 周期保持有效
29	irom_data_out	8	In	从内部 ROM 读数据,在 C4 周期结束时锁存
30	irom_rd_n	1	Out	内部 ROM 的读使能信号,低电平有效,从 C2 周期结束到 C4 周期结束。irom_rd_n 是可选的,对于仅地址驱动的 ROM 实现是不需要的
31	irom_cs_n	1	Out	片选信号,每个读周期低电平有效。irom_cs_n 是可选的,对于仅地址驱动的 ROM 实现是不需要的
32	port_pin_reg_n	1	Out	外部标准 8051 端口模块在寄存器输出和管脚读之间的选择信号。高电平表示选择管脚,低电平表示选择寄存器
33	p0_mem_reg_n	1	Out	外部标准 8051 端口模块 0 在地址/数据输出和端口寄存器数据输出之间的选择信号。高电平表示选择地址/数据,低电平表示端口寄存器
34	p0_addr_data_n	1	Out	外部标准 8051 端口模块 0 在地址输出和数据输出之间的选择信号。高电平表示选择地址,低电平表示选择数据
35	p2_mem_reg_n	1	Out	外部标准 8051 端口模块 2 在地址/数据输出和端口寄存器数据输出之间的选择信号。高电平表示选择地址/数据,低电平表示端口寄存器
36	int0_n	1	In	外部中断线 0,低电平有效,可配置为沿触发或电平触发
37	int1_n	1	In	外部中断线 1,低电平有效,可配置为沿触发或电平触发
38	int2	1	In	外部中断线 2,高电平有效,沿触发。当 extd_intr 参数设置为 0 时,该信号无功能
39	int3_n	1	In	外部中断线 3,低电平有效,沿触发。当 extd_intr 参数设置为 0 时,该信号无功能
40	int4	1	In	外部中断线 4,高电平有效,沿触发。当 extd_intr 参数设置为 0 时,该信号无功能
41	int5_n	1	In	外部中断线 5,低电平有效,沿触发。当 extd_intr 参数设置为 0 时,该信号无功能
42	pfi	1	In	掉电中断线,高电平有效,电平触发。当 extd_intr 参数设置为 0 时,该信号无功能
43	wdti	1	In	看门狗中断线,高电平有效,沿触发。当 extd_intr 参数设置为 0 时,该信号无功能
44	t0	1	In	定时器/计数器 0 外部输入
45	t1	1	In	定时器/计数器 1 外部输入
46	t2	1	In	定时器/计数器 2 外部输入。当 timer2 参数设置为 0 时,该信号无功能
47	t2ex	1	In	定时器/计数器 2 捕获/重载触发器。当 timer2 参数设置为 0 时,该信号无功能

续表

序号	名　　称	位数	类型	含　　义
48	t0_out	1	Out	定时器/计数器 0 输出，高电平有效，当定时器/计数器 0 溢出时，保持一个时钟周期。假如定时器 0 以模式 3(两个独立的 8 位定时器/计数器)运行，当低字节定时器/计数器溢出时，管脚激活
49	t1_out	1	Out	定时器/计数器 1 输出，高电平有效，当定时器/计数器 1 溢出时，保持一个时钟周期
50	t2_out	1	Out	定时器/计数器 2 输出，高电平有效，当定时器/计数器 2 溢出时，保持一个时钟周期。当 timer2 参数设置为 0 时，该信号无功能
51	rxd0_in	1	In	串口 0 输入。当 serial 参数设置为 0 时，该信号无功能
52	rxd0_out	1	Out	串口 0 模式 0 和模式 1、2、3 的逻辑 1 输出。当 serial 参数设置为 0 时，该信号无功能(高电平输出)
53	txd0	1	Out	串口 0 的时钟输出和模式 1、2、3 的数据输出。当 serial 参数设置为 0 时，该信号无功能(高电平输出)
54	rxd1_in	1	In	串口 1 的输入。当 serial 参数设置为 0 或 1 时，该信号无功能(高电平输出)
55	rxd1_out	1	Out	串口 1 模式 0 的数据输出和模式 1、2、3 的逻辑 1 输出。当 serial 参数设置为 0 或 1 时，该信号无功能(高电平输出)
56	txd1	1	Out	串口 1 模式 0 的时钟输出和模式 1、2、3 的数据输出。当 serial 参数设置为 0 或 1 时，该信号无功能(高电平输出)

(3) DW8051 IP 核的内部功能框图如图 14-2 所示。

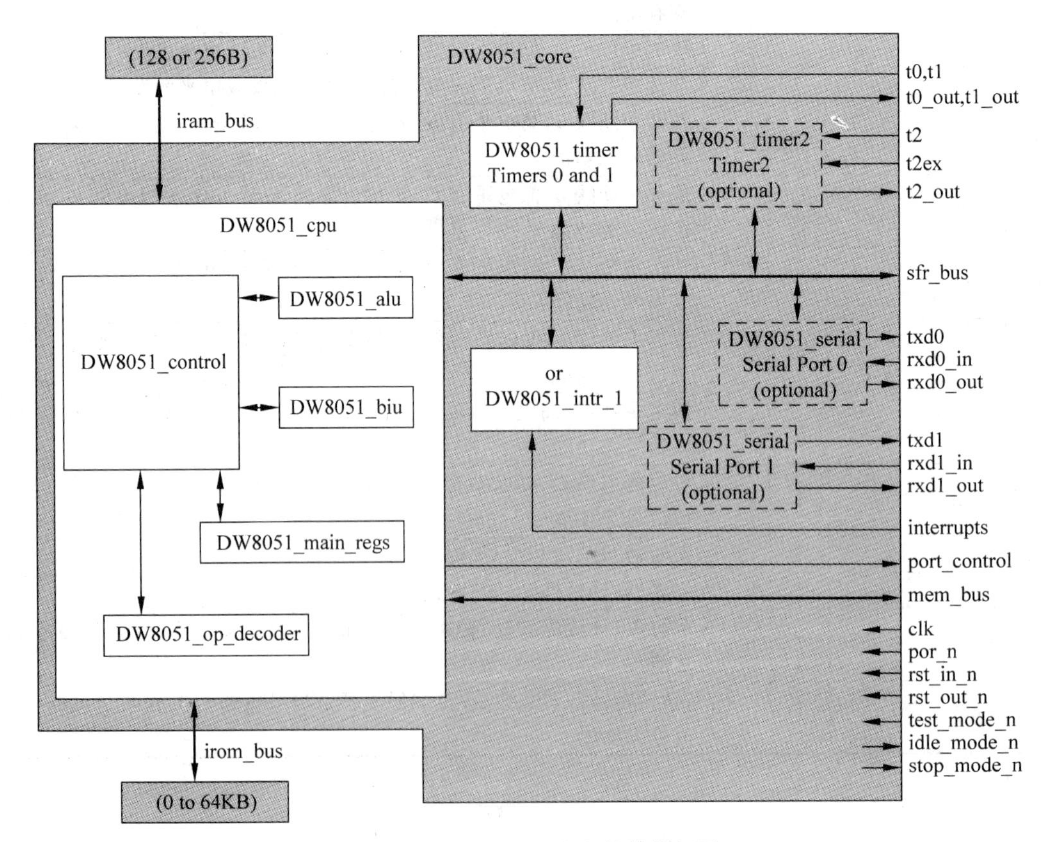

图 14-2　DW8051 IP 核内部结构框图

（4）DW8051 IP核的用户可配置参数如表14-2所示。

表14-2 DW8051 IP核的用户可配置参数

参 数	功 能	范 围
ram_256	内部RAM大小，确定内部RAM的存取能力（0=128字节，1=256字节）	0或1
timer2	定时器2是否可获得（0=不可获得，1=可获得）	0或1
rom_addr_size	确定16根内部ROM地址总线（irom_addr）的可用数量（0=无内部ROM可用）；不用的irom_add r总线管脚置为逻辑0	0～16
serial	串口数量（0=无串口可获得，1=串口0可获得，2=串口0和1可获得）。假如选择serial=2，也应该同时选择扩展中断单元（extd_intr=1），以便从串口1接收中断；假如选择serial=2和extd_intr=0，只能以轮询方式操作串口1	0，1，or 2
extd_intr	使用13个中断源的扩展中断单元（extd_intr=1）或6个中断源的标准中断单元（extd_intr=0）	0或1

14.3 税控机51核SoC芯片接口信号

遵循"尽量保持与MCS-51引脚信号兼容基础上进行扩展"的思想，税控机51核芯片有75个引脚信号，由39个与MCS-51兼容的信号和36个扩展的信号组成（每个信号的说明项括号中，指明该信号是兼容信号或扩展信号），信号说明如表14-3所示。

表14-3 税务机51核SoC芯片信号说明

序号	名 称	位数	类型	含 义
1	V_{CC}	1		电源电压（兼容）
2	V_{SS}	1		接地端（兼容）
3	CLK	1	In	系统时钟信号（兼容）
4	POR	1	In	上电复位，高电平有效（至少需要保持2个时钟周期），此信号的上升沿内部同CLK信号的上升沿保持同步（扩展）
5	RST	1	In/Out	复位信号输入端，该信号为高电平时CPU复位（至少需要保持8个时钟周期），第二功能是提供给外设的复位信号输出端，该信号为高电平时有效（部分兼容）
6	P0.0～P0.7	8	In/Out	通道0，双向I/O口。第二功能是在访问外部存储器时，可用作8位数据线，多数情况下用作8位数据线（部分兼容）
7	P1.0～P1.7	8	In/Out	通道1，双向I/O口。同时，以下7条线具有各自的第二功能，其中P1.0（t2/t2_out，Timer 2的输入/overflow输出，其中t2_out低电平有效），P1.1（t2ex，Timer 2的捕获/重载触发输入信号），P1.2（RxD1_in/RxD1_out，串行口1的输入/Mode 0时的数据输出），P1.3（TxD1，串行口1 Mode 0时的时钟输出和Mode 1、2、3时的数据输出），P1.4（wdti，外部WatchDog Timer timeout的中断请求输入信号，高电平有效），P1.5（pfi，外部power-fail的中断请求输入信号，高电平有效），P1.6（SCL，I2C的双向Clock信号），P1.7（SDA，I2C的双向数据信号）（部分兼容）

续表

序号	名　　称	位数	类型	含　　义
8	P2.0～P2.7	8	In/Out	通道2,双向I/O口(部分兼容)
9	P3.0～P3.7	8	In/Out	通道3,双向I/O口。每条线都有各自的第二功能,其中P3.0(RxD0_in/RxD0_out,串行口0的输入/Mode 0时的数据输出),P3.1(TxD0,串行口0 Mode 0时的时钟输出和Mode 1、2、3时的数据输出),P3.2(INT0,外部中断0的中断请求输入),P3.3(INT1,外部中断1的中断请求输入),P3.4(T0,计数器0的计数输入),P3.5(T1,计数器1的计数输入),P3.6(WR,外部数据存储器RAM的写选通信号),P3.7(RD,外部数据存储器RAM的读选通信号)(兼容)
10	ALE/PROG	1	Out	ALE是地址锁存允许信号,下降沿有效(可不用);PROG是对片内Flash ROM编程时的脉冲输入端,高电平有效,一般保持10ms完成Flash ROM的全擦除,保持10～100us完成Flash ROM的一次字节写操作(兼容)
11	PSEN	1	Out	片外程序存储器ROM的读选通信号,低电平有效(兼容)
12	EA	1	In	EA是访问外部程序存储器控制信号,低电平有效(兼容)
13	Addr16.0～Addr16.15	16	Out	16位片外扩展存储器的地址线(扩展)
14	P4.0～P4.7	8	In/Out	通道4,双向I/O口。在编程和检验时,用于8位数据的输入和输出(扩展)
15	P5.0～P5.7	8	In/Out	通道5,双向I/O口。在编程和检验时,用于8位数据的输入和输出(扩展)
16	RxD2	1	In	UART口S2的输入(扩展)
17	TxD2	1	Out	UART口S2的输出(扩展)
18	C_IO	1	In/Out	ISO 7816-3接口提供给CPU卡的异步半双工数据线,用于串行口的输入输出(扩展)

14.4 税控机51核SoC芯片结构

税控机51核芯片是一个全数字电路结构,所有数字模块都采用全同步结构实现,系统结构框图如图14-3所示。

其主要功能模块有DW8051核IP模块、DW8051核引脚信号封装模块、内部存储器模块、与MCS-51兼容的P0/P1/P2/P3模块、扩展并口P4/P5模块、扩展串口S2模块、ISO 7816-3接口模块、I2C接口模块、watchdog模块等组成,如表14-4所示。

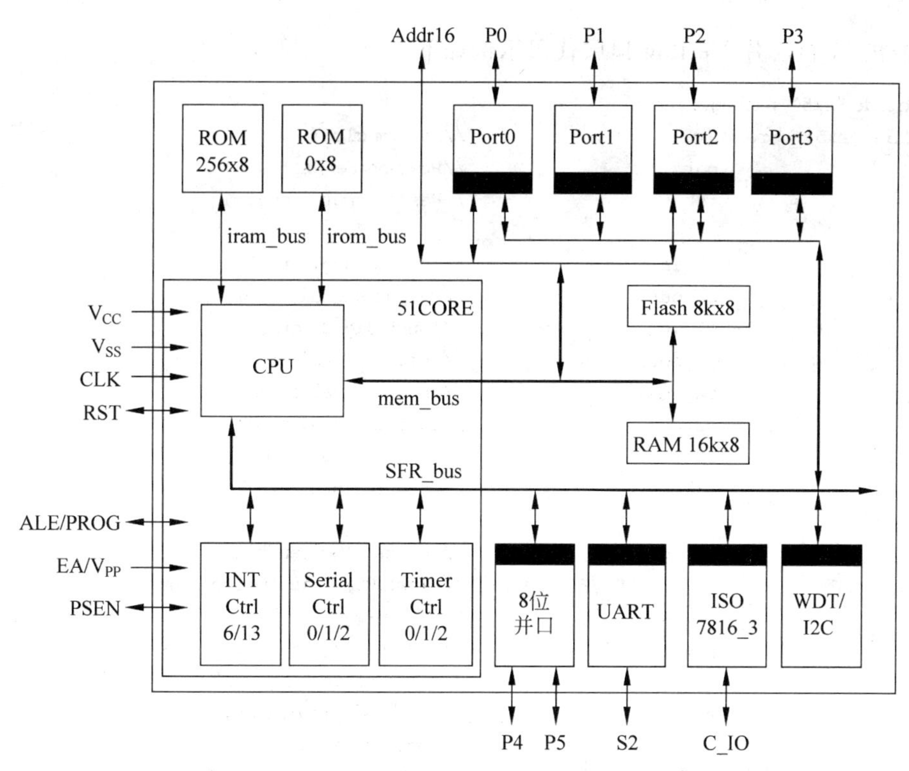

图 14-3　税控机 51 核 SoC 芯片整体结构图

表 14-4　税控机 51 核 SoC 芯片内部模块功能描述

序号	模块名称	模块功能描述
1	DW8051 核 IP 模块	作为 8 位通用处理器,主要完成通用计算和控制功能
2	DW8051 核引脚信号封装模块	根据 MCS-51 引脚信号要求,对 DW8051 核引脚信号进行封装和引出等处理
3	内部存储器模块	实现内部存储器的相应接口电路,包括核内 256B RAM、片内 8KB Flash ROM 和片内 16KB RAM。设计内部存储器的主要目的是进一步提高税控机芯片的集成度,改善税控机的运行速度和可靠性,简化税控机 PCB 板的设计,降低产品成本
4	与 MCS-51 兼容的 P0/P1/P2/P3 模块	8 位双向 I/O 口,同时某些线具有各自的第二功能
5	扩展并口 P4/P5 模块	标准并口,只具有双向 I/O 功能
6	扩展串口 S2 模块	标准 UART 口,只具有双向 I/O 功能
7	ISO 7816-3 接口模块	提供给 ISO 7816-3 标准 CPU 卡的接口,具有异步半双工通信功能
8	I2C 接口模块	提供两线的全双工同步数据传输,这两根通信线都是双向的
9	watchdog 模块	一个可编程的硬件看门狗计时器,如果在给定的时间内软件没有重新复位 watchdog(喂狗),watchdog 模块将产生复位信号,自动复位系统
10	SFR 总线外设接口模块	DW8051 核提供给外设的 SFR 总线接口模块

税控机 51 核芯片 Verilog 顶层代码示例如下：

```
 include "sk51_package. inc"
module   sk51_core    (clk,                    //System clock
                       por,                    //Powr-on Reset
                       rst,                    //Reset input signal

                       p0_in,                  //Input signal of P0
                       p0_out,                 //Output signal of P0
                       p1_in,                  //Input signal of P1
                       p1_out,                 //Output signal of P1
                       p2_in,                  //Input signal of P2
                       p2_out,                 //Output signal of P2
                       p3_in,                  //Input signal of P3
                       p3_out,                 //Output signal of P3

                       ale_prog,               //Address lock enable
                                               //Flash ROM programming signal

                       psen,                   //Off-chip Program memory
                                               //read Enable
                       ea,                     //External program memory
                                               //control signal
                    addr16,                    //16 bits address bus of off-chip
                                               //extended memory

                       p4_in,                  //Input signal of P4
                       p4_out,                 //Output signal of P4
                       p5_in,                  //Input signal of P5
                       p5_out,                 //Output signal of P5

              rxd2,                            //Receive data signal of extended
                                               //serial port 2
              txd2,                            //Transfer data signal of extended serial
                                               //port 2

                       c_io_in,                //Input signal of c_io
                       c_io_out,               //Output signal of c_io

                       scl_in,
                       scl_out,
                       sda_in,
                       sda_out,

           ena_obuf_p0,                        //Output buffer enable signal of P0
           ena_obuf_p1,                        //Output buffer enable signal of P1
           ena_obuf_p2,                        //Output buffer enable signal of P2
           ena_obuf_p3,                        //Output buffer enable signal of P3
           ena_obuf_p4,                        //Output buffer enable signal of P4
           ena_obuf_p5,                        //Output buffer enable signal of P5
           ena_obuf_iso);                      //Output buffer enable signal of
```

```
//ISO 7816 - 3 interface

// --------------------------------------------------------------
//    Input and Output Signals
// --------------------------------------------------------------
input         clk;
input         por;
input         rst;
input  [7:0] p0_in;
input  [7:0] p1_in;
input  [7:0] p2_in;
input  [7:0] p3_in;
input         ea;
input  [7:0] p4_in;
input  [7:0] p5_in;
input         rxd2;
input         c_io_in;

output  [7:0]  p0_out;
output  [7:0]  p1_out;
output  [7:0]  p2_out;
output  [7:0]  p3_out;
output          ale_prog;
output          psen;
output  [15:0] addr16;
output  [7:0]  p4_out;
output  [7:0]  p5_out;
output          txd2;
output          c_io_out;

output [7:0]  ena_obuf_p0;
output [7:0]  ena_obuf_p1;
output [7:0]  ena_obuf_p2;
output [7:0]  ena_obuf_p3;
output [7:0]  ena_obuf_p4;
output [7:0]  ena_obuf_p5;
output        ena_obuf_iso;

//i2c signal
input         scl_in;
input         sda_in;

output        scl_out;
output        sda_out;
// ----------------------------------------------------------
//    Wire Signals
// ----------------------------------------------------------
wire        clk;
wire        por;
wire        rst;
wire  [7:0]  p0_in;
```

```
wire  [7:0]  p1_in;
wire  [7:0]  p2_in;
wire  [7:0]  p3_in;
wire         ea;
wire  [7:0]  p4_in;
wire  [7:0]  p5_in;
wire         rxd2;
wire         c_io_in;

wire  [7:0]  p0_out;
wire  [7:0]  p1_out;
wire  [7:0]  p2_out;
wire  [7:0]  p3_out;
wire         ale_prog;
wire         psen;
wire  [15:0] addr16;
wire  [7:0]  p4_out;
wire  [7:0]  p5_out;
wire         txd2;
wire         c_io_out;

wire        scl_in;
wire        sda_in;
wire        scl_out;
wire        sda_out;

wire [7:0]  ena_obuf_p0;
wire [7:0]  ena_obuf_p1;
wire [7:0]  ena_obuf_p2;
wire [7:0]  ena_obuf_p3;
wire [7:0]  ena_obuf_p4;
wire [7:0]  ena_obuf_p5;
wire        ena_obuf_iso;

//  ------------------------------------------------------------
//    Inner Wire Signals
//  ------------------------------------------------------------
//DW8051_core local wire signal
wire        por_n;
wire        rst_out_n;
wire        rst_in_n;
wire        test_mode_n = 1'b1;
wire        stop_mode_n;                  //not used
wire        idle_mode_n;                  //not used

wire [7:0]  sfr_addr;
wire [7:0]  sfr_data_out;
wire [7:0]  sfr_data_in;
wire        sfr_wr;
wire        sfr_rd;
```

```
wire [15:0]  mem_addr;                  //mem_bus is a asynchronous
                                        //memory bus
wire [7:0]   mem_data_out;
wire [7:0]   mem_data_in;
wire         mem_wr_n;
wire         mem_rd_n;
wire         mem_pswr_n;                //not used
wire         mem_psrd_n;
wire         mem_ale;
wire         mem_ea_n;

wire         int2;
wire         int3_n;
wire         int4;
wire         int5_n;
//wire       pfi = 1'b0;                //not used

wire         port_pin_reg_n;
wire         p0_mem_reg_n;
wire         p0_addr_data_n;
wire         p2_mem_reg_n;

wire         t0_out;
wire         t1_out;
wire         t2_out;

wire         rxd0_out;
wire         rxd1_out;

wire         txd0;
wire         txd1;

wire [7:0]   iram_addr;                 //iram_bus is a asynchronous
                                        //memory bus
wire [7:0]   iram_data_out;
wire [7:0]   iram_data_in;
wire         iram_rd_n;
wire         iram_we1_n;
wire         iram_we2_n;

wire [15:0]  irom_addr;                 //irom_bus is a asynchronous
                                        //memory bus
//wire [7:0]  irom_data_out = 8'b0;
wire [7:0]    irom_data_out;
wire          irom_rd_n;
wire          irom_cs_n;

//The local wire of port 1/3 second function
wire [7:0]  alt1_in;
wire [7:0]  alt1_out;
wire [7:0]  alt3_in;
```

```
wire [7:0]  alt3_out;

//Memory local wire
wire         ocr16k_sfr_cs;
wire [7:0]   ocr16k_mem_data_in;

//port 0/1/2/3 local wire
wire        p0_sfr_cs;
wire [7:0]  p0_sfr_data_in;
wire [7:0]  p0_mem_data_in;

wire        p1_sfr_cs;
wire [7:0]  p1_sfr_data_in;

wire        p2_sfr_cs;
wire [7:0]  p2_sfr_data_in;

wire        p3_sfr_cs;
wire [7:0]  p3_sfr_data_in;

//port 4/5 local wire
wire        p4_sfr_cs;
wire [7:0]  p4_sfr_data_in;

wire         p5_sfr_cs;
wire [7:0]   p5_sfr_data_in;

//port S2 local wire
wire         s2_sfr_cs;
wire [7:0]   s2_sfr_data_in;
wire         rdy_r;
wire         rdy_t;

//port ISO7816-3 local wire
wire          iso_sfr_cs;
wire   [7:0]  iso_sfr_data_in;
wire          rdy;

//port wdt local wire
wire   [7:0]  wdt_sfr_data_in;
wire          wdt_sfr_cs;
wire          wdt_rst;

//port  i2c local wire
wire          i2c_sfr_cs;
wire   [7:0]  i2c_sfr_data_in;
wire          i2c_irq;

//temporary variables

//  ----------------------------------------------------------
```

```
//    Inner Reg Signals
//  -----------------------------------------------------------------

//  -----------------------------------------------------------------
//                   ==============
//                   Main Program
//                   ==============
//  -----------------------------------------------------------------
  //instantiate DW8051_core:
  //256 Byte RAM
  //Timer 2 present
  //no internal ROM
  //2 serial ports present
  //extended interrupt module
  DW8051_core    i_51core  (.clk          (clk),
                            .por_n        (por_n),
                            .rst_in_n     (rst_in_n),
                            .rst_out_n    (rst_out_n),
                        .test_mode_n      (test_mode_n),

                        .stop_mode_n      (stop_mode_n),
                        .idle_mode_n      (idle_mode_n),

                        .sfr_addr         (sfr_addr),
                        .sfr_data_out     (sfr_data_out),
                        .sfr_data_in      (sfr_data_in),
                        .sfr_wr           (sfr_wr),
                        .sfr_rd           (sfr_rd),

                        .mem_addr         (mem_addr),
                        .mem_data_out     (mem_data_out),
                        .mem_data_in      (mem_data_in),
                        .mem_wr_n         (mem_wr_n),
                        .mem_rd_n         (mem_rd_n),
                        .mem_pswr_n       (mem_pswr_n),
                        .mem_psrd_n       (mem_psrd_n),
                        .mem_ale          (mem_ale),
                        .mem_ea_n         (mem_ea_n),
                        .int0_n           (~alt3_in[2]),
                        .int1_n           (~alt3_in[3]),
                        .int2             (int2),
                        .int3_n           (int3_n),
                        .int4             (int4),
                        .int5_n           (int5_n),
                        .pfi              (alt1_in[5]),
                        .wdti             (alt1_in[4]),

                          .rxd0_in        (alt3_in[0]),
                          .rxd0_out       (rxd0_out),
                          .txd0           (txd0),
                          .rxd1_in        (alt1_in[2]),
```

```
                    .rxd1_out        (rxd1_out),
                    .txd1            (txd1),
                    .t0              (alt3_in[4]),
                    .t1              (alt3_in[5]),
                    .t2              (alt1_in[0]),
                    .t2ex            (alt1_in[1]),
                     .t0_out         (t0_out),
                     .t1_out         (t1_out),
                     .t2_out         (t2_out),

               .port_pin_reg_n       (port_pin_reg_n),
               .p0_mem_reg_n         (p0_mem_reg_n),
               .p0_addr_data_n       (p0_addr_data_n),
               .p2_mem_reg_n         (p2_mem_reg_n),

               .iram_addr            (iram_addr),
               .iram_data_out        (iram_data_out),
               .iram_data_in         (iram_data_in),
               .iram_rd_n            (iram_rd_n),
               .iram_we1_n           (iram_we1_n),
               .iram_we2_n           (iram_we2_n),

               .irom_addr            (irom_addr),
               .irom_data_out        (irom_data_out),
               .irom_rd_n            (irom_rd_n),
               .irom_cs_n            (irom_cs_n)
           );

  //Some simple encapsulation of sk51 pins from DW8051 core
  assign por_n = ~por;
  assign rst_in_n = (~rst) & (wdt_rst);
  assign ale_prog = mem_ale;
  assign psen     = mem_psrd_n;
  assign mem_ea_n = ea;
  assign addr16   = mem_addr;

  //Instantiate internal RAM module.
  //256 bytes core ROM. Single port RAM.
  //16k bytes on-chip RAM. Single port RAM.
  //8k bytes on-chip Flash ROM.
//Single port ROM.
  sk51_coreram_256 i_ram256  (.clk          (clk),
                      .rst_n                (rst_out_n),
                      .iram_addr            (iram_addr),
                      .iram_data_out        (iram_data_out),
                      .iram_data_in         (iram_data_in),
                      .iram_rd_n            (iram_rd_n),
                      .iram_we1_n           (iram_we1_n),
                      .iram_we2_n           (iram_we2_n)
                              );
```

```
sk51_ocr_16k     i_ram16k  (.clk          (clk),
                           .rst_n         (rst_out_n),
                           .mem_addr      (mem_addr),
            .mem_data_out                 (ocr16k_mem_data_in),
            .mem_data_in                  (mem_data_out),
            .mem_rd_n                     (mem_rd_n),
            .mem_wr_n                     (mem_wr_n),
            .sfr_addr                     (sfr_addr),
            .sfr_data_in                  (sfr_data_out),
            .sfr_wr                       (sfr_wr),
            .sfr_cs                       (ocr16k_sfr_cs)
                       );

//Instantiate Port0/Port1/Port2/Port3 module.
sk51_p0    i_p0   (.clk                   (clk),
             .rst_n                       (rst_out_n),
             .p0_in                       (p0_in),
             .p0_out                      (p0_out),
             .sfr_addr                    (sfr_addr),
             .sfr_cs                      (p0_sfr_cs),
             .sfr_data_in                 (sfr_data_out),
                                          //direction of P0
             .p0_sfr_data_out             (p0_sfr_data_in),
             .sfr_rd                      (sfr_rd),
             .sfr_wr                      (sfr_wr),
             .mem_addr                    (mem_addr[7:0]),
            .mem_data_out                 (mem_data_out),
            .mem_data_in                  (p0_mem_data_in),
            . port_pin_reg_n              (port_pin_reg_n),
            .p0_mem_reg_n                 (p0_mem_reg_n),
            .p0_addr_data_n               (p0_addr_data_n),
            .ena_obuf_p0                  (ena_obuf_p0)
          );

sk51_p1     i_p1   (.clk                  (clk),
             .rst_n                       (rst_out_n),
             .p1_in                       (p1_in),
             .p1_out                      (p1_out),
             .sfr_addr                    (sfr_addr),
             .sfr_cs                      (p1_sfr_cs),
             .sfr_data_in                 (sfr_data_out),
                                          //direction of p1
             .p1_sfr_data_out             (p1_sfr_data_in),
             .sfr_rd                      (sfr_rd),
             .sfr_wr                      (sfr_wr),
             .alt_in                      (alt1_in),
             .alt_out                     (alt1_out),
             .port_pin_reg_n              (port_pin_reg_n),
             .ena_obuf_p1                 (ena_obuf_p1)
            );
```

```
sk51_p2   i_p2  (.clk                  (clk),
                 .rst_n                (rst_out_n),
                 .p2_in                (p2_in),
                 .p2_out               (p2_out),
                 .sfr_addr             (sfr_addr),
                 .sfr_cs               (p2_sfr_cs),
                 .sfr_data_in          (sfr_data_out),
                                       //direction of p2
                 .p2_sfr_data_out      (p2_sfr_data_in),
                 .sfr_rd               (sfr_rd),
                 .sfr_wr               (sfr_wr),
                 .mem_addr             (mem_addr[15:8]),
                 .port_pin_reg_n       (port_pin_reg_n),
                 .p2_mem_reg_n         (p2_mem_reg_n),
                 .ena_obuf_p2          (ena_obuf_p2)
                );

sk51_p3    i_p3  (.clk                 (clk),
                 .rst_n                (rst_out_n),
                 .p3_in                (p3_in),
                 .p3_out               (p3_out),
                 .sfr_addr             (sfr_addr),
                 .sfr_cs               (p3_sfr_cs),
                 .sfr_data_in          (sfr_data_out),
                                       //direction of p3
                 .p3_sfr_data_out      (p3_sfr_data_in),
                 .sfr_rd               (sfr_rd),
                 .sfr_wr               (sfr_wr),
                 .alt_in               (alt3_in),
                 .alt_out              (alt3_out),
                 .port_pin_reg_n       (port_pin_reg_n),
                 .ena_obuf_p3          (ena_obuf_p3)
                );

//Instantiate Port4/Port5 module.
sk51_p4     i_p4  (.clk                (clk),
                   .rst_n              (rst_out_n),
                   .p4_in              (p4_in),
                   .p4_out             (p4_out),
                   .sfr_addr           (sfr_addr),
                   .sfr_cs             (p4_sfr_cs),
                   .sfr_data_in        (sfr_data_out),
                                       //direction of p4
                   .p4_sfr_data_out    (p4_sfr_data_in),
                   .sfr_rd             (sfr_rd),
                   .sfr_wr             (sfr_wr),
                   .port_pin_reg_n     (port_pin_reg_n),
                   .ena_obuf_p4        (ena_obuf_p4)
                  );

sk51_p5     i_p5  (.clk                (clk),
```

```
                    .rst_n              (rst_out_n),
                    .p5_in              (p5_in),
                    .p5_out             (p5_out),
                    .sfr_addr           (sfr_addr),
                    .sfr_cs             (p5_sfr_cs),
                    .sfr_data_in        (sfr_data_out),
                                        //direction of p5
                    .p5_sfr_data_out    (p5_sfr_data_in),
                    .sfr_rd             (sfr_rd),
                    .sfr_wr             (sfr_wr),
                    .port_pin_reg_n     (port_pin_reg_n),
                    .ena_obuf_p5        (ena_obuf_p5)
                   );

//Instantiate S2 module.
sk51_s2      i_s2  (.clk                (clk),
                    .rst_n              (rst_out_n),
                    .rxd2               (rxd2),
                    .txd2               (txd2),
                    .sfr_addr           (sfr_addr),
                    .sfr_cs             (s2_sfr_cs),
                    .sfr_data_in        (sfr_data_out),
                                        //direction of s2
                    .s2_sfr_data_out    (s2_sfr_data_in),
                    .sfr_rd             (sfr_rd),
                    .sfr_wr             (sfr_wr),
                    .rdy_r              (rdy_r),
                    .rdy_t              (rdy_t)
                   );

//use interrupt signal int3_n and int4
assign int3_n  =  ~rdy_r;
assign int4    =  rdy_t;

//Instantiate ISO7816-3 module.
sk51_iso i_iso  (.clk                   (clk),
                 .rst_n                 (rst_out_n),
                 .c_io_in               (c_io_in),
                 .c_io_out              (c_io_out),
                 .sfr_addr              (sfr_addr),
                 .sfr_cs                (iso_sfr_cs),
                 .sfr_data_in           (sfr_data_out),
                 .iso_sfr_data_out      (iso_sfr_data_in),
                 .sfr_rd                (sfr_rd),
                 .sfr_wr                (sfr_wr),
                 .rdy                   (rdy),
                 .ena_obuf_iso          (ena_obuf_iso)
                );

//use interrupt signal int5_n
assign int5_n  =  ~rdy;
```

```
//Instantiate sk51_wdt module.
sk51_wdt     i_wdt  (.clk               (clk),
                     .rst_n             (rst_out_n),
                     .sfr_addr          (sfr_addr),
                     .sfr_data_in       (sfr_data_out),
                     .sfr_wr            (sfr_wr),
                     .sfr_rd            (sfr_rd),

                .wdt_sfr_data_out       (wdt_sfr_data_in),
                .sfr_cs                 (wdt_sfr_cs),
                .rst_out_n              (wdt_rst)
                    );

 //Instantiate sk51_i2c module
 sk51_i2c          i_i2c   ( .clk        (clk),
                           .rst_n        (rst_out_n),
                           .sfr_addr     (sfr_addr),
                           .sfr_data_in  (sfr_data_out),
                           .sfr_wr       (sfr_wr),
                           .sfr_rd       (sfr_rd),

                           .scl_in       (alt1_in[6]),
                           .sda_in       (alt1_in[7]),
                           .irq          (i2c_irq),
                       .sfr_data_out     (i2c_sfr_data_in),
                           .sfr_cs       (i2c_sfr_cs),
                           .scl_out      (scl_out),
                           .sda_out      (sda_out)
                         );
//use interrupt signal int2 (edge - sensitive, active high! )
  assign int2 = i2c_irq;

  //sfr_data_in and mem_data_in Multiplexer
  assign sfr_data_in = (p0_sfr_cs == 1) ? p0_sfr_data_in :
                       (p1_sfr_cs == 1) ? p1_sfr_data_in :
                       (p2_sfr_cs == 1) ? p2_sfr_data_in :
                       (p3_sfr_cs == 1) ? p3_sfr_data_in :
                       (p4_sfr_cs == 1) ? p4_sfr_data_in :
                       (p5_sfr_cs == 1) ? p5_sfr_data_in :
                       (s2_sfr_cs == 1) ? s2_sfr_data_in :
                       (iso_sfr_cs == 1) ? iso_sfr_data_in :
                       (wdt_sfr_cs == 1) ? wdt_sfr_data_in:
                       (i2c_sfr_cs == 1) ? i2c_sfr_data_in:
                                                8'b00000000;

assign mem_data_in = (ocr16k_sfr_cs == 1)   ?
                      ocr16k_mem_data_in      :
                      p0_mem_data_in;

  //Second input function assignments of P1 and P3
```

```
  assign alt1_out = {sda_out, scl_out, 1'b1, 1'b1,
                     txd1, rxd1_out, 1'b1, ~t2_out};

  assign alt3_out = {mem_rd_n, mem_wr_n, 1'b1, 1'b1,
                     1'b1,1'b1, txd0, rxd0_out};

endmodule

//================== END ==================
```

该芯片已经通过 Xilinx Spartan-3 xc3s400 pq208 的全功能 FPGA 验证，并通过中芯国际 0.25um 的 MPW 流片，经过样片测试，各项功能和性能指标符合设计要求，一次流片成功。各种型号的税控机样机也已设计完成，目前正在进行市场推广工作。

CHAPTER 15

第15章

构件产品案例

15.1 基于构件的高尔夫模拟器软件简介

随着高尔夫运动的逐步普及，为使更多的人了解和加入到高尔夫运动中，高尔夫模拟器应运而生。高尔夫模拟器是一种专用的数字图像捕获与回放PDA(Personal Digital Assistant，个人数字助手)产品，主要功能包括视频监视、回放和录制高尔夫球手的挥杆动作，为训练和培养高尔夫球运动员、提高其运动成绩提供了一个科学的手段。

高尔夫模拟器作为一个专用的PDA，具备以下特点。

(1) 实用性：通过实时地捕获高尔夫球运动员挥杆的动作，再现挥杆的瞬间，给运动员提供一个参考的基准，从而便于总结经验教训，迅速提高自身水平。

(2) 便捷性：从外观上看，高尔夫模拟器是一个普通的商务手机或者PDA，携带非常方便，体积小、重量轻是其基本的特点，可以根据运动员的需要，随时随地取出拍摄，不受场地的限制。

(3) 经济性：不需要摄像机那样高额的投资，也不需要专门请老师指导，只需要不到1000元的设备投资，自己通过慢动作的回放分析，便可快速地发现不足。

一个典型的高尔夫模拟器主要包括软件和硬件两部分。

(1) 硬件部分：包括MCU(微控制器)、电源模块，A/D转换、数字摄像头(Digital Camera，DC)、USB接口、Flash存储器、DRAM缓存、键盘和LCD等。

(2) 软件部分：由操作系统和应用软件两部分组成。操作系统一般采用嵌入式操作系统，应用软件则完成了系统的各部分功能。在高尔夫模拟器软件中，主要功能包括视频预览、捕捉、保存、播放显示、压缩编码/解码以及删除。模拟器能实时的在LCD上显示数字摄像头所捕获到的视频图像，选择需要的图像数据通过压缩编码后存储到Flash存储器中，回放时读取存储的数据，解码后显示在LCD上。

构件(software component)是软件复用方法中的核心实体，其思想来自于工业产品部件。工业化革命的伟大创新在于，功能再复杂的产品也可由大量标准的零部件组装而成，分工越细、专业生产程度越高，总体生产效率越高。构件技术是一种类似于“零部件组装”的集成组装式软件生产方式，将零件、生产线和装配运行的概念运用在软件产业中，彻底打破了手工作坊式的软件开发模式。

构件又称为软构件、组件、软部件等，由于不同时期，不同的研究人员所关注软件复用的类型不同，到目前为止，构件还没有一个统一的定义。

20世纪90年代以后，随着分布式对象、Web、Java、4GL(第四代程序设计语言)、可视化开发工具以及基于构件的软件开发方法的发展，国际学术界对构件的概念又有了新的认识，研究人员相继提出了若干新的构件定义，其中代表性的包括：

(1) 1996年ECOOP会议上提出的定义。构件是一个具有规范接口和确定的上下文依赖的组装单元，构件能够独立部署和被第三方组装。

(2) Szyperski在1998年给出的定义。构件是可单独生产、获取、部署的二进制单元，相互作用构成一个功能系统。

(3) CMU/SEI(卡内基-梅隆大学软件工程研究所)的Felix Bacllman等人在2000年5月的一份关于基于构件的软件工程报告中给出的定义。构件是一个不透明的功能实现，能够被第三方组装，符合一个构件模型。

(4) OMG(Object Management Group，对象管理集团)的定义。构件是一个物理的、可替换的系统组成部分，包装了实现体且提供了一组接口的实现方法。

上述构件的定义都是描述性的定义，包含了几个共同的特点，如构件是二进制功能单元、符合构件模型(或具有规范接口)、允许不同构件开发商开发的构件相互之间进行组装。

分析构件概念的历史变化与现今的多样化理解，对于构件的概念可以从两个层次上把握，即广义上的构件与狭义上的构件，包括：

(1) 构件的狭义定义。构件是一段代码软件，具有定义良好的接口，实现了一定的功能，具有二进制可重用性，遵循某种软件构件规范，可与其他构件组合成一个系统或者更高级别的构件，并且是可替换的，既有运行时可访问的接口，又具有开发时可独立提交与安装的特性。

(2) 构件的广义定义。构件是软件开发过程中可明确标识的构成成分。广义上的构件包括分析件、设计件、代码件、测试件等，而狭义上的构件指的仅是代码件，包括源代码和二进制代码，但主要是二进制代码。

构件的标准化研究和实践在国内外已进行了相当长的时间，出现了一些成熟的构件模型和标准，如Microsoft公司的COM+模型、Sun公司的JavaBean模型和OMG的CCB模型。

基于构件的软件开发方法(Component-Based Software Development，CBSD)提供了一种全新的设计、构造、实现和演化应用软件的方式，软件通过多种来源于不同渠道的可复用构件的集成而获得，构件本身可用不同的程序设计语言开发、运行于不同的系统平台上。构件化的软件开发可分为领域过程和应用过程两个独立的子过程，两个子过程之间通过构件库联系起来。

基于构件的软件开发的前提是必须存在大量可重用的构件，这样应用软件系统才能够迅速地建立起来。然而，这将导致构件系统中的另一个关键问题，即如何才能快速、正确地获得当前工程所需的构件；当单个构件更新或升级后，如何更新整个应用软件系统。解决这些问题的较好方法是拥有一个强大的构件库，构件库能够对可重用的构件进行描述、管理、存储和检索，帮助软件开发人员理解构件，是构件化软件开发方法的重要组成部分。

迄今高尔夫模拟器的开发还处在起步阶段，而与高尔夫模拟器相类似的智能手机和PDA却得到了迅速的发展，从PDA的研发入手，探索高尔夫模拟器的软件开发是一条便捷的途径。

目前市场上多数智能手机和PDA的软件基本上都是采用构件化的开发方法，使用的主流操作系统有PalmOS、Symbian、Windows CE和Embedded Linux等嵌入式操作系统。在高尔夫模拟器软件开发中，采用构件化的开发方法，嵌入式操作系统选用微软公司的Windows CE 4.2，提出了一种基于Windows CE平台、以构件为基础的嵌入式高尔夫模拟器软件模型，并着重设计实现了其中所涉及的功能构件和连接器构件，通过构件强大的复用技术及可扩展性，快速实现高尔夫模拟器软件的工业化生产。

15.2 概要设计

高尔夫模拟器系统的目标是利用构件技术实现一个嵌入式高尔夫模拟器软件系统，提供对来自外部视频流的预览、捕获、压缩编码、保存、解码、回放及其他一些相关的功能，系统框架如图15-1所示，其中，视频流捕获通过摄像头完成，进行视频数据的实时捕获；然后将捕获到的视频流进行分路，实现视频的预览和保存；视频回放相当于一个简易的媒体播放器，负责将已保存在Flash中的视频文件进行回放。

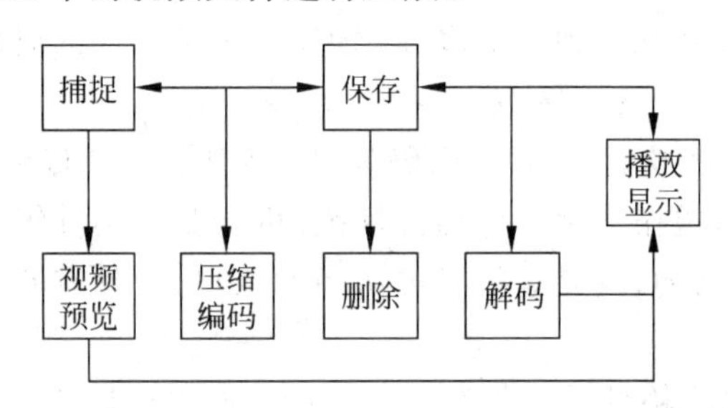

图15-1 系统框架

高尔夫模拟器软件主要包括功能构件和连接器构件（在本文中，功能构件简称构件，连接器构件简称连接器）两类，其中构件又分为视频采集构件、播放构件和辅助功能构件。

构件的形式化表示如表15-1所示，其中，Name定义了一个构件的名称；GUID用来标识构件的唯一性；Interface定义了构件的接口；Function描述了该构件实现的功能。

表15-1 构件的形式化表示

Name	构件名称	Interfaces	接口
GUID	构件标识	Function	功能描述

我们设计的构件是基于COM+技术设计的，所以用GUID标识构件。COM+规范采用128位全局唯一标识符GUID，这是一个随机数，并不需要专门机构进行分配和管理。因为GUID是随机数，所以并不绝对保证唯一性，但发生标识符重复的可能性非常小。从理论

上讲，如果一台机器每秒产生 10 000 000 个 GUID，则可以保证（概率意义上）3240 年不重复。

在 C/C++语言中，可以用下列结构描述 GUID：

```
typedef struct _GUID
{
DWORD Data1;
WORD Data2;
WORD Data3;
BYTE Data4[8];
}GUID;
```

根据高尔夫模拟器系统的需求，主要设计了视频采集构件、播放构件、辅助功能构件和一个连接器，其中，视频采集构件实现了对视频流的预览和压缩保存；播放构件实现了对保存的视频文件进行播放；由于视频采集功能和视频播放功能是基于 DirectShow 构件实现的，我们设计了一个辅助功能构件，用来封装一些 DirectShow 相关的功能和用到的过滤器(filter)的一些独立的功能；视频采集构件中所有有关过滤器的功能都是通过连接器向辅助功能构件请求服务的。

构件与连接器之间的交互过程如图 15-2 所示，其中，矩形代表构件或连接器；椭圆代表构件或连接器对外提供服务的接口；圆形则代表构件或连接器对外要求服务的接口，如视频采集构件向连接器发出的服务请求，连接器接受请求，通过其向外要求服务的接口向辅助功能构件提出要求服务的请求，辅助功能构件接受该请求，向视频采集构件提供服务。

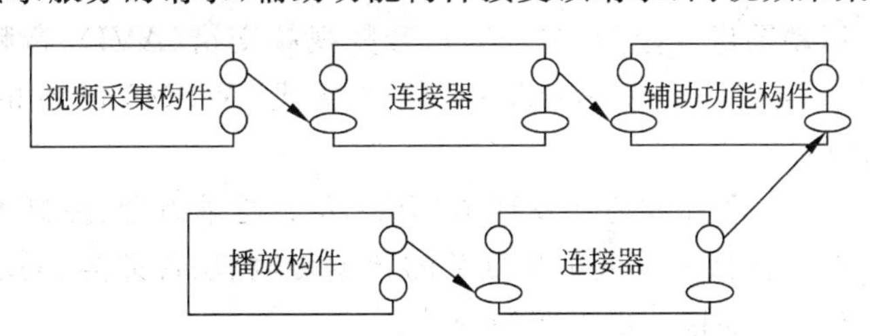

图 15-2　构件与连接器之间的交互

在高尔夫模拟器软件的架构中，突出强调了连接器的设计。连接器是一种专门用于实现通信的构件，是一种特殊的构件，而不是普通的、用于实现业务逻辑的构件。与构件相比，连接器具有以下特点：

- 连接的表示与实现多是隐式的，即使是显式的描述，由于实现的跨度很大，给连接器设计和构件组装带来不便。
- 构件间的连接关系对体系结构的非功能属性有重要影响。构件侧重于软件的功能需求，而连接器与软件的非功能属性关系密切，对软件体系结构的适应性、重用性、维护性等有很大影响。
- 连接器和构件的生命周期不同。连接器的生命周期依赖于通过其相互作用的构件，构件通过连接器进行交互，构件的交互决定了连接器的生命周期。
- 连接器一般以构件的方式实现，但它不侧重于功能封装，不具有执行自治性，仅为满足构件间交互的需求而存在。因此，连接器作为一个显式的实体，却并不一定需要显式的实现，可仅以抽象形式在建模中出现。

连接器是一种显式的语义实体，描述了构件间的交互关系，包括参与交互的角色类型以及角色间进行交互的方式。此外，还提供了构件交互过程中所需的辅助功能，如转换、协调等。

连接器与构件是非常相似的。从连接器和构件的规约可以看出，它们都包括框架和结构两部分，这两部分的具体内容也非常相似。

连接器与构件也存在不同之处。首先，是功能上的区别，构件主要是对业务逻辑的实现，而连接器是对构件之间交互关系的抽象与实现。其次，两者的生命周期过程也不一样。最后，也是最主要的，是它们的部署不同，构件的部署是显式说明的，而连接器则是隐式的，可从连接器所连接的构件部署中推断出来。

15.3 详细设计

高尔夫模拟器软件的重点是视频数据的预览、保存和回放。由于视频采集与播放构件都是基于 DirectShow 模块的构件设计的，因此，首先对 DirectShow 模块进行介绍；然后，详细介绍视频采集构件、播放构件和辅助功能构件的设计；最后，通过 COM 构件形式编程实现，并成功地与连接器进行组装，一起完成高尔夫模拟器软件系统。

1. Directshow 模块

DirectShow 是一个基于 Microsoft Windows 平台的媒体流结构，支持多种格式，包括高级流模式(ASF)、运动图像专家组(MPEG)、音频视频交错(AVI)、音频动态压缩第三层(MP3)和 WAV 声音文件，支持 Windows 驱动模式(WDM)设备的捕捉，以及早期 Windows 设备的视频。

DirectShow 提供了一个开放的开发环境，开发人员通过组合、控制不同功能的过滤器构件实现所需的应用，从而使开发人员从复杂的数据传输、硬件差异、同步性等工作中解脱出来。DirectShow 模块主要包括以下四种构件。

- 过滤器(filter)：DirectShow 的功能实体，分为源过滤器、转换过滤器和终端过滤器。源过滤器将数据引入过滤器图中，这些数据可来自网络、本地文件、基于 WDM 的输入设备以及合法的 VFW(Video for Window)驱动的采集卡等；转换过滤器接收输入流，处理其中的数据，然后生成输出流；终端过滤器接收数据并显示给用户，如视频显示过滤器通过 DirectSound 模块将音频数据传给声卡，而文件显示过滤器将文件数据写入文件系统中。
- 针脚(pin)：在 DirectShow 中，针脚是进程内构件的端口，每个针脚可支持多种媒体格式，过滤器间的连接实际上是针脚间的协商过程，即过滤器封装处理功能，针脚封装通信功能。
- 过滤器图(filter graph)：DirectShow 提供的一个框架，同一个项目中的构件，包括过滤器和针脚都必须置于同一个过滤器图中才能作为一个"流水线"运行工作。
- 过滤器图管理器(filter graph manager)：DirectShow 架构的核心，位于应用程序与过滤器图中间，向上为应用程序提供编程接口，向下控制各个过滤器。

在 DirectShow 模块之上，应用程序按照一定的意图建立相应的过滤器图，然后通过过滤器图管理器控制整个数据处理过程并与应用程序交互，各个过滤器在过滤器图中按一定的顺序连接成一条“流水线”协同工作。

一个 DirectShow 程序，简单讲，就是针对过滤器图的操作，即过滤器图的建立、运行、停止和释放。在过滤器图建立时，将各种过滤器加入到过滤器图中，并将它们连接起来，在过滤器图释放时，过滤器被一起释放。

为了使程序设计的条理更清晰，同时提高整个方案的可扩展性，高尔夫模拟器软件系统方案采用层次化的实现方式，分为以下三个层次。

- 用户界面层：主要负责与用户的交流，接收用户的操作命令，并调用过滤器图管理层中相应的方法，该层次不需要知道过滤器图管理的细节。
- 过滤器图管理层：负责所有的过滤器图相关操作，为用户界面层提供高级方法调用，屏蔽过滤器图管理的细节。其主要职责包括根据用户界面的指令，动态地建立过滤器图，并完成运行、停止和释放等操作；建立过滤器图时，根据用户的命令，添加相应的过滤器，过滤器由过滤器层提供。
- 过滤器层：由各类过滤器组成，为过滤器图管理层提供操作需要的过滤器。

在上述三个层次中，过滤器层是相对独立的，以 COM 构件的形式存在。因此，可直接向该层次中添加过滤器，而不影响上面两个层次的程序。过滤器图管理层可在运行时，检测可使用的过滤器，添加到过滤器图中运行，在不影响修改方案程序的情况下，可使用新的过滤器。

2. 视频采集构件设计

视频采集构件是整个系统的核心部分，实现了对视频数据的预览、压缩和保存，在具体的实现过程中基于 DirectShow 技术，对 USB 摄像头采集到的实时图像进行相应处理。

1) 过滤器图管理层的设计

视频采集的过滤器图管理层负责所有过滤器图相关操作，实现视频的采集与保存。在 DirectShow 提供的底层 API 基础上，实现一系列完成特定功能的高级函数接口，为用户层界面提供服务，屏蔽过滤器图管理的细节。

一个能够捕捉视频的过滤器图称为捕捉过滤器图，比一般的文件回放过滤器图要复杂许多，DirectShow 提供了一个构造捕捉过滤器图的 COM 构件，使得捕捉过滤器图的生成更加简单。视频捕获的一般流程包括：

(1) 首先创建一个构造捕捉过滤器图的 COM 对象和一个过滤器图管理层对象。

(2) 视频设备的枚举。

(3) 设置视频质量和输出格式。大多数视频设备可控制其捕获的视频质量、媒体格式以及其他特性，这些特性包括亮度、对比度、饱和度、帧率、图像大小等。用户根据所需的视频质量，压缩存储空间的限制和网络传输的要求，设定捕获视频的质量和输出格式以及其他特性。在 DirectShow 体系结构中，最简便的设置视频质量和输出格式的方法是通过访问视频设备过滤器的属性页(property pages)的方法，通过过滤器的 ISpecifyPropertyPages 接口的 GetPage 方法得到属性页。

(4) 选择一个压缩过滤器。视频数据不经过压缩而直接保存为 AVI 文件，将占用较大的存储空间，通常应该首先考虑对视频内容进行压缩，然后再保存到文件中。以非 AGP 接口的视频捕捉设备为例，在将视频输出的针脚连接到 AVI 多路复用器之前，首先经过一个编码过滤器进行视频压缩，这样生成的文件虽然仍是一个 AVI 文件，但是与未经压缩的

AVI 文件相比占用的空间小了很多。通常一些视频插件提供了压缩过滤器，如 Divx 提供了 MPEG4-fastmotion 和 MPEG4-lowmotion 两种视频压缩器。如果有新的压缩算法，用户可编写新的压缩过滤器加以应用，DirectShow 体系结构中压缩过滤器是通过列举 CLSID_VideoCompressorCategory 目录得到的。

(5) 视频的预览和存储。大多数的视频设备都没有分别提供预览(preview)和捕获(capture)针脚功能，只有一个输出针脚。如果预览视频流与存储视频流需要同时进行则需要加入 Smart Tee 过滤器，Smart Tee 过滤器用于将视频流分成预览流和捕获流两路数据流，这个过程中将不发生新的数据拷贝。

视频采集一般包含视频预览和视频保存两种应用。采集设备前端过滤器链路的构建是相同的，仅在后端存在差异，预览时只连接 Video Renderer(视频提取器)，而在保存时还要连接视频编码器和混合器，最终使用文件构造器(file writer)将数据写到文件中。于是，本系统将过滤器抽象成两部分，采集设备过滤器定义为输入部分，而将采集设备过滤器以后部分定义为输出部分。因此，设计了一个视频采集构件(Component_VideoCapture)，包含了视频采集输入接口(IInGraphBuilder)、视频预览接口(IInGraphBuilder_Preview)和视频捕获接口(IInGraphBuilder_Capture)，其中视频预览接口和视频捕获接口都是由视频采集输入接口继承而来。

2) 视频采集的实现过程

视频采集的实现过程如图 15-3 所示，本系统中的视频采集主要包括以下五个步骤：

(1) 创建一个过滤器图。调用 IInGraphBuilder 接口的 CompleteGraph 方法进行过滤器图的构建。

(2) 创建所有的输入过滤器，并添加到过滤器图中。该步骤调用了 IInGraphBuilder 接口的 CreateInFilters 方法创建捕获过滤器，并将其添加到上一步创建的过滤器图中。

(3) 创建所有的输出过滤器，并添加到过滤器图中。该步骤调用 ICaptureGraphBuilder 接口的 CreateOutFilters 方法，先调用 IInGraphBuilder 接口的 CreateOutFilters 方法创建捕获过滤器，然后创建所有的输出过滤器，包括压缩过滤器、Mux 过滤器和 File Writer 过滤器，最后将所有的输出过滤器都添加到第一步创建的过滤器图中，而创建输出过滤器调用了辅助功能构件中的 CreateFilter 方法。

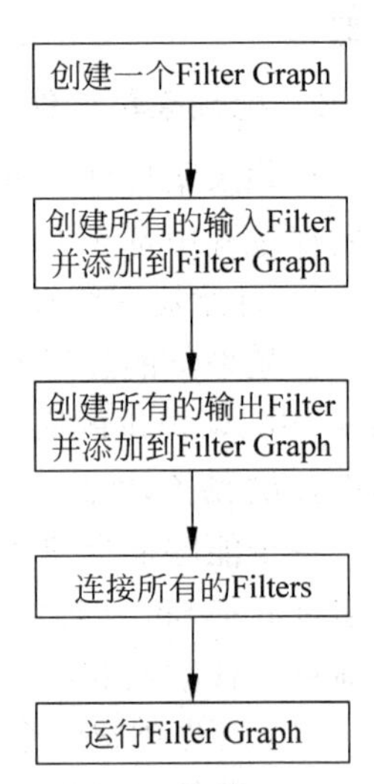

图 15-3 视频采集实现流程图

(4) 将过滤器图中的所有过滤器按照顺序连接起来。

(5) 运行过滤器图，就可以开始视频采集了。

3) 过滤器层的设计

在过滤器层中，过滤器可分为源过滤器、转换过滤器和终端过滤器三种类型。

在视频采集过程中，源过滤器主要采用各种视频捕获设备的视频捕获过滤器。对于捕捉设备过滤器的创建实质上是一个系统枚举的过程，当用户选定一个视频捕获设备后，可得到该设备的友好名字或者显示名字，然后以此名字为参数创建相应的过滤器。具体实现时，枚举特定目录下的所有设备，取出它们的名字与参数进行比较，如果匹配则调用

IMoniker::BindToObject 方法，将当前的设备标识绑定为一个过滤器形式，随后调用 IGraphBuilder::AddFilter 方法，将该过滤器添加到过滤器图中即可开始运行。

转换过滤器主要采用压缩编码过滤器、分解器（如 Smart Tee）和混合器（如 AVI Mux），分解器和混合器都是选择 DirectShow 封装的过滤器。

对于压缩编码过滤器的创建和上述过程基本一致，也是通过枚举器循环枚举所有可用的编码器，找到用户选定的编码器后，调用 IMoniker::BindToObject 方法，将当前的设备标识封装为一个过滤器，随后调用 IGraphBuilder::AddFilter 方法，将该过滤器添加到过滤器图中。

终端过滤器主要采用 Video Renderer 过滤器和 File Writer 过滤器实现。

3. 播放构件设计

播放构件主要实现的功能是对视频文件的播放、暂停和停止，通过该构件可组装出一个定制的播放器，完成对指定视频文件的播放等操作，该构件也是通过 DirectShow 构件相关技术实现的。

1）过滤器图管理层的设计

一条典型的 AVI 文件回放的链路如图 15-4 所示，文件源用于管理硬盘上指定的播放文件，并根据 AVI 分离器的要求提供数据。通过 AVI 分离器向文件源索要数据，并将取得数据的音频和视频进行分离，然后分别从各自的输出针脚输出，AVI 解码器负责视频的解码。视频提取器负责向视频窗口输出图像，默认 DirectSound 设备负责同步播放声音。根据上述分析，将设计一个播放构件 Component_VideoPlay，该构件提供了一个接口 IVideoPlay。

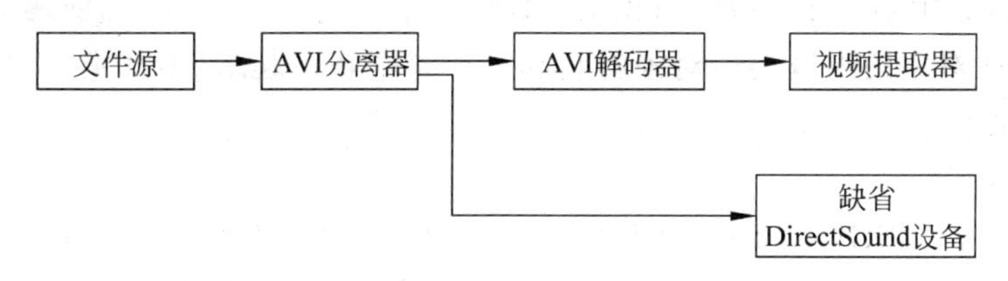

图 15-4　播放 AVI 文件的过滤器图

2）过滤器层的设计

在视频播放过程中，源过滤器文件源负责管理硬盘上指定的播放文件，通过 IVideoPlay 接口的 AddFileToPlay 方法调用 RenderFile 方法，DirectShow 自动根据播放文件的格式，生成过滤器图；转换过滤器主要采用 AVI 分离器对视频文件进行音视频的分离，AVI 解码器对视频进行解码；终端过滤器主要采用视频提取器将图像显示在视频窗口，默认 DirectSound 设备负责音频的同步播放。

4. 辅助功能构件的设计

在视频采集构件中，用到了许多过滤器，并对这些过滤器进行了相关的控制与操作。在设计的辅助功能构件（Component_SupportFunction）中，将对这些过滤器的控制功能进行封装，包含了一个接口 ISupportFunction，视频采集构件和播放构件通过连接器与辅助功能构件进行交互。

15.4 系统实现

1. 基于 MFC 的 COM 构件实现

我们设计的构件是以 COM 形式封装的，MFC(Microsoft Foundation Class，微软基类)是通过嵌套类实现 COM 接口的，并通过接口映射机制将接口和实现该接口的嵌套类关联起来的。MFC 提供了一套简明的宏实现嵌套类的定义，需要用到接口映射表、类厂和嵌套类三个概念。

1) 接口映射表

接口映射表记录了 CcmdTarget 类中每一个嵌套类的接口 ID 以及接口 Vtable 与父类 this 指针之间的偏移量，因为嵌套类不能直接访问父类的成员，而 CCmdTarget 类利用嵌套类 Vtable 与父类 this 之间的偏移量使嵌套类可以计算出父类的成员，从而访问父类的成员。

在 EVC(Embedded Visual C++)中，使用一些宏实现对接口映射表的定义并实现封装，使其易于使用，如声明接口映射，使用 DECLARE_INTERFACE_MAP 宏即可。

2) 类厂

为了使客户程序能够直接通过 CoCreateInstance 函数创建 COM 对象，在类的声明中，必须定义一个内嵌的类厂对象，宏 DECLARE_OLECREATE 可实现类厂对象的定义。

DECLARE_OLECREATE 宏的定义非常简单，仅定义了一个静态类厂对象 factory 和静态的 GUID。同时，MFC 提供了 IMPLEMENT_OLECREATE 宏指定类厂和 GUID 值。

类厂构造函数中指定了 COM 对象的 CLSID 以及 COM 对象动态创建类型信息，由于 MFC 通过 COM 对象的内嵌类厂对象将它和类厂紧密联系起来，因此类厂可利用这些信息创建 COM 对象了。

3) 嵌套类

MFC 提供了 BEGIN_INTERFACE_PART 宏定义嵌套类，其中主要定义了 QueryInterface、AddRef 和 Release 三个方法，并提供了 END_INTERFACE_PART 宏结束嵌套类的定义。

在了解这些宏之后，以播放构件为例，通过 MFC 创建 COM 对象的方法创建该构件。

- 新建 MFC DLL 工程。创建一个 MFC DLL 工程，将工程名设置为 PlayVideo_COM。在创建 DLL 时，首先选择 Regular DLL using shared MFC DLL，然后再选择支持 Automation，单击“完成”按钮创建了一个标准的 MFC DLL。
- 添加构件和接口定义。新建一个 IComponent_VideoPlay.h 文件，该文件实现如下两个功能：一是定义构件和接口的 GUID 值，GUID 值可通过 guidgen.exe 程序产生；二是使用 DECLARE_INTERFACE_宏声明接口。
- 声明构件类 CComponent_VideoPlay，并实现接口的嵌套类。使用 EVC 主菜单的 Insert/New Class 项新建 Component_VideoPlay 类，选择该类的基类 CCmdTarget。创建 CComponent_VideoPlay 类后，在其头文件 Component_VideoPlay.h 中引用 IComponent_VideoPlay.h 文件。
- 实现类厂和接口映射。

- IUnkown 接口包含三个基本的方法 AddRef、Release 和 QueryInterface，分别表示引用加1、引用减1和查找对象接口。虽然 CCmdTarget 类已实现了 IUnknown 接口，但是需要将嵌套类的 IUnknown 接口映射到 CCmdTarget 类，以支持 IUnknown 接口。
- 实现 IVideoPlay 接口的所有的方法。
- 在 CPlayVideo_COMApp 类的初始化应用程序和退出应用程序方法中，分别添加“增加全局引用计数”和“减少全局引用计数”的处理代码。

至此，完成了基于 MFC 的播放构件实现。视频采集构件与播放构件的设计方式完全一样，只是增加了三个接口，通过 guidgen. exe 程序为视频采集构件、辅助功能构件及其接口生成唯一的标识。

2. 驱动程序的配置

视频采集模块的硬件资源主要是基于中星微 DSP 芯片的摄像头，该摄像头在市面上较为常见，成像效果清晰，性价比较高，在本系统中使用较合适。系统在进行视频采集前需先检测设定视频源，系统启动后，Windows CE 操作系统自动检测 USB 设备，当发现有新的 USB 设备加入时，提示输入设备的驱动程序，采用中星微 DSP 芯片摄像头自带的驱动程序 ZXWDri0. dll，安装完毕后，Windows CE 系统能够正常使用该摄像头设备。为避免每次启动系统都要手工输入摄像头的驱动程序，需要重新定制 Windows CE 系统的注册表。方法如下：

- 手工加载驱动程序后，通过 EVC 的 Remote Registry Editor 导出与摄像头有关的三个键值，将它们放入 platform. reg 文件中。所要修改的键值包括

```
[HKEY_LOCAL_MACHINE\Drivers\BuiltIn\CAMERA]
"Prefix" = "CAM"
"Dll" = "ZXWDri0.DLL"
"Order" = dword:100
[HKEY_LOCAL_MACHINE\Driver\USB\LoadClients\2760_12315\Default\Default]
"Prefix" = "CAM"
"Dll" = "ZXWDri0.DLL"
```

其中，Prefix 为设备文件名，DLL 为驱动的文件名，Order 为设备文件名索引。

```
[HKEY_LOCAL_MACHINE\Drivers\USB\LoadClients\2760_12315\Default\ZXW30X]
"DLL" = "ZXWDri0"
```

- 为将 ZXWDri0. DLL 添加到 NK. bin 中，需要在 project. bib 中添加如下语句

```
ZXWDri0.DLL $(_WINCEROOT)\ZXWDri0 NK
```

- 在 Windows CE PlatForm Builder 开发工具中采用 make image 命令，重新生成 Windows CE 操作系统内核映像 NK. bin 文件，重新下载该文件。启动 Windows CE 操作系统后，插上摄像头，操作系统会自动识别该 USB 设备，无须输入驱动程序，即可开始图像采集工作。

3. EVC 下应用程序开发与下载

在 Windows CE 4.2 平台中，开发应用程序，我们使用了 Embedded Visual C++ 4.0 开

发环境，应用程序开发的主要步骤如下所示。

1）开发功能构件

分别对视频采集构件、播放构件和辅助功能构件进行编译，生成 DLL 文件，然后注册。

2）开发用户界面

采用 EVC 向导创建一个基于 MFC-Dialog Base 的应用程序，将项目名称设为 Golf_Simulator，通过 MFC 提供的界面完成用户界面的设计。

3）功能实现

首先，为用户界面的各个 Button 添加消息响应函数；其次，为工程添加上一步设计的各 COM 构件的 DLL；最后，在消息响应函数中调用 DLL 中封装的接口，完成视频采集及设置等相应功能。

其中，Open 按钮是个特例，当单击 Open 按钮时，将打开一个新的 Dialog 用户程序，完成对视频播放的相应处理。

应用软件开发完成后，将其添加到定制的 Windows CE 内核映像中。首先在 Windows CE 平台 release 文件夹中添加文件，然后修改平台配置文件 project. bib，最后运行 make image 命令。

在本系统的实现中，主要步骤包括：

• 将 Golf_Simulator. exe 文件添加到 Windows CE 内核映像中。

首先需要将此文件复制到 Windows CE 平台 release 目录下面，即%_WINCEROOT%\PBWorkspaces\Golf_Simulator\RelDir\SAMSUNG_UT2410XARMV4Release 目录下，然后采用下列命令修改 project. bib 文件。

```
Golf_Simulator.exe C:\WINCE420\PBWORKSPACES\Golf_Simulator\RelDir\Golf_Simulator.exe NK S
```

将 Windows CE 平台 release 文件夹下的 Golf_Simulator. exe 文件添加到 Windows CE 内核映像中，文件属性为系统文件。修改 project. bib 文件后，保存并退出。

• 将 Golf_Simulator. exe 文件与 Windows CE 操作系统内核映像一起下载到 Samsung 2410 目标板上。

在 Windows CE Platform Builder 工具的 bulid 菜单下选择 make image 命令，创建成功后，将 Windows CE 操作系统内核映像下载到 Samsung 2410 目标板上，重新开机，Windows CE 系统成功启动后，可看到设计的所有应用程序。

CHAPTER 16

第 16 章

银行产品案例

16.1 银行卡统计分析系统简介

随着我国改革开放事业的不断深入，国民经济得到了持续稳定的发展，银行卡品种与业务范围也从无到有、不断壮大，从单一储蓄卡到信用卡、联名卡、外币卡等多卡种并存，银行卡部的业务得到了长足的发展。

但是，随着我国市场经济改革向纵深推进，全国各大银行也面临着越来越严峻的挑战。一方面，各大银行的两个根本性转变，包括经营管理体制由传统的专业银行体制向商业银行体制转变和业务的发展由粗放型向集约型转变，使得传统的商业银行体制下形成的经营管理体制与现代商业银行经营管理原则之间的矛盾日益尖锐；另一方面，随着金融机构的迅速增加和金融市场日益开放，各商业银行正面临着日趋激烈的竞争。

以中国农业银行为例，近年来在充分挖掘内部潜力的基础上，通过不断加强管理，改善了企业效益，提高了自身的市场竞争能力。从根本上讲，要提高中国农业银行的竞争能力，除提高人员素质外，关键是利用计算机技术、通信技术和网络技术建立开放式、全方位的金融电子化服务体系，即经营手段电子化、经营业务电子化、经营管理电子化，以便在为客户提供方便、快捷、安全、高效服务的同时，规范自身的经营管理。正因如此中国农业银行在金融电子化建设上经多年发展已初具规模，特别是经营手段电子化与经营业务电子化方面，已实现银行卡授权查询全国联网、ATM/POS 系统全城联网等业务功能，全省乃至全国联网也指日可待。所有这些为提高服务质量，增强中国农业银行自身的竞争能力，推动银行卡业务的发展起到了积极推动作用。

但是，中国农业银行只注重了经营手段电子化与经营业务电子化的发展，对经营管理电子化的发展却没有引起足够重视，严重阻碍了银行卡业务的进一步拓展。为了提高卡部的管理水平和决策的科学性,促进银行卡业务顺利发展,迈上新台阶,我们结合银行卡的行业特点,开发了面向中国农业银行银行卡业务部、高度数据共享的集统计分析、监测等功能为一体的银行卡统计分析系统,使之成为银行业务部门管理手段和决策工具的延伸。

银行卡统计分析系统是为便于中国农业银行总行、分行、支行、网点之间及时、快速、准确地掌握行业销售、管理、服务及相关市场反应等信息,通过该系统的运用,有效搜集、整合银行卡业务相关信息,构建管理信息库,借助计算机技术实现信息的查询、检索及管理,提高办公自动化水平。借助统计分析工具,利用接收的信息,执行数据运算任务,生成有关图、表和数据。系统每日可查询各种银行卡的最新信息,并可按所需业务科目以多种形式进行显示、打印,对业务状况进行监控并预测其发展趋势;为日常管理、市场推广、客户服务等及时提供数据支持,自动对信息进行分析,并以直观的图形表示,为领导进行决策提供实时、精确、科学、清晰的数据支持。

通过银行卡统计分析系统,银行内部人员可及时地对银行卡的销售情况、客户的需求情况做出相应的了解,区分不同客户的价值贡献度,使银行可根据不同的客户做出相应的奖励,可寻找、保持有价值的客户,优化网点的布局,提高客户的满意度、忠诚度、依存度,制订相应的符合客户需求的银行卡制度,最终提高农行在全国各行中的竞争力,增加卡部的利润。

银行卡统计分析系统的建设既要考虑农行数据源多、需求差异大、地域分布广的特点,又要兼顾全行各业务应用系统、各主机平台、全国网络的现状,充分考虑如何利用现有技术先进、实用的软硬件设施;既要防止因技术落后、体系陈旧使得系统没有实用性,又要引进先进、成熟的技术实现手段,以加快系统建设步伐。同时,总体考虑系统物理平台、软件平台选择、数据库结构设计、数据采集以及系统运行效率等因素,确保系统的可扩展性,为未来发展保留足够的空间。

16.2 系统需求分析

银行卡统计分析系统需求主要内容包括以下几类。

1. 系统概述

银行卡统计分析系统在设计时应充分考虑中国农业银行的实际情况,采用集中部署,或分布部署,或集中-分布部署。对任何一种部署方式系统用户都可直接访问到网点,但在实际部署时可根据系统的性能只开放到一级分行、二级分行或支行中的一个级别。系统在设计时,做到灵活部署,满足银行卡部目前和将来发展的需要。

整个系统构建在农行现有的 OA 网络上,符合 OA 各种规范,不需要在 OA 网络上增加任何设备,充分利用农行现有的资源。

系统采用 B/S 结构,可进行银行卡各项数据的统计,客户端免安装和零维护,实现用户层、Web 服务器、应用服务器、数据库服务器的合理分布和集群技术。采用 N 层体系结构可将数据服务器与应用服务器进行多层部署,数据服务器可集中部署在省行,应用服务器则可根据其他各级分行的实际应用需求和网络环境灵活地部署在各级分行。

系统采用大模块法、月终全量法、31 天关键主档全量轮换法、主键-自由字基础数据构建法等三种 ETL 处理方法,对数据进行统计。在卡基础数据、卡应用数据处理阶段,支持重复加载、还原数据、会计日期不敏感性处理等功能。作业模块部署较灵活,相同性质的作业模块可分别部署在不同物理机器上,充分利用现有资源,进行分布式处理,进而完善数据的筛选工作。

2. 系统目标及功能

1) 系统目标

加快农行有关银行卡业务的体制改革,建立统一的分析、集中调配、统一计价、定期监控的银行卡管理体系,解决银行卡业务的日常流程统计等工作操作烦琐、工作量大、依靠手工无法保证准确性、及时性等问题。因此,需要开发高效的银行卡统计分析软件,作为管理的支持手段。系统的目标包括:

(1) 使农行银行卡部门可有效地监控有关银行卡的资金变化情况,及时做出决策,进行反馈控制,防范业务部门资金的不合理滞留和风险。

(2) 能够有效地分析银行卡各方面交易情况,如发卡量、消费清单等信息。

(3) 保证辖内机构信息的一致性和数据的可比性,便于省行统一管理各行现有的发卡量,能够集中地调配资金。

(4) 能够拓展银行卡业务的广度、深度,进而深化、细化银行卡业务。

(5) 能够提高银行卡业务工作的效率和质量,减轻业务经办人员的工作强度,减缓银行卡部人员相对紧张的矛盾。

2) 系统功能

银行卡统计分析系统在统计各种卡交易的基础上,实现对银行卡的汇总、多级分析等功能,提供数据给省行、二级分行、支行等各级银行卡业务人员和管理人员使用。主要功能包括:

(1) 完成银行卡构建的整个流程,从构建卡的基础数据、应用数据到前台实际发售银行卡。

(2) 从业务系统中提取并转换数据,然后将数据载入决策支持系统中。

(3) 从应用数据中提取信息,生成报表文件,并从多维数据区生成多维报表。

(4) 为银行卡功能管理提供一个公共平台,并提供全面的系统管理措施,确保应用系统、数据库和网络的正常运行及安全性。

(5) 实现用户管理及功能界面。

(6) 对无法从农行业务系统自动提取的有关数据,让业务人员辅助采集和维护数据,使系统数据能够满足业务部门的统计分析需求。

(7) 能够将所有数据通过报表的形式展现给银行卡部各级人员查看,便于管理人员和业务人员操作。

(8) 根据目前数据传输监控系统,实现总行数据下发和分行数据上传两部分功能。

根据上述系统功能分析,可将系统分为八个功能模块,如图16-1所示。

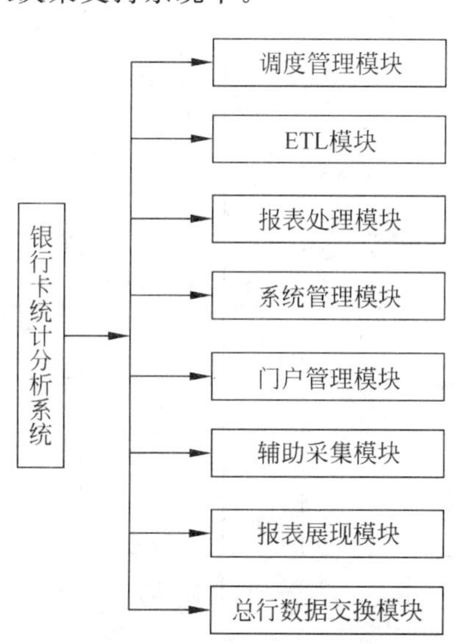

图16-1 银行卡统计分析系统主要功能

3. 辅助采集模块需求分析

(1) 涉及的岗位需求及其操作权限如表 16-1 所示。

表 16-1 系统角色操作权限

序号	角色名称	操作权限描述
1	系统管理员(省行)	对数据和系统后台进行处理
2	负责人(省行)	对下级汇总数据进行核对、检查,不通过的取消汇总
3	业务人员(省行)	查看本行及各下级行汇总数据,并及时进行更新
4	负责人(市行)	对下级汇总数据进行核对,未通过的取消汇总,并及时汇总本行的数据,与下级统一汇总上传
5	业务人员(市行)	查看本行及各下级行汇总数据,并及时进行更新
6	负责人(支行)	对下级汇总数据进行核对,未通过的取消汇总,并及时汇总本行的数据,与下级统一汇总上传
7	业务人员(支行)	查看本行及各下级行汇总数据,并及时进行更新
8	3 级主管(网点)	查看本网点数据,并及时进行更新

(2) 业务流程及用例。

通过对各岗位的业务分析,明确辅助采集的业务流程如图 16-2 所示。

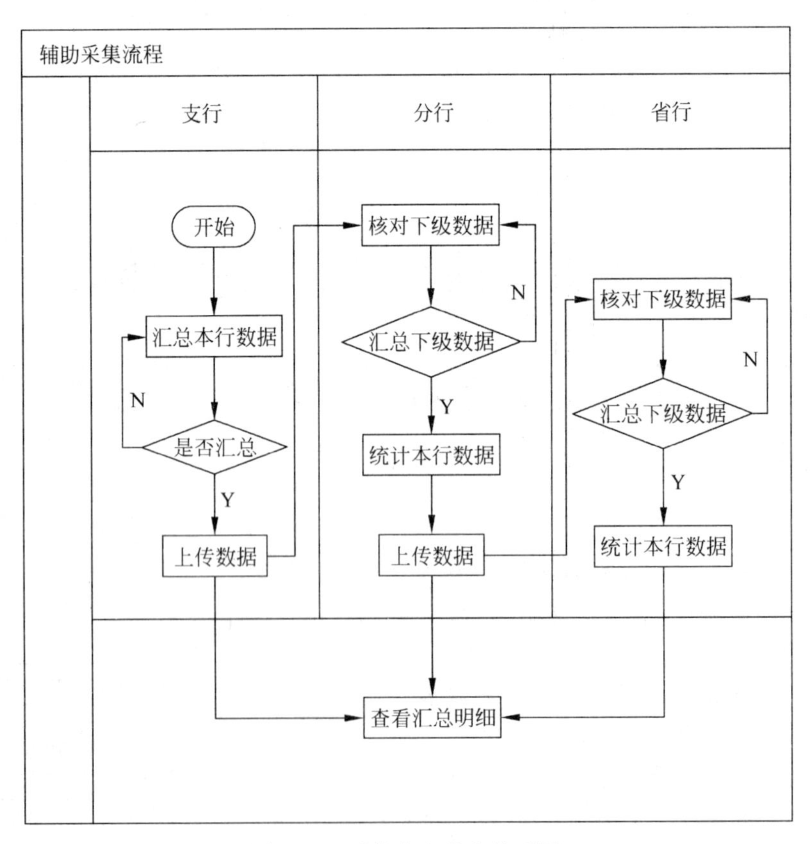

图 16-2 系统角色业务关系图

流程说明如下：

① 当数据录入时，用户手工录入的数据按用户登录的身份(是否汇总行)进行保存。当用户以所属机构是汇总行的身份登录后，可对下级数据进行汇总操作，也可对本行数据进行手工录入操作。当用户进行手工数据录入操作时，所录入的数据作为所属汇总行的下级进行保存，如当前用户所属机构是二级分行(如机构编号为409999A)，二级分行既是汇总行又可手工录入，那么录入的数据作为机构409999进行保存，在机构表中，409999是409999A的下级机构。当用户以网点机构身份进行登录时，所在的机构没有汇总功能，保存的数据以编号结尾无A的机构号进行保存，如网点所属机构是501000，登录后手工录入的数据保存到501000下。此网点是没有下级的机构，也就是机构号没有A的机构。在数据保存的同时，也将汇总行采集状态信息插入到辅助采集状态表中，以便用户进行查看。

② 用户进行汇总和取消汇总的操作时，都是以汇总行的身份进行登录的。进行汇总操作后，保存到数据库的数据状态也会有所变化，如用户以三级行的身份进行登录，当看到自己所属机构的下级数据都已汇总上来时，即状态都变成“四级行已汇总”状态时(如果所属机构的下级有网点的除外，网点的状态只能是保存和上级行已汇总)，即可进行汇总下级的操作，将所属机构所有下级的数据进行汇总操作。汇总后的数据作为汇总行的机构号插入到数据库中，如当前用户以所属机构501000A是三级行的身份进行登录，汇总后的数据以501000A作为一个字段插入到数据库中。插入到数据库中的数据状态变成“三级行已汇总”状态，所有下级的状态也都变成“三级行已汇总”状态。当用户以所属机构二级行的身份登录后，将下面的所有下级也进行汇总，将数据状态变为“二级行已汇总”，同时将汇总后的数据保存到数据库中。依此类推，数据从最小的一级开始逐级地汇总到总行。取消汇总的操作跟汇总下级的操作正好相反，即将已汇总的状态改为下级行已汇总的状态(网点机构改为保存状态)，并将汇总的数据进行删除操作，还原到未汇总的状态。注意：当用户以所属机构是网点的身份登录后，没有取消汇总和汇总下级的按钮，即不具备此两项功能。当前用户所属机构的上级已做了汇总操作，当前登录的用户就不能做取消汇总的操作，也不能做删除和数据录入的操作，只能进行查看操作。

③ 批量导入的功能和手工录入的功能基本上相同，区别在于，当用户以所属机构是汇总行的身份登录后进行批量导入操作时，当前导入的数据必须是当前所属机构的下级的数据(包括作为手工录入的机构编号无A的数据)，并做一些格式验证，验证通过后导入的数据状态将变成下级已汇总状态，如当前用户以二级行的身份登录后，导入的数据都是他的下级，状态为“三级行已汇总”网点(机构号无A的除外)，导入的数据作为各个下级的汇总数据保存。当用户以所属机构是网点的身份登录后，只能进行批量导入所属机构本身的数据。

(3) 根据辅助数据采集的功能描述，对其需求描述归纳如下。

① 录入数据。

角色：省行、分行、支行负责人及其业务人员。

内容：手工录入、批量导入。

手工录入：当手工录入时，按照用户所属总行的下级进行数据保存。

批量导入：批量导入下级行的数据并进行保存。

② 汇总数据。

角色：省行、分行、支行负责人。

内容：下级数据汇总、修改删除汇总。

下级数据汇总：以汇总行的身份登录，进行数据汇总后保存数据。

修改删除汇总：对下级汇总的数据进行审核检查，对有关数据进行修改，不合格的予以删除。

③ 查看。

角色：同级银行卡部门人员。

内容：查看汇总，查看明细，各级卡部人员对银行卡业务进行了解，以便于管理人员查看。

4. 系统非功能性需求

非功能性需求规定了系统必须满足的服务水平、非运行时间属性以及系统必须遵守的约束。非功能性需求虽然不直接影响系统功能，但在用户和系统支持人员对该信息系统的认可方面具有很大的影响。非功能性需求主要包括系统的约束与假设条件、系统的可用性、可靠性、性能、扩展性、可支持性、系统接口等。

1）生产环境配置

（1）数据库服务器：P590 或以上档次服务器，32 个 CPU，128GB 内存。

（2）Web 服务器和报表服务器：Sun Blade 2000 服务器，2 个 CPU，4GB 内存。

（3）存储设备：企业级存储，容量≥10TB。

2）开发环境配置

（1）数据库服务器：UNIX 服务器，6～8 个 CPU，24GB 内存。

（2）Web 服务器和报表服务器：Sun Blade 2000 服务器，2 个 CPU，4GB 内存。

（3）存储设备：容量≥1TB。

3）软件配置

（1）操作系统：UNIX 和 Windows 2003 Server。

（2）数据库服务：SyBase 15 或 IQ。

（3）应用服务：WebSphere、MT、CONGOS 多维分析服务。

（4）工具软件：Office Excel 2000 以上、CONGOS 软件包。

（5）开发软件：JDK1.5、Java/JSP、C、jstl 1.1、Struts 1.2、Spring 1.2 及 Ibatis 2.2。

（6）客户端：Windows 2000/Windows XP、IE6.0、Office Excel 2000 以上。

16.3 系统设计

银行卡统计分析系统主要设计内容如下所述。

1. 系统设计目标和原则

根据银行卡统计分析的整体规划，系统设计目标包括：

- 近期目标是实现银行卡相关信息的统计，生成卡部所需要的报表，同时为实现远期目标打下基础。
- 远期目标是建立完备的银行卡管理分析系统，提供经营决策信息支持。通过信息采集、存储，实现银行卡业务的全面信息化管理，并通过功能强大的信息管理分析工具，对银行卡业务进行全方位的立体信息挖掘，产生各种经营决策支持分析结果，提高银行卡运营机构的高效性、实时性、分析的准确性和科学性。

为了实现以上目标，本系统采用“统一规划、全面考虑、分步实施”的策略，具体分为两期建设。

一期建设主要功能为：

- 完成对基本数据项的统计。
- 实现业务部门提出的固定报表。
- 完成相关数据的处理和积累。
- 实现数据处理流程的自动化。
- 在条件许可的情况下，实现一些简单的分析。

二期建设主要功能为：

- 结合卡部需求，对一期的功能进行补充，并实现农行银行卡业务的分析与挖掘。
- 实施的原则主要包括可用性、易操作性、易维护性、先进性、可扩展性且充分利用现有的资源。

2. 系统技术架构设计

1）系统的物理架构

由于银行集中管理的特点，部署方案为分行、支行两级系统，省分行的网络架构如图 16-3 所示。

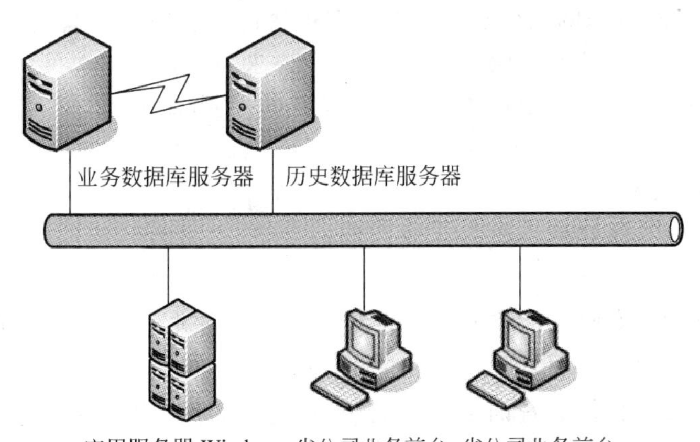

图 16-3 省分行级网络架构

银行卡统计分析系统在设计时充分考虑到中国农业银行的实际情况，可采用集中部署、分布部署、集中-分布部署多种部署方式。对任何一种部署方式，系统用户都可直接访问到网点，但在实际部署时可根据系统的性能只开放到一级分行、二级分行、支行中的一个级别。

2）业务管理架构

机构关系设计思路是按照银行卡业务数据归属关系和交易关系设置的，数据归属关系按照网点、支行、二级分行、一级分行、总行进行报表数据汇总，按照事先设置的交易关系识别交易的跨省、省内异地及同城。

数据归属关系是按照网点、支行、二级分行、一级分行、总行机构上下级关系进行向上报表汇总，这种报表数据汇总关系与业务部门要求的报表汇总关系一致。

虽然交易关系与数据归属关系基本一致，但存在以下一些特殊的关系，具体包括：

(1) 一级分行之间的同城交易。如北京分行和总行营业部之间可看作是两个平行的一级分行，但由于是同城，所有的交易都应该属于同城。

(2) 计划单列市分行与当地省分行之间。计划单列市分行与当地省分行都是一级分行，如广东分行和深圳分行，这两个分行之间的交易属于省内异地。

(3) 一个城市内存在几个二级分行，且二级分行属于不同的一级分行。如新疆分行与新疆建设兵团在同一个城市都有自己的二级分行，二级分行属于不同的一级分行，但这些同一个城市内的二级分行之间的银行卡交易为同城交易。

(4) 一个城市内存在几个二级分行，且二级分行属于相同的一级分行。如广东分行下属的佛山分行、南海支行(省行直属支行)和顺德支行(省行直属支行)之间的交易属于同城。

设计时，在实现数据归属关系的前提下，通过设置"等效收费城市代码"和"等效省内交易省份代码"，识别是否属于同城或省内异地交易。对于机构数据遵循只增不减的原则，系统保留机构数据的历史记录，发生网点机构撤并时，银行卡统计分析系统可生成撤并机构网点的历史统计报表。

3. 系统安全管理架构

1) 网络安全管理

网络的安全管理对 Web 应用程序的安全和防止来自网络层的攻击对服务器的破坏是非常重要的，本系统对网络的安全管理基本要求包括：

(1) 系统架构在农行的 OA 网上，所有的安全要求与农行的 OA 网保持一致。

(2) 确保只是农行网内的用户才能访问本系统的 Web 服务器，任何其他网络的用户都不允许访问。

2) 数据安全管理

(1) 数据的存放。所有核心数据存放在数据库中，大多数系统的配置数据也存放在数据库中。

(2) 数据的修改。对数据的修改必须在完整的事务中进行，确保数据的一致性，对于敏感数据的修改必须保留完整的流水(日志)记录。

(3) 数据的查询。数据的查询必须和应用系统的用户权限结合起来，保证操作者只能查询到权限内的用户数据。

(4) 数据的备份和恢复。数据必须能进行方便的备份和恢复，在灾难情况下必须能进行完整的恢复。

3) 用户程序安全管理

由于本系统是建立在 Web 应用基础上，对于其安全性的考虑是多方面的，如图 16-4 所示。

对于 Web 应用的安全设计必须考虑输入验证、身份验证、授权、配置管理、敏感数据保护、会话管理、密码系统、参数处理、异常管理和审核与日志记录等。

4) 安全要求

(1) 认证。只有经过认证的用户才能访问系统的资源。

(2) 授权。已认证的用户必须经过授权才能对系统指定的资源进行访问和操作，限制用户访问系统资源。

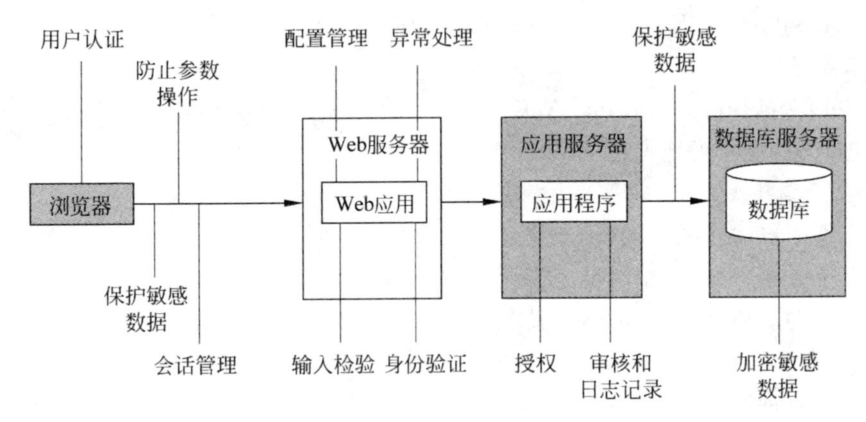

图 16-4 应用安全管理

(3) 加密。用户密码必须经过加密存储，加密算法要采取国际上流行的不可逆算法，如DES等。

(4) 访问控制。对Web资源进行保护，实现Http资源访问控制和调用访问控制等。

(5) 输入检验。检验用户输入的数据是否正确，包括数据的类型、长度、格式和范围等，对不符合要求的输入进行限制、拒绝和清理。

(6) 配置管理。对管理界面使用强身份验证和授权，避免在Web空间中存储敏感数据。

(7) 会话管理。限制会话的生命周期，加密身份验证Cookie的内容，保护会话状态不被未经授权访问。

(8) 异常管理。使用结构化的异常处理，不要暴露敏感的应用程序实现细节，不要记录私密数据(如密码)，考虑采用集中的异常管理框架。

(9) 审核和日志记录。识别恶意的行为，审核和记录所有应用程序层的活动，保护对日志文件的访问，备份和定期分析日志文件。

5) 安全框架

安全管理涉及的技术是多方面的，但是首要解决用户的认证和授权问题，因此，需要部署一个方便管理用户认证和授权的安全管理框架。在本系统中，采用了Acegi作为Web应用安全管理框架，因为Acegi是Spring框架下较成熟的安全系统，能够和目前流行的Web容器无缝集成。它使用Spring的方式提供了安全和认证安全服务，包括使用Bean Context、拦截器和面向接口的编程方式。因此，Acegi安全系统能够适用于复杂的安全需求。它具有以下特点：

(1) URL资源访问控制。

http://apps:8080/index.htm —> 公共用户

http://apps:8080/user.htm —> 所有认证用户

(2) 方法调用访问控制。

public void getData() —> 所有认证用户

public void modifyData() —> 只有系统管理员

(3) 对象实例保护。

order.getvalue()＜＄100 —> 所有认证用户

order.getvalue()>$100 —> 只有系统管理员

(4) 非入侵式安全架构。

基于Servlet Filter和Spring AOP,使商业逻辑和安全逻辑分开,结构更清晰;使用Spring代理对象,能方便地保护方法调用。

6) 安全逻辑模型

为了实现用户的认证和授权,安全逻辑模型中包括用户组、用户和资源的划分。用户组使用户和资源分离,一个用户可属于多个用户组,一个用户组拥有多个相应的资源,从而减少了权限管理的复杂度,可灵活地支持复杂的安全策略。一个资源可是一个菜单或者一个功能项,一个资源的权限分为ACL、URL和FUNTION三种类型。

为了实现对特殊用户的权限控制,加入用户-资源表,可方便地对单一用户的功能进行授权。

利用该逻辑模型可灵活地对用户的权限进行控制,满足系统对用户安全管理的需求。

4. 辅助采集模块架构设计

辅助采集模块实现了商户设备数据采集、贷记卡损失准备数据采集、网上银行交易数据采集、国际卡数据收单业务采集四个部分。其中每个业务的主要功能包括:

- 商户设备信息数据采集的主要功能是对商户及网点设备的数量进行手工录入或批量导入到系统中,然后对这些数据进行维护,最后,通过下级汇总功能,将数据进行汇总操作,以便对此类数据进行统计和分析。
- 贷记卡损失准备数据采集的主要功能是对贷记卡的损失准备数据进行手工录入或批量导入到系统中,然后对这些数据进行维护,最后,通过下级汇总功能,将数据进行汇总操作,以便对此类数据进行统计和分析。
- 网上银行交易数据采集的主要功能是对网上银行交易数据(包括交易笔数和交易金额等数据)进行手工录入或批量导入到系统中,然后对这些数据进行维护,最后,通过下级汇总功能,将数据进行汇总操作,以便对此类数据进行统计和分析。
- 国际卡收单业务数据采集的主要功能是对国际卡业务的交易笔数和交易金额数据进行手工录入或批量导入到系统中,然后对这些数据进行维护,最后,通过下级汇总功能,将数据进行汇总操作,以便对此类数据进行统计和分析。

通过对辅助采集的四种业务分析,明确了辅助采集模块具有数据录入、汇总、查看、搜索四种功能。

5. 系统详细设计

通过需求分析和架构设计,我们掌握了银行卡统计分析系统的业务需求和架构流程。在此基础上,可进一步明确系统的模型结构和数据库结构。

1) 系统建模

系统的总体逻辑结构分为数据源层、卡基础数据层、卡应用集市层和前台展现层,其中:

(1) 数据源层。主要包括ABIS、AIPS、交换中心、国际卡系统、辅助采集系统等多种数据源系统获取的数据文件。

(2) 卡基础数据层。包括日源数据加载区、临时过渡区和基础数据区三个部分。日源数据加载区中的数据是数据源经过初清洗、加工形成的,日源数据加载区只保留每天的增量数据

(月底全量);临时过渡区存放加工过程中的临时数据;基础数据区是日源数据加载区的数据经过加工形成的数据,包括类源数据基础档案、静态数据档案和辅助采集数据档案三个部分。

(3) 卡应用集市。主要是对卡基础数据进行深加工、统计生成的,包括应用数据区、多维数据区和多维立方体。应用数据区的数据是由基础数据区的数据经过深加工、统计生成的,主要用来生成电子报表和生成多维分析区的数据;多维分析区的数据是由基础数据区和应用数据区的数据经过加工形成的;多维立方体用来提供多维分析、多维查询、多维报表,多维立方体的数据是对多维分析区的数据加工后生成的,包含银行卡统计分析系统中的所有基本数据项。

(4) 前台展现层。包括电子报表、定式查询、随意查询、多维报表、多维查询、多维分析和智能分析七个部分。

2) 辅助采集模块详细设计

下面以辅助采集模块为例,介绍系统的详细设计内容。

辅助采集模块由四种业务组成,但是每种业务都有录入、批量录入、查看明细、汇总下级、查看汇总、取消汇总、修改、删除等功能实现。

通过合理划分和定义系统的实现对象,可将商户设备数据采集业务实现分为五个类,下面对这五个类的属性及其操作进行描述。

(1) 类 action. ChShopTermAction。

类 action. ChshepTermAction 描述了接收用户请求的功能,并在数据库中做出相应的操作。

公共操作:Creat()创建新的数据,Add()将新的数据添加进数据库,UPload()装载下级行所有数据,Total()对数据进行汇总,Seetotal()查看汇总过的数据,Dodown()取消汇总操作,Find()查找数据,Delete()删除汇总。

(2) 类 service. ChShopTermService。

类 service. ChShopTermService 描述了各功能相对独立的操作,同时需要调用 dan. ChShopTermDAO 的一些方法。

公共操作:SelectAllChshopTermByDteld()选择商户设备 ID,InsertshopTerm()插入商户设备信息数据,SelectUpLoadFileList()选择需要批量录入行,SelectAllChshopTermBankCode()选择银行机构号,SelectChshopTermAsSonTotal ()选择汇总行,DeleteChshopTermByCodeAndDte()删除商户设备名称和数据,DeleteChshopTerAndStatus()删除商户设备信息。

(3) 类 dao. AssistantBaseDAO。

在数据访问层,对辅助模块所有业务的功能进行综合,完成数据库的操作。

公共操作:InsertChAssistantStatus()插入商户设备信息,UpdateChAssSta()更新数据,SelectAllChshopTermBankCode()选择商户设备行号,UpdateChAssStatusTotalMark()更新数据信息标志,DeleteeChAssStaByCodeAnddDte()删除名称代码和数。

(4) 类 action. FileUploadAetion。

类 action. FiteuPloadAction 描述了批量录入时的更新存储操作。

公共操作:Save()存储更新后数据信息,Update()更新批量录入的数据。

(5) 类 dao. ChShopTernDAO。

类 dao. ChshopTermDAO 也在数据访问层中,完成数据库中商户设备表的操作。

数据访问层的功能主要包括以下四点：

① 实现对系统内各种资源和外部资源的统一访问。

② 仅进行纯粹的资源访问，实现一种松散耦合。

③ 给上层提供访问数据库、文件等的接口。

④ 数据库查询操作是一种基本的功能操作，需要对该部分工作进行进一步抽象，如建立类图，以提高系统的可维护性和可重用性。

16.4 系统实现

以辅助采集模块为例进行介绍系统实现。

1. 辅助采集模块实现

1）商户设备信息数据采集

商户信息数据采集由数据录入、批量录入、查看明细、汇总下级、查看汇总、取消汇总、修改、查看、删除等功能组成，下面以数据批量录入为例进行说明。

批量录入功能是业务人员选择并确认待导入商户设备信息的 Excel 文件，将通过合法性验证的数据文件内容插入到数据库中，并将其保存为当前机构级别的下级汇总状态。同时，满足以下条件方可录入。

(1) 录入期间。当前系统工作日期的前两个月至当前工作日期的下个月之间的数据可录入。

(2) 该期间待录入月份数据没有录入完毕。

(3) 待录入月份的上级没有进行汇总下级的操作。

2）贷记卡损失准备数据采集

贷记卡损失准备数据采集是由数据录入、批量录入、查看明细、汇总下级、查看汇总、取消汇总、继续数据录入、查看明细、修改、查看、删除等功能组成，其中以数据录入为例进行说明。

数据录入是业务人员对贷记卡损失准备数据进行手工录入操作，并将数据保存到数据库中。同时，满足以下条件方可录入。

(1) 录入期间。当前系统工作日期的前两个月至当前工作日期的下个月之间的数据可录入。

(2) 该期间待录入月份数据没有录入完毕。

(3) 待录入月份的上级没有进行汇总下级的操作。

3）网上银行交易数据采集

网上银行交易数据采集由数据录入、批量导入、查看明细、汇总下级、搜索、修改、删除、查询等功能组成，其中以数据录入为例进行说明。

数据录入是业务人员对网上银行交易数据进行手工录入的操作，将数据保存到数据库中。同时，满足以下条件方可录入。

(1) 录入期间。当前系统工作日期的前两个月至当前工作日期的下个月之间的数据可录入。

(2) 该期间待录入月份数据没有录入完毕。

(3) 待录入月份的上级没有进行汇总下级的操作。

4) 国际卡收单业务数据采集

国际卡收单业务数据采集由数据录入、批量导入、查看明细、汇总下级、搜索、修改、删除、查询等功能组成，其中以数据录入为例进行说明。

数据录入是业务人员对国际卡收单业务数据进行手工录入，将数据保存到数据库中。同时，满足以下条件方可录入。

(1) 录入期间。当前系统工作日期的前两个月至当前工作日期的下个月之间的数据可录入。

(2) 该期间待录入月份数据没有录入完毕。

(3) 待录入月份的上级没有进行汇总下级的操作。

2. 银行卡统计分析系统测试环境

压力测试是通过大量用户同时对系统进行操作，对系统产生大量的服务请求，测试系统在这种情况下的响应时间、CPU 占用率、内存使用情况等性能指标，可验证系统的处理能力、稳定性和健壮性。

测试系统配置如表 16-2 所示。

表 16-2 测试系统配置

项目机器	主机型号	数量	处理器	内存/GB	盘阵/GB	网卡	操作系统	数据库
数据库主机	HP SUPER DOME	1	4	20	200	1KM	HP-UX 1.1	SyBase 15
应用服务器	HP SUPER DOME	1	4	20	50	1KM	HP-UX 1.1	SyBase 15
Web 主机	PC Server	1	2	4	73	1KM	Win 2000	SyBase 15
客户端	PC	2	1	0.5	40	100M	Win XP	

压力测试方法是通过工具捕捉用户操作，自动生成脚本，然后通过单点控制并发多用户自动执行相应脚本的行为进行性能测试。通过工具由一个中心控制点，在一个或几个主机上同时模拟成千上万实际用户的操作，从而生成一致的、可测量的及可重复的系统负载，同时记录每一个虚拟用户的反应时间，自动收集客户端、网络及服务器的性能数据，为测试结果的分析提供依据。

通过压力测试，可明确辅助采集功能模块在功能上完成了提出的需求和设计，但某些地方性能问题较严重，在后台数据量过多的情况下，不能很好地满足提出的性能要求，需要进一步提高代码质量，充分利用商业数据库的特点，以提高性能。为此，采用以下方案：

- 索引优化是关键。该工作进行得越早，人力成本越低；考虑的角度越高，综合性能越佳。
- 应尽快形成使用数据库索引可操作的简明实用手册。
- 应该对索引形成文档，并进行变更管理。
- 建立索引时，应考虑实时业务是否有很大影响，并进行验证。

从浏览器打开设计的页面，查看点击页面的超链接，是否能够进入相应正确的页面；对页面中的可选项，选择不同的选项，确认后，看是否能够进入正确的页面；确认数据库已连接，生成的报表正确显示了数据库中的相关数据内容。经过上述运行测试，表明系统达到了设计目标及要求。

CHAPTER 17

第 17 章

电信产品案例

17.1 电信服务在线计费系统简介

对于电信运营商而言，最重要的资产是客户，因为客户是收入的来源。如何发展新的客户？如何保留现有客户？如何从每一个客户那里获取更多的收益？这些是电信运营商最关心的问题。对于中国电信而言，数据业务虽然是未来发展方向，但目前所占收入比例不到15%；主营的固定电话业务又增长缓慢甚至出现负增长，目前在电信行业中，增长性高、赢利能力强的业务是移动业务。面对3G牌照已经发放的形势，如何尽快发展移动业务，为中国电信带来新的收益来源，从而保证企业的可持续增长，已成为中国电信经营的巨大挑战。

面对目前移动通信市场竞争激烈的形势，中国电信必须为用户提供丰富的业务和合理的业务资费策略，在提供业务捆绑的情况下，有效控制预付费用户的欠费风险。现有的计费系统存在不同的缺陷，建立一个能够满足灵活计费需求的电信服务在线计费系统（简称在线计费系统）正是在此背景下提出的。

所谓在线计费系统，其目标是为预付费用户提供丰富的业务和灵活多样的业务资费策略，实现各种业务捆绑，有效控制预付费用户的欠费风险，发挥运营商的电信服务优势，帮助运营商吸引更多的用户使用适合的套餐业务，提高AUPU（平均每个用户每月带来的收益）值，增加运营收入，巩固市场地位。

本项目将从中国电信业务需求的角度出发，详尽分析各类优惠业务的业务特征，提出在线计费系统的功能需求、框架设计和核心计费模块设计方案，如何避免欠费和透支等。同时，考虑实际应用中中国电信对系统大容量和高可靠性的要求，将服务器集群、负载均衡、数据库重连、多线程池动态调度、实时高速缓存数据库等关键技术用于在线计费系统的设计中。

17.2 概要设计

电信运营商级别的在线计费系统要求功能强大，一旦上线后将承担十分重要的工作，所以在系统设计阶段应从实际的计费需求角度全面考虑，在系统设计时至少需提供以下功能：

(1) 实时计费。

(2) 套餐数量没有限制。

(3) 灵活的优惠方案。

(4) 多费率支持。

(5) 可扩展性。

(6) 系统的开放性。

(7) 大容量和高可靠性。

在线计费系统的体系结构分为两个方面的设计：

(1) 系统体系结构主要讨论系统的整体架构，各网元在系统中的位置和功能分布等。

(2) 软件体系结构主要采用三层分布式体系结构。

我们设计的在线计费系统是一个由服务器群构成的可伸缩、可扩展的平台，执行从实时逻辑到后台处理的所有操作。实时逻辑是指认证、授权和计费等实时操作的规则，将采用软交换的方式实现。在图17-1系统体系结构中，软交换服务器一方面与数据库相连，一方面与硬件设备交换机相连，实现所有的交换、认证、实时计费、实时结算等实时处理功能。

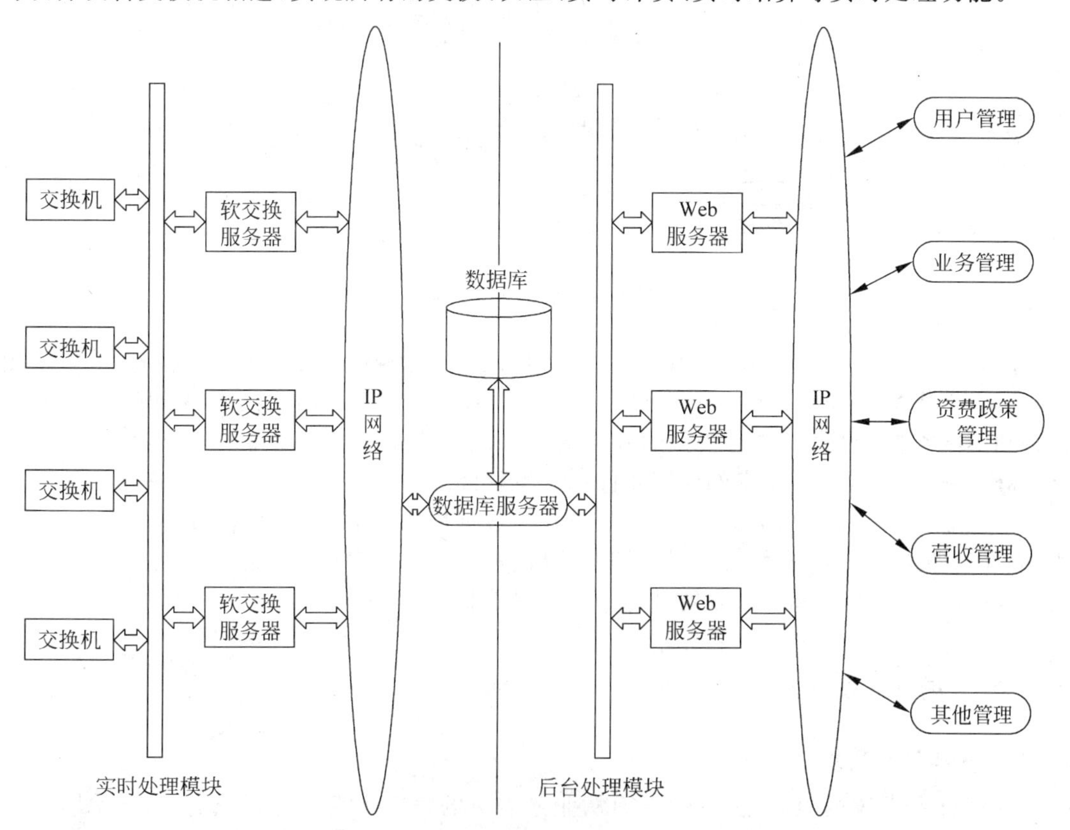

图17-1 系统体系结构

同时,在后台处理中,提供了各种后台解决方案,如用户管理、业务管理、资费政策管理、营收管理以及销账处理、结算分摊和数据分析等其他管理功能。

系统体系结构从逻辑上包含一个服务器群,每个服务器完成特定的任务,如软交换服务器、数据库服务器、Web 应用服务器等。根据用户量的大小,可将这些逻辑上独立的服务器合并在一起,同时也可基于分布式的应用,将各种逻辑服务器分布在各个节点上。

软件将采用三层分布式体系结构(如图 17-2 所示),主要包括:

(1) 最上层为终端软件,主要是 Web 浏览器,其功能是为业务运营者提供维护和管理系统、客户、计费账务、营销等界面。

(2) 第二层为应用软件,主要提供数据采集、计费处理等手段。

(3) 最底层基础软件则为操作系统、数据库、Web 服务器等基础软件。

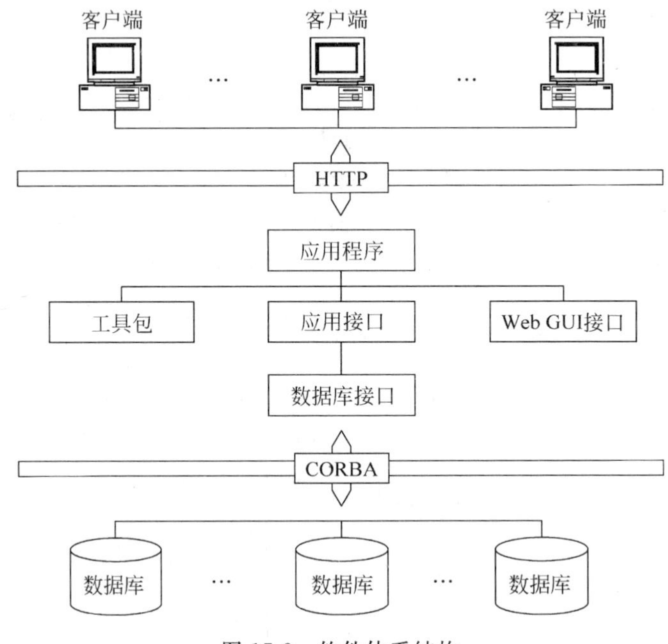

图 17-2 软件体系结构

服务器的操作系统使用 UNIX 或 Windows 2003 Server,终端机的操作系统使用 Windows XP、Windows 2000 或 Windows 98 等。操作系统具有较强的网络功能,支持不同机种和不同类型的网络;具有较强的容错能力和故障恢复能力;支持图形界面,支持汉字(国标码)环境,还提供了丰富的应用软件和开发软件。

数据库软件为关系型数据库,支持分布式的数据库管理和数据处理,支持多用户、多线程、多处理器工作方式,提供开放式的编程接口,具有较高的容错能力和恢复能力,提供较强的安全机制,可对数据库、表、表列进行授权访问限制。

17.3 详细设计

1. 基本计费功能

在线计费系统的核心是计费,下面从业务需求的角度出发设计系统的基本计费功能。从市场推广和吸引消费者使用的角度,计费系统需要实现各种各样的优惠功能,供用户选择，主要的优惠功能可分为时段优惠、用量优惠、被叫优惠和信用优惠以及针对集团用户的优惠，分别描述如下。

1）时段优惠

时段优惠包括节假日优惠和时间优惠两部分。

节假日优惠定义一年中某些日期，如法定假期的优惠，在这些日期内的通话按优惠政策进行优惠；时间优惠是以一个星期为周期进行设置，定义了一周内某日的某个时间段优惠，落在该时间段内的通话按优惠政策进行优惠。当节假日优惠和时间优惠重复时，取高优惠。

2）用量优惠

用量优惠是根据通话时长进行优惠的一种方式，如通话时长为0～160秒时，优惠率为10%；160～400秒时，优惠率为20%等。用量优惠在话单批价时使用。

3）被叫优惠

对于用户经常拨打的一些号码，计费系统应提供一种优惠，以鼓励用户拨打这些号码，这就是被叫优惠。被叫优惠让用户选择一些号码，在拨打这些被叫号码时，将享受一定的优惠。被叫优惠在话单批价时使用。

4）信用优惠

系统应支持多种基于赠送话费、通信量的优惠业务。

5）集团用户业务

中国电信业务收入的很大一部分来自企业客户（简称集团用户或大客户），随着各运营商对集团用户资源竞争的日益激烈，留住已有集团用户以及发展新的集团用户成为中国电信业务增长的重要部分。

计费系统应提供集团用户业务，即面向集团用户，利用优惠资费捆绑集团用户，同时这种业务不应更改用户拨号习惯，只从计费的角度进行处理。

2. 计费模块的设计

通过对各种优惠业务的需求和功能分析，下面采用一套规则设计计费模块，实现以上各类优惠功能的计费。

一般来讲，对话单进行批价计算费用并处理是在线计费系统最重要的功能之一，高可靠性、高性能及灵活性是计费系统的主要特征。随着各运营商之间的激烈竞争，中国电信越来越重视计费系统的服务质量，提供实时的预付费服务便成了各运营商提高服务质量的重要手段。

话单批价计费处理主要目的是对预付费用户实行实时计费，下面的设计只针对本地通话的一般情况，其他情况类似。

首先，从分析预付费用户的一般呼叫流程入手开始设计，图17-3为预付费用户的一般呼叫处理流程。

用户呼叫处理流程详细描述如下：

- 手机通过基站向交换机发出呼叫请求。
- 交换机向用户数据中心获取用户数据的请求。
- 用户数据中心向交换机返回用户数据。
- 交换机判断用户为预付费用户，向批价处理中心发出获取最大允许呼叫时长的请求。

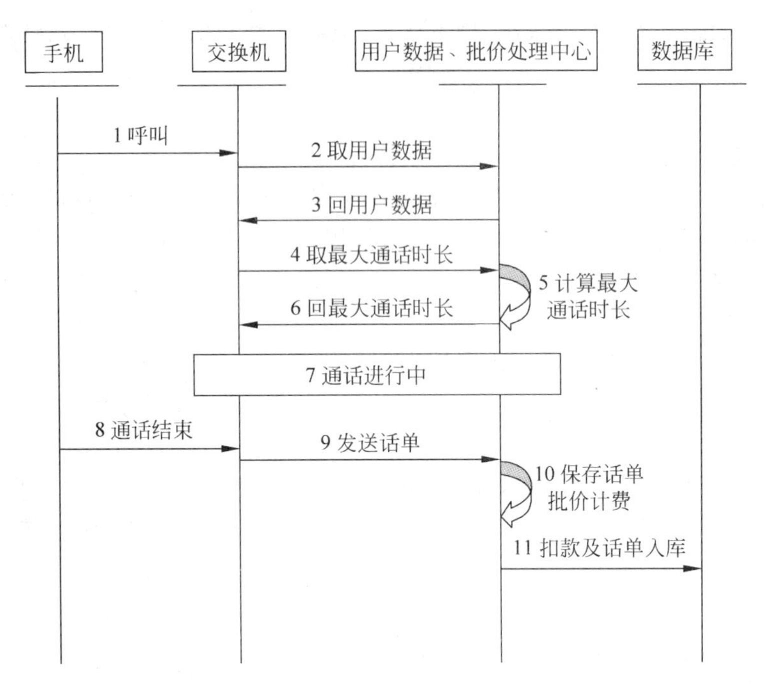

图 17-3 预付费用户呼叫处理流程

- 批价处理中心收到请求后根据相应用户账户余额和计费套餐等信息计算本次呼叫允许的最大呼叫时长。
- 批价处理中心将计算出的最大呼叫时长返回给交换机。
- 交换机判断最大呼叫时长>0,为用户建立呼叫。
- 手机用户挂机或已达到最大呼叫时长。
- 交换机拆除通话连路,产生话单送给批价处理中心。
- 批价处理中心计算通话实际费用。
- 批价处理用户中心将从账上余额中扣除该费用,并将批价话单存入数据库话单表供查询统计。

通过以上流程分析,话单批价处理中心应该具备以下功能:

- 实时接受交换机送来的话单,判断是否是预付费用户;对于预付费用户话单则进一步进行批价。
- 在预付费用户发起呼叫前,根据其账上余额精确计算该呼叫所能持续的最大时间。
- 当用户通话达到最大通话时间时,指挥交换机拆线,并发出余额不足的语音提示。
- 呼叫结束后,根据该用户的套餐实时计算电话的实际话费。
- 支持多计费套餐的计费政策。
- 支持单一费率和多种费率的综合计费。
- 支持时段优惠、时间优惠、用量优惠、被叫优惠、信用优惠、集团优惠等多种优惠政策的单一实行及组合实行。
- 支持时长计费和字节数计费,计费单元可精确到 1 秒和 1 字节。

- 为控制预付费用户的通话时长，避免出现账户透支欠费的情况发生，在电话接续完成以前，需计算出该用户当前账户下的本次最大通话时长。如果时长大于当次费率最小起跳时长，则允许呼出；如果小于，则不允许呼出。

那么，如何计算预付费呼叫的最大时长呢？我们将采用非线性二分递归算法实现，算法具体描述如下：

每次通话的最大时长为可配置项，假设一天是 24 小时，即 86 400 秒。第一次用最大时长模拟一条话单，对该话单计费，若费用大于或等于用户账上余额，则返回最大时长。否则，每次将时长折半逼近产生虚拟话单通话时间，一直到该话单的费用等于用户余额。此算法既能保证最大通话时间的准确性，又具备高效性。

接着，一般话单批价处理中心系统结构如图 17-4 所示。

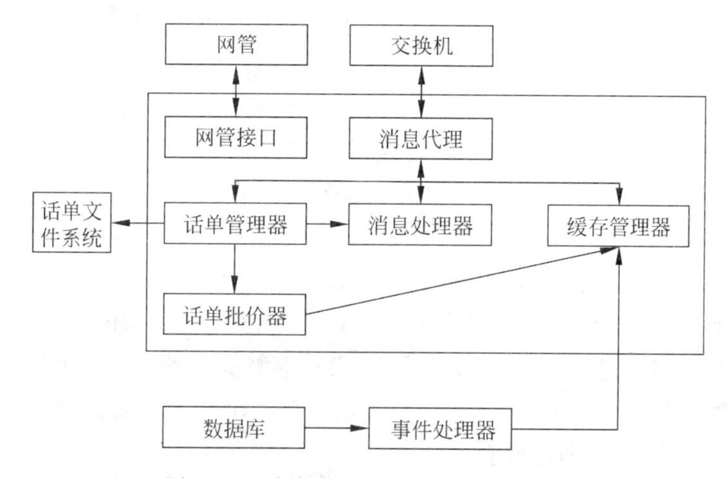

图 17-4 话单批价处理中心的系统结构

话单批价处理中心的各功能模块包括如下所示。

1）话单管理器

话单管理模块包含话单组装器、话单预解析器和本地在线话单处理器，其中：

（1）话单组装器从消息队列中获取原始话单消息，通话结束后对这些话单进行组装。

（2）话单预解析器首先解析本地原始话单，判断这些原始话单是在线话单还是错误话单，然后将所有的原始话单写入已配置的文件系统中。本地在线话单将被添加到在线话单队列中，等待在线话单处理器的进一步处理。

（3）本地在线话单处理器的功能是对本地在线话单进行批价处理，从本地在线话单队列中取出话单，进行批价，然后将批价结果存入本地数据库中。

2）消息处理器

消息处理器是话单的主要处理器，从服务请求队列中获取所有消息，然后分成两类请求：一类是获取最大通话时长，另一类是话单处理。

本地用户的获取最大通话时长请求将被立即处理，其响应消息被添加到消息代理应答包中，话单处理请求将被添加到原始话单队列中，等待话单管理器的进一步处理。

3）缓存管理器

缓存管理器用于提供高性能数据访问及不同软交换话单之间的数据同步，同时存储所有用户信息和需要进一步组装的话单。

4）话单批价器

预付费话单批价计费逻辑，从话单管理器接受话单，根据一定的规则对话单进行费用计算。

5）消息代理

消息代理接收来自交换机的所有请求信息，然后将这些请求信息添加到请求队列中，等待消息处理器进一步处理。另外，从响应队列中获取信息，并将其发送回原交换机。

6）网管接口

网管接口设计用于提供话单批价处理中心与上层网管的所有网络管理接口。

下面将设计一套处理流程实现话单批价和计费。原则上，从交换机吐出的话单应至少包括主叫号码、被叫号码、话单类型、通话开始时间、通话结束时间等计费相关的信息。

一套在线计费系统一般用于多种业务，利用参数驱动的业务模型描述通常的业务概念或业务产品，将业务分解成多个基本的、可用于计费的功能项。系统可对这些业务计费项进行定义，描述其计费的方法，如计费项的计费单位、最小计费时长、话单表名、固定费用等。通过对计费项的设置，系统可灵活方便地适应业务发展的要求。

在设计对主叫号码进行批价计费流程以前，先介绍该过程需要用到的一些术语和概念。

(1) 业务计费项：业务计划定义的业务参数。每个业务计费项包括计费方式、计费单位、起跳基数、呼入/呼出计费时限、跨时段的优惠方式、费用名称、用量名称和话单表名。

(2) 计费套餐：对任何一类业务都需要定义一套计费规则，多种计费方式的集合被称为一个计费套餐。为了推广业务，一项业务计划可有多个计费套餐。当一个用户选择一项服务后，可选择最适合自己的计费套餐。

(3) 费率：一组费率的集合，费率的选取需要字冠检索。

(4) 优惠套餐：批价优惠套餐表示在一种计费套餐下，为各个计费项制订的一整套具体的批价规则。批价优惠套餐将业务计费项与费率和优惠关联，在每种计费套餐下，业务的各计费项都有自己的费率方案和优惠方案，即在不同的优惠套餐下，相同的计费项可能具有不同的费率和不同的优惠方案，最终由优惠套餐决定一张话单的计费方式。

(5) 计费方法：根据主叫、被叫的地域信息、话单类型，进行参数定位业务计费项的方法。通话区间的定义，按序支持三种定义方法，以方便定义和查找。

- 字冠：直接使用电话号码，或电话号码的前几位。
- 地区：配置地区，可在字冠集合中进行字冠检索。
- 通配符：约定用 $ ALL，表示所有的字冠。
- 地区与字冠集：通过地区与字冠集构成计费路由集合，可根据不同的计费需要定义不同的地区，并在为这些地区关联定义不同的字冠。免费字冠是指一些免费的主叫或被叫号码，它们可以是完整的电话号码，也可以是电话号码的前几位。地区记录了地区的区号、地区代码、地区名称等信息，其中，“地区区号＋地区代码”构成了地区的唯一标志。
- 区域集：用于集团用户计费和计费被叫优惠，定义一群号码，可对这些号码相互之间发生的呼叫话单定义计费参数。一般地，区域集优先于计费方法。

- 字冠检索与缩位匹配的方法：采用缩位匹配，字冠的匹配采用从右向左的缩位匹配方法，如对号码“021114”，首先用整个号码去查找，如果找不到，舍掉最右边一位，用“02111”匹配；如果还找不到，再用“0211”匹配，依此类推。

对上述术语有了基本了解后，下面将设计话单批价处理的过程，主要步骤包括：

7）分析话单

话单分析过程主要是为了分离出一条话单中的各个基本要素，一条CDR话单包括业务类型、主/被叫号码、开始/结束时间、呼叫方向等一些基本要素。

首先判断业务类型，如果是电话业务，继续下面的处理过程；如果是其他业务，执行相关业务流程。

对上面各个基本要素进行检查，将不符合要求的话单写入错单表并写入日志。检查的错误有：

（1）主叫号码太长（超过20位）。

（2）被叫号码太长（超过20位）。

（3）起始时间格式错误（正确格式为YYYY/MM/DD/HH/MI/SS）。

（4）终止时间格式错误（正确格式为YYYY/MM/DD/HH/MI/SS）。

（5）起始或终止时间小于0。

（6）主叫号码和被叫号码相同。

（7）主/被叫号码格式不对。

（8）重复话单。

8）判断是否免费特服号

根据呼叫方向是呼出或呼入，判断被叫或主叫是否免费特服号。如果是，无须批价处理。

9）取电话业务信息

根据电话号码判断用户是否是预付费用户，如果是免费用户或后付费用户，无须批价处理。

10）判断是否在同一区域集

对主/被叫号码查找区域集明细，缩位匹配，判断是否属于同一个区域集。如果是，则直接使用区域集配置的计费项，而不再按正常规则查找计费方法。

11）查找计费方法计费项

根据主叫电话号码匹配字冠，以找到对应的地区。采取号码递减匹配算法，根据主叫和被叫，确定呼叫类型、呼叫方向，查找通话区间表，找到对应的计费方法，根据计费方法从计费项表获取计费项。

12）查找优惠套餐

对每个计费项，从计费项表中取计费项参数。如果话单时长小于每个计费项的最小呼出时限，则该计费项不计费。

在主叫计费时，查询被叫号码是否为主叫的被叫优惠号码。如果是，取出优惠方案。

根据计费用户的套餐编号、计费项编号，从优惠套餐表中找到对应的优惠套餐，从而得到应使用的费率、时段优惠和用量优惠。其中，费率为必需的值，时段优惠和用量优惠可为空。

13）计算该计费项的费用

预付费批价处理始终以费率表为准。从费率表取出费率的对应属性，根据费率编号，主/被叫域属性从费率表获取费率。假如费率是对称的，如果用主叫、被叫没有取到费率，需要交换主叫和被叫的顺序，再查找费率。费率查找时，部分支持缩位匹配和通配符“$ ALL”。

检查电话在处理的计费项上是否有可用的信用优惠，如果有，取出信用优惠值，用于正在处理的话单，并从信用优惠记录中减掉使用的值。

如果在优惠套餐中获取了用量优惠，从用量优惠表取到对应的用量优惠信息，然后根据话单的用量情况匹配到优惠额度。

如果在优惠套餐中获取了时段优惠，将话单的通话时间按各种优惠条件拆分为时间片。如果有优惠，分别按节假日优惠和时间优惠分拆通话时间；如果没有优惠，将整个通话时间当成一个时间片。

根据计费项参数、费率、优惠率对各个时间片计算，得出该计费项总费用。然后，计算该次通话所包含的所有计费项，得出该次通话总费用。

14）话单入库

计算出各计费项之后，根据每个计费项定义中对应的话单表和字段将话单入库。一条话单的不同计费项可能会对应到不同的表，可能会在每个相关的话单表中生成记录。但是在同一个话单表中，只能有一条记录，而且不同计费项的话费不能使用同一个话单表中的相同字段，如拨打168信息台的一次通话，在市话表和信息话单表中都要创建一条记录。

批价处理的过程，是为每条话单找到相应的费率，计算费用并给予优惠的过程。

在线计费系统可采用参数驱动式计费，根据主/被叫关系，通过计费方法，查找计费参数—业务计费项，通过优惠套餐将计费参数、计费套餐、费率计划、优惠关联在一起，找到相应的费率，计算费用并给予优惠。找到了费率和折扣后，如果配置了被叫优惠、信用优惠，对话单进行优惠。优惠后，生成批价处理话单，存入数据库中。

3. 高级计费功能

高级计费是对计费系统做功能上的进一步提升，一般通过在一定周期内使符合某些条件的用户享受到一定优惠。其表现形式可多种多样，下面介绍话费包月业务和多消费多送业务两种最常用的高级业务。

1）话费包月业务

从用量限额的角度可分为“封顶”和“不封顶”两种类型。“不封顶”话费包月没有用量上限；“封顶”话费包月有用量上限，用户以固定的费用（通常比较优惠）享受一定用量，超过这一用量时恢复正常的资费标准。

在线计费系统对于包月封顶业务的实现方式采用先扣款，如包月费20元，然后进行优惠量的赠送，如赠送30元市话，这样可避免欠费，并将包月费提前收回来，保护运营商的利益。优惠量可赠送到不同的计费项或计费项的组合，如25元到市话，5元到国内长话，用户的赠送优惠量将优先于用户的正常余额予以使用。

2）多消费多送业务

优惠模式是根据用户在一段时间内的通信量或通信费用给用户一定的优惠，进行话费赠送等。运营商通过该业务可鼓励用户消费，该优惠又称用量累计。

系统需要支持以若干天、账期为周期单位，在周期结束时，按照计费套餐的定义，基于用户通信量或通信费用在周期内的累积额度，对用户进行优惠，优惠以话费赠送等形式体现。

4. 计费管理功能

在线计费系统除了实现上述讨论的基本和高级计费功能外，对预付费用户的管理也是不可或缺的功能。下面将主要讨论对预付费用户的自动/停复机和通知催缴业务，提出它们的业务需求和功能设计。

1）预付费自动停/复机

预付费自动停/复机的功能是在欠费的情况下自动将用户停机，避免用户的透支；当用户充值后自动进行复机，对于计费系统，该功能是必须考虑的。

预付费用户的欠费、存款信息全部体现在当前存款上，存款为正是正常状态，为负是欠费停机状态。

通常，自动停/复机控制不仅要考虑到欠费临界值，还要考虑到欠费时间，如中国电信的要求是，预付费用户存款≤0 时半停机，欠费 10 天内未交清欠费的，10 天后予以全停。

系统支持灵活的停/复机参数功能包括：

(1) 预付费欠费半停临界值。

(2) 预付费欠费半停宽限期限。

(3) 预付费欠费全停临界值。

(4) 预付费欠费全停宽限期限。

(5) 预付费复机临界值。

当用户余额满足下列规则之一，系统将进行相应的处理：

- 当某预付费用户存款≤半停机临界值，且欠费时间等于或超过预付费半停机宽限天数时，系统自动将该用户半停机。
- 当某预付费用户存款≤预付费全停机临界值，且欠费时间等于或超过预付费全停机宽限天数时，系统自动将该用户全部全停机。
- 当某预付费用户存款≥预付费复机临界值时，系统自动将该用户复机。

对于预付费用户，用户的欠费已变成负值存款，而且由于预付费是实时计费的，我们单从现有的存款历史中无法得到每个预付费用户到底何时开始欠费。因此，需要有一个机制记录预付费用户开始欠费的时间点，确切地说是存款达到或跨过半停机和全停机临界值时的时间点。然后，自动停/复机程序再根据此记录实施相应的停/复机操作。

针对预付费存款设计一个存款监控器，完成记录欠费时间点的功能。当预付费用户的存款发生变化时，如打电话或存退款，存款监控器将对该用户的预存款与欠费半停临界值、欠费全停临界值和复机临界值分别进行比较。当预存款≤欠费半停临界值时，检查是否已存在该用户有效的半停检测点。如果没有，则生成半停检测点；然后，预存款与欠费全停临界值做比较，当小于或等于全停临界值时，同样检查是否已经存在该用户有效的全停检测点。如果没有，则生成全停检测点；然后，预存款与复机临界值做比较，当大于或等于全停临界值时，将半停和全停的检测点全部取消。

设计自动停/复机程序，根据存款监控器记录的欠费半停检测点和欠费全停检测点，对预付费用户实施相应的停/复机操作。该程序主要包含欠费半停处理、欠费全停处理和复机处理三部分，每个程序运行周期之前，将从系统配置中获得预付费自动停/复机程序运行间隔时间，作为本次运行周期结束后的睡眠时间。

2）预付费自动通知催缴

预付费自动通知催缴功能是除自动停/复机之外，另一种控制欠费额度、降低经营风险的有效措施，主要功能包括：

（1）通知功能。对于预付费用户，当用户余额小于一定金额（预付费通知临界值）时，开始提醒用户缴费，进行电话语音提示。

（2）催缴功能。对于预付费用户，当用户余额小于一定金额（预付费催缴临界值）时，开始话费催缴。

通知催缴外部工作实体可通过工控设备 IVR 系统实现，也可用第三方的语音系统接口实现。

对于预付费用户，电话通知催缴状态包括正常状态、通知状态和催缴状态，电话的通知催缴状态记录该电话当前时刻的通知催缴状态。

预付费自动通知催缴功能需要定义以下参数。

- 预付费通知临界值。
- 预付费最大通知成功次数。在一个通知（催缴）运行周期内，最大的成功通知（催缴）次数。
- 预付费最大通知失败次数。在一个通知（催缴）运行周期内，最大的失败通知（催缴）次数。
- 预付费最大通知失败周期数。对于在一个周期内，全部通知（催缴）失败的电话，需要在下一个通知（催缴）周期继续通知（催缴），直到达到最大通知（催缴）周期数。
- 预付费成功通知间隔。在一个通知（催缴）运行周期内，一次成功通知（催缴）之后和下一次进行通知（催缴）的间隔时间（单位：分钟）。
- 预付费失败通知间隔。在一个通知（催缴）运行周期内，一次失败通知（催缴）之后和下一次进行通知（催缴）的间隔时间（单位：分钟）。
- 预付费通知失败周期间隔。对于在一个周期内，全部通知（催缴）失败的电话，需要在下一个通知（催缴）周期继续通知（催缴），直到达到最大通知（催缴）周期数，两个通知（催缴）周期之间的时间间隔就是通知（催缴）失败周期间隔（单位：分钟）。

17.4 系统实现

在线计费系统是一个由服务器群构成的可伸缩、可扩展的平台，将采用软交换的方式实现实时计费等操作。软交换服务器是一个由物理服务器和特定功能的软件组成的实体，一方面与数据库相连，一方面与硬件设备相连，考虑到在中国电信实际使用中，需要同时满足许多并发用户的计费需要，将带来对系统容量以及冗余可靠性等要求。那么，面对中国电信复杂的营运环境，如何实现其大容量和高可靠性呢？下面将采用一些目前 IT 业界较成熟的技术，实现在线计费系统的大容量和高可靠性目标。

1. 服务器集群技术

服务器集群技术用于实现服务器的高性能和高可靠性，集群中的服务器数量可任意增减，使得服务器的性能可满足各种不同层次应用的要求，同时集群对外是透明的，集群中任意服务器停止服务不会影响整个服务器集群对外的服务。

在线计费系统服务器集群可以采用虚 IP 技术，虚 IP 是指绑定在网络接口卡上的逻辑 IP，该 IP 地址可随时从一个网络接口卡迁移至另一个网络接口卡，或者由一台主机迁移至另一台主机。一个在线计费系服务器集群不对外公开其物理 IP，而仅对外公开一个或者一组虚 IP，对服务的请求不是发送到集群的物理 IP 而是发送到虚 IP，从而实现集群对外的透明。

集群内所有服务器通过组播的方式通信，通信采用类似于 VRRP(虚拟路由器冗余协议)。集群中没有中心服务器，所有服务器的地位都是对等的。集群内的某些服务器停止工作，或者集群内的服务器数量发生变化时，集群的虚 IP 将在集群内的服务器中重新分配，从而使发送至某个虚 IP 上的请求总能被某台活动的服务器接收处理。

服务器集群的工作方式可分以下两种模式。

(1) 主/被(1+1)模式。服务器集群一般配置两台服务器，对外只有一个公开的虚 IP，对服务器的所有请求均发送至该虚 IP，绑定了该虚 IP 的服务器称为主服务器，没有绑定虚 IP 的其他服务器称为备用服务器。当主服务器发生故障时，主服务器会主动向备用服务器发送切换请求，同时释放绑定的虚 IP，备用服务器收到切换请求，或者发现主服务器停止服务时，将绑定虚 IP，同时广播一个 ARP 消息，通知该虚 IP 发生切换，从而完成主/备服务器角色的转换。

(2) 负载均衡(N+1)模式。服务器集群可配置 N 台服务器，对外公开一组虚 IP，虚 IP 的数量可是任意的，当其中某一台服务器停止服务时，虚 IP 在集群中重新分配。

服务器集群的工作方式可通过配置，在上述两种工作模式之间实现切换。同时，服务器集群中某台服务器停止服务到被发现需要一定的时间，这个值是可配置的，一般配置为 1 秒。

2. 负载均衡

负载均衡技术是实现系统高可靠性、大容量的必备手段之一。

计费中心的服务器必须具备提供大量并发访问服务的能力，其处理能力和 I/O 能力将成为提供服务的瓶颈。如果连接的增多导致通信量超出了服务器可承受范围，那么其结果必然是宕机。显然，单台服务器有限的性能不可能解决这个问题，一台普通服务器的处理能力只能达到每秒几万个到几十万个请求，无法在一秒钟内处理上百万个甚至更多的请求。但若能将 10 台这样的服务器组成一个集群系统，并通过软件技术将所有请求平均分配给每个服务器，那么该系统完全拥有每秒钟处理几百万个甚至更多请求的能力，这是利用服务器群集实现负载均衡的基本设计思想。

将计费中心集群服务器配置成 N+1 型服务模式，通过交换机对多台计费中心服务器的轮询，实现系统负载均衡。

3. 实时高速缓存数据库

在线计费系统对后台数据库有大量的数据需要更新，为实现数据的高速存取，同时保证数据操作的实时性，在设计时引入实时高速缓冲数据库技术。它对上层的应用程序来说，相当于一个“真实”的数据库。当应用程序启动时，建立一个缓存数据库，装载物理数据库中的所有用户数据和计费数据等处理预付费业务必须的数据。在应用运行中，缓存数据库不但保持与物理数据库的数据同步，而且保证多个应用程序之间缓存数据库的数据同步。

缓存数据库与物理数据库相比，具有以下优点：

- 直接对物理数据库进行操作，其速度无法满足应用程序的实时、高性能要求，而缓存数据库由于将数据放在内存中，具有非常高的访问速度，可高速地完成数据的各种操作。
- 当物理数据库出现故障时，直接对数据库进行操作的应用程序无法进行正常工作，严重时可能导致中断服务，而使用缓存数据库则能够保证应用继续进行正常工作，由缓存数据库的后台数据同步管理模块进行数据库的重连及数据同步，可保证应用服务不被中断。
- 缓存数据库提供了 1+1 和 N+1 两种备份机制，保证了数据在多台应用服务器之间的同步。

4. 多线程池动态调度

从每台独立工作的服务器应用程序的设计角度考虑，可引入多线程池动态调度技术，充分利用硬件系统资源，提高应用服务性能。多线程的并发执行满足了系统实时处理和分布式处理的要求，通过设计应用程序支持线程池和消息队列，实现了跨平台的线程管理和队列管理功能，可实现在不同的计算机上各个线程之间相互通信和协同工作。

多线程池的管理功能包括：

- 线程对象的创建和销毁。
- 方便线程的启动、停止和暂停控制。
- 所用者可自由地重载线程流程函数，定义自己特定的线程工作流程。
- 可重载线程停止控制函数，指定线程停止条件。
- 提供线程的无条件停止控制功能(kill thread)。
- 线程对象本身具有线程安全性。
- 提供 PreProcess()和 ExitProcess()接口，进行预处理和退出处理。

5. 数据库重连技术

引入数据库重连技术，可实现应用服务的高可靠性。由于预付费用户的余额及每个计费话单及时送到数据库保存，便于用户通过 Web 界面或 IVR 查询台查询，因而应用服务器和数据库应保持时刻在线。当数据库出现异常及数据库周期性维护时，数据库重连技术保证了应用的正常服务。在数据库连接成功后，自动重复数据库操作。在应用程序的开发中，应加入判定当前与数据库连接是否正常，如果检测到当前与数据库连接中断，应用程序应采用数据库重连技术，在不中断应用服务的情况下，周期性地发起一个重连数据库的请求，直到成功地与数据库建立连接，然后开始对数据库的相应操作。

参考文献

1 郭兵,沈艳,林永宏,等. SoC技术原理与应用. 北京：清华大学出版社,2006.

2 鲍有文. 软件技术基础. 西安：西安电子科技大学出版社,2007.

3 中国软件产业发展战略研究报告. 互联网实验室,2006.

4 软件产业"十一五"专项规划. 国家工业与信息化部,2008.

5 周奇. 计算机软件专利保护研究. 硕士论文,四川大学,2005.

6 吴克威. CMM与中国软件人才培养模式的研究. 长春师范学院学报(人文社会科学版),2008.

7 邹轶,徐述. 从印度软件业的崛起思考中国软件人才的培养模式. 科技信息(学术研究),2007.

8 H. M. Deitel. C++大学教程(第五版). 北京：电子工业出版社,2006.

9 张少仲,李远明. 软件开发管理的实践——超越CMM5的企业案例分析. 北京：清华大学出版社,2005.

10 陈宏刚、林斌,等. 软件开发的科学与艺术. 北京：电子工业出版社,2002.

11 刘天时. 软件案例分析. 北京：清华大学出版社,2008.

12 俞辉等. 嵌入式Linux程序设计案例与实验教程. 北京：机械工业出版社,2009.

13 Jean J. Labrosse著. μC/OS-Ⅱ-源码公开的实时嵌入式操作系统. 邵贝贝译. 北京：中国电力出版社,2001.

14 罗刚,郭兵,沈艳. Winbond W90P710评估板上μC/OS-Ⅱ RTOS的移植. 计算机应用研究,2008,25(8).

15 王防修,周康. 通过哈夫曼编码实现文件的压缩与解压. 武汉工业学院学报,2008,27(4).

16 林建英,伍勇,李建华,全伟伟. 一种易于硬件实现的快速自适应哈夫曼编码算法. 大连理工大学学报,2008,48(3).

17 Roger S. Pressman. Software Engineering: A practitioner's Approach(Forth Edition). 机械工业出版社,2005.

18 Stephen R. Schach. Software Engineering with Java, 机械工业出版社,2006.

19 郭兵. 嵌入式软件开放式集成开发平台体系结构研究[博士学位论文]. 电子科技大学计算机学院,2002,5.

20 郭兵. SoC技术研究及在家庭网关中的应用[博士后出站报告],电子科技大学计算机学院,2004,7.

21 郭兵,熊光泽,陈宇. 嵌入式应用软件开发环境的构造. 计算机应用,2000,20(7)：7～9.

22 GNU软件用户参考,http://www.fsf.org, 2009.

23 吕凤翥,马皓. Java语言程序设计. 北京：清华大学出版社,2006.

24 Java语言程序设计. http://www.javadrive.jp/j2me/game/3/index.html.

25 方美琪,付虹蛟. 电子商务简明教程. 北京：清华大学出版社,2003.

26 刘彦舫,褚建立. 电子商务概论. 电子工业出版社,2004.

27 葛志远. 电子商务应用与技术. 北京：清华大学出版社,2005.

28 钱志新. 企业商务电子化导论. 北京：科学出版社,2004.

29 余绍军,李春友. 电子商务概论. 长沙：湖南大学出版社,2005.

30 李跃贞. 电子商务概论. 北京：机械工业出版社,2005.

31 王晋海,刘光昌. 短信息服务SMS的开发. 计算机工程与设计,2003,7.

32 杨献峰. 搜索引擎个性化检索技术的研究. 中国石油大学,2007,12.

33 贾崇,陆玉昌,鲁明羽. 一种支持高效检索的即时更新倒排索引方法. 计算机工程与应用,2003,29：198-201.

34 Effeet of relationshiPs between words on Japaneseinformation retrieval, Atsushi Matsumura, ACM Transactions on Asian Language InformationProeessing, 2006: 264-289.
35 范炎,等.用 Native Bayes 方法协调分类 Web 网页.软件学报,2001,12(9): 1386-1391.
36 张晓刚,李明树.智能搜索引擎技术的研究与发展.计算机工程与应用,2001,24: 67-69.
37 雷景生,林东雪,符浅浅.基于改进向量空间模型的 Web 信息检索技术研究.计算机工程,2005,31(1): 14-16.
38 张银奎,廖丽,宋俊.数据挖掘原理.北京: 机械工业出版社,2003,4.
39 张林,郭兵,张传武,沈艳.基于短信的移动搜索二次排序算法研究与设计.计算机工程,2008,34(10): 43-46.
40 张林.基于短信的移动搜索平台研究与设计[硕士学位论文].四川大学计算机学院,2008,5.
41 陈华恩.基于嵌入式 Linux 的中小企业网防火墙的设计与实现[硕士学位论文].西安电子科技大学计算机学院,2006,10.
42 陈伦艳.基于 ARM9 的网络 MP3 播放器的研究与实现[硕士学位论文].大连理工大学通信学院,2008,12.
43 李允,熊光泽,等.面向对象的实时多任务系统设计方法.计算机科学,2000,27(9).
44 王志平.分布式硬实时操作系统研究[博士学位论文].电子科技大学计算机学院,2000.
45 黎忠文.分布式控制系统中新安全保障技术的研究-安全核技术[博士学位论文].电子科技大学计算机学院,2001.
46 张世琨,王立福,杨芙清.基于 COTS 组件的系统开发.计算机科学,2000,27(1): 6-8.
47 郭晓东,刘积仁,等.嵌入式系统虚拟开发环境的设计与实现.计算机研究与发展,2000,37(4): 413-417.
48 朱军,华庆一,郝克刚.一个基于 CORBA 的图形用户界面体系结构及实例.计算机学报,1999,22(1): 79-85.
49 杨芙清,方裕,等.一个集成化的软件工程环境.软件学报,1993,5(2): 1-8.
50 杨芙清,邵维忠,梅宏.面向对象的 CASE 环境青鸟 II 型系统的设计与实现.中国科学(A 辑),1995,25(5): 533-542.
51 杨芙清,邵维忠,宗志东,朱冰.过程驱动的软件工程环境.电子学报,1998,8.
52 王书庆.CAD 系统集成和集成技术剖析.计算机工程与应用,2001.11: 101-104.
53 李保建,曾广周,林宗楷.一种基于 TriBus 的软件集成框架.计算机研究与发展,1999,36(9).
54 Rochit Rajsuman 著.SoC 设计与测试.于敦山,盛世敏,田泽译,北京: 北京航空航天大学出版社,2003,8.
55 Roger S Pressman. Software Engineering: A practitioner's Approach(Forth Edition).北京: 机械工业出版社,1997.
56 Dr Nimal Nissanke. Real-time System. NewYork: Prentich Hall,1997.
57 Stephen R Schach. Software Engineering with Java.北京: 机械工业出版社,1999.
58 James Rumbaugh,Ivar Jacobson,Grady Booch. The Unfied Modeling Language Reference Manual.北京: 机械工业出版社,2001.
59 Rick Grehan, Robert Moote, Ingo Cyliax. Real-Time Programming: A guide to 32-bit embedded development.北京: 电力出版社,2001.
60 Real-time UML,B . P Douglass,NewYork: Addison Wesley,1998.
61 kenneth C Louden 著.编译原理及实践.冯博琴等译.北京: 机械工业出版社,1999.
62 杨文龙,姚淑珍,吴芸.软件工程.北京: 电子工业出版社,1998.
63 William Stallings 著.计算机组织与结构: 性能设计.张昆藏,施一萍,经致远译,北京: 清华大学出版社,1999.
64 Grady Booch, James Rumbaugh,Ivar Jacobson 著.UML 用户指南.邵维忠,麻志毅,张文娟,孟祥文译,

北京：机械工业出版社，2001.
65 Software Architecture：Perspectives on An Emerging Displine，Mary Shaw，David garlen，北京：清华大学出版社，2001.
66 Steve Furber. The ARM System-On-Chip architecture. 北京：北京航空航天大学出版社，2002.
67 Wayne Wolf 著. 嵌入式计算机系统设计原理. 孙玉芳、罗保国等译，北京：机械工业出版社，2002.
68 朱子玉，李亚民. CPU 芯片逻辑设计技术. 北京：清华大学出版社，2005.
69 Frank Vahid，Tony Givargis 著. 嵌入式系统设计. 骆丽译，北京：北京航空航天大学出版社，2004.
70 曾繁泰，王强，盛娜，等. EDA 工程的理论与实践. 北京：电子工业出版社，2004.
71 Erraya A，Sungjoo Yoo，Wehn N. Embedded Software for SoC. Kluwer Academic Publishers，2004.
72 Co-verification of Hardware and Software for ARM SoC Design，Jason R. Andrews，Newnes，2004.
73 宋克柱，杨小军，王砚方. 边界扫描测试的原理及应用设计. 电子技术，2001，10.
74 牛风举，刘元成，朱明程. 基于 IP 复用的数字 IC 设计技术. 北京：电子工业出版社，2003.
75 GB/T 18349-2001，Integrated Circuit / Computer Hardware Description Language Verilog[S]（in Chinese）(中华人民共和国国家标准 GB/T 18349-2001，集成电路/计算机硬件描述语言 Verilog[S]).
76 盛焕烨，王钮. 网络安全攻防对策综述. 上海交通大学学报，2001.
77 冯运波，杨义先. WWW 安全技术. 北京：人民邮电出版社，2001.
78 宋书民，朱智强. 防火墙技术指南. 北京：机械工业出版社，2002.
79 Netsereen HomePage. http://www. netsereen. com，2008.
80 CheekPoint HomePage. http://www. cheekpoini. com，2008.
81 Cisco HomePage. http://www. cisco. com，2008.
82 OPSEC HomePage. http://www. opsec. com，2008.
83 刘文涛. Linux 网络入侵检测系统. 北京：电子工业出版社，2004.
84 博嘉科技. Linux 防火墙技术探秘. 北京：国防工业出版社，2002.
85 Linux kernel 2. 4. http://www. kernel. org，2008.
86 厉海燕，李新明. Linux 的 Netfilte：功能框架. 微机发展，2002.
87 唐正军. 网络入侵检测系统的设计与实现. 北京：电子工业出版社，2002.
88 W Richard Stevens 著. TCP/IP 协议详解卷 1：协议. 范建华，张涛等译，北京：机械工业出版社，2000.
89 Miehael Sehindler. Practical Huffman coding. http://www. compresseconsult. com/huffman，2008.
90 孔样营，柏桂枝. 嵌入式实时操作系统 VxWorks 及其开发环境 Tomado. 北京：中国电力出版，2002.
91 周立功. ARM 嵌入式系统基础教程. 北京：北京航空航天大学出版社，2005.
92 魏洪兴. 嵌入式系统设计师教程. 北京：清华大学出版社，2006.
93 吴明晖. 基于 ARM 的嵌入式系统开发与应用. 北京：人民邮电出版社，2004.
94 卢官明，等. 数字音频原理及应用. 北京：机械工业出版社，2005.
95 Seymour Shlien. Guide to MPEG-1 Audio Standard. IEEE Transactions on Broedeasting，December，1994，40(4)：206-218.
96 徐伯勋，白旭滨，等. 信号处理中的数学变换和估计方法. 北京：清华大学出版社，2004.
97 龙帅. MPEG-1 Layer3（MP3）解码算法原理详解. http://www. mp4teeh. net/document/audiocomp/，2008.
98 倪继利. Qt 及 Linux 操作系统窗口设计. 北京：电子工业出版社，2006.
99 王爱文. Linux 平台下基于 Qt 的电子海图的研究与实现[硕士学位论文]. 哈尔滨工程大学，2004.
100 王田苗. 嵌入式系统设计与实例开发. 北京：清华大学出版社，2003.
101 周立功. ARM 嵌入式处理器基础与实践. 北京：北京航空航天大学出版社，2003.
102 S3C2410X 32-bit RISC miero-processor user's manual revision 2，Samsung Inc，2003.
103 孙天泽，袁文菊，张海峰. 嵌入式设计及 Linux 驱动开发指南——基于 ARM 处理器. 北京：电子工业出版社，2005.

104 贺忻. 软件开发生命周期时序图. http://www. testage. net，2008.
105 陈学凯. 嵌入式流媒体播放器的设计. 浙江大学，2005.
106 史济民. 软件工程原理、方法与应用. 北京：高等教育出版社，2001.
107 张海藩. 软件工程导轮. 北京：清华大学出版社，1997.
108 Jean J. Labrosse. μC/OS-Ⅱ The Real-Time Kernel (Second Edition). 北京：北京航空航天大学出版社，2003.
109 谢敏. μC/OS-Ⅱ 在 Freescale 56800 系列 DSP 上的实现. 南京航空航天大学研究生院机电学院，2006.
110 査峰. JFFS2 文件系统存储策略的研究与实现. 大连理工大学，2006.
111 μC/FS User & Reference manual, Micriμm Technologies Corporation. Micriμm Technologies Corporation，2002.
112 任哲. 嵌入式实时操作系统 μC/OS-Ⅱ原理及应用. 北京：北京航空航天大学出版社，2005.
113 刘丙成. μC/OS-Ⅱ内核分析及其平台的构建. 内蒙古理工大学，2005.
114 W90P710 Evaluation Board Hardware Application Note, Winbond Electronics Corporation，2007.
115 W90P710CD/W90P710CDG 16/32-bit ARM microcontroller Product Data Sheet, Winbond Electronics Corporation，2007.
116 丁国超. μC/OS-Ⅱ实时操作系统在 ARM 微处理器上的移植. 哈尔滨理工大学计算机与控制学院，2005.
117 李明. μC/OS-Ⅱ 在 SkyEye 上的移植分析. WWW. mcuol. com，2003.
118 童鑫. μC/OS-Ⅱ的移植与堆栈改进. 武汉理工大学，2006.
119 方安平，肖强. μC/OS-Ⅱ的实时性能分析[J]. 单片机与嵌入式系统应用，2005.
120 Ganssle Jack G. The Art of Programming Embedded Systems. San Diego: Academic Prress，1992.
121 Madnick E Stuart, John J Donovan. Operating Systems. New York: McGraw-Hill，1974.
122 探矽工作室. 嵌入式系统开发圣经(第二版). 北京：中国铁道出版社，2003.
123 马忠梅. ARM 嵌入式系统处理器结构和应用基础. 北京：北京航空航天大学出版社，2002.
124 James F. Kurose, Keith W. Ross 编著. 计算机网络——自顶向下方法与 Internet 特色(第三版). 申震杰，杜江，王金伦译，北京：清华大学出版社，2006.
125 Bruce Eckel 编著. Java 编程思想(第三版). 陈吴鹏，饶若楠等译，北京：机械工业出版社，2005
126 H M Deitel, P J Deitel 编著. Java 程序设计教程(第 5 版). 施平安，施惠琼，柳赐佳译. 北京：清华大学出版社，2004
127 吴建，郑潮，汪杰. UML 基础与 Rose 建模案例. 北京：人民邮电出版社，2004.
128 Roger S. Pressman bianzhe 编著. 软件工程——实践者的研究方法(第六版). 郑人杰，马素霞，白晓颖译，北京：机械工业出版社，2007.
129 Sun 中国技术社区，http://gceclub. sun. com. cn /chinese_java_docs. html.
130 Dean Leffingwell, Don Widrig 编著. 软件需求管理用例方法(第 2 版). 蒋慧译. 北京：中国电力出版社，2007.
131 吕凤翥，马皓. Java 语言程序设计. 北京：清华大学出版社，2006.
132 李诚. Java2 简明教程(修订 2 版). 北京：清华大学出版社，2004.
133 Gary Cornell. Java 技术核心(第 6 版). 北京：机械工业出版社，2003.
134 王克宏. Java 技术教程(高级篇). 北京：清华大学出版社，2005.
135 (美)阿斯里森・舒塔. Ajax 基础教程. 北京：人民邮电出版社，2006.
136 Carolyn Begg. 数据库系统(第 3 版). 北京：电子工业出版社，2005.
137 王晋海，刘光昌. 短信息服务 SMS 的开发. 计算机工程与设计，2003.
138 杨献峰. 搜索引擎个性化检索技术的研究. 中国石油大学，2007.
139 袁琦. 移动搜索技术与业务发展研究. http://www. catr. cn/txjs/jsyj/200708/t20070817_620168.

htm,2007.

140 孔超. 基于 GSM 无线网络的远程数据传输系统. 南京理工大学,2006.

141 刘斌. Master Java ME. 北京：电子工业出版社，2006.

142 王强. 基于 GSM 短信的远程审批应用研究. 同济大学,2007.

143 Bruce Eckel. Thinking in Java (Third Edition). Prentice Hall,2004.

144 刘伟，李小武，罗明. CGI 技术全面接触[M]. 北京：清华大学出版社,2001.

145 张移山. CGI 程序设计指南[M]. 北京：中国水利水电出版社,1998.

146 The WWW Ccommon Gateway Interface Version 1. 1 (RFC 3875)[S]. The Internet Society，2004.

147 孟卫君,周利华. 嵌入式 Linux 下基于 CGI 的文件上传下载的实现. 计算机技术与发展,2006.

148 杨波,赵辉,贾燕. Linux 下的 Web 服务器技术[M]. 西安：西安电子科技大学出版社,2001.

149 Adele E Howe, Daniel Dreilinger. SavvySearch: A MetaSearch Engine that Leams Which Search Engines to Query[J]. AI Magazine,1997.

150 Tara Calishain,Kevin Hemenway. Spidering Hacks. O'Reilly,2003.

151 Sergey Brin and Larry Page. The anatomy of a large-scale hyper textual Web search engine. In Proceedings of the Seventh International World Wide Web Conference,1998.

152 贾崇,陆玉昌,鲁明羽. 一种支持高效检索的即时更新倒排索引方法. 计算机工程与应用,2003.

153 江有福,郑庆华. 自然语言网络答疑系统中倒排索引技术的研究. 计算机技术与发展,2006.

154 Richard J. Roiger, Michael W Geatz. Data Mining. A Tutorial-Based Primer,2003.

155 David Hand, Heikki Mannila. Data Mining (Principles of Data Mining). Padhraic Smyth,2003.

156 Atsushi Matsumura. Effeet of relationshiPs between words on Japaneseinformation retrieval. ACM Transactions on Asian Language InformationProeessing,2006.

157 M M Sufan Beg. A subjective of measure web search quality. Information Sciences-Informatics and Computer Science: An International Journal, 2005.

158 Kleinberg J M. Authoritative sources in hyPerlinked environment,Joumalofthe ACM,1999.

159 范炎,等. 用 Native Bayes 方法协调分类 Web 网页. 软件学报,2001.

160 Shin H, Moon B, Lee S, Adaptive multi-stage distances join procession. In Proceedings of ACM SIGMOD,Dallas,T. X. ,2000.

161 Matthew Richardson. Beyond PageRank: machine learning for static ranking. International World Wide Web Conference,2006.

162 张晓刚,李明树. 智能搜索引擎技术的研究与发展. 计算机工程与应用,2001.

163 雷景生,林东雪,符浅浅. 基于改进向量空间模型的 Web 信息检索技术研究. 计算机工程,2005.

164 Brin S, PageL. The anatomy of a large-scale hyper-textual Web-search engine [A], Proc 7th International World Wide Web Conference[C]. Brisbane,SIGIR,1998.

165 Jughoo Cho, Hector G M, Lawrence P. Efficient crawling through URL ordering [A]. Proc 7th International World Wide Web Conference[C]. Brisbane,SIGIR,1998.

166 张银奎,廖丽,宋俊. 数据挖掘原理. 北京：机械工业出版社,2003.

167 W Fan,M Luo,L Wang, W Xi, and E A Fox. Tuning before feedback: Combining ranking discovery and blind feedback for robust retrieval [J]. In the Proceedings of the 27th Annual International ACM SIGIR Conference on Research and Development in Information Retrieval,2004.

168 曲传久. 基于构件的智能手机操作系统应用层的开发与研究. 武汉理工大学硕士学位论文,2005.

169 熊宇昆. 基于 Windows CE 的智能手机(Smartphone)系统开发. 西安电子科技大学硕士学位论文,2006.

170 林建民. 嵌入式操作系统技术发展趋势. 计算机工程,2001.

171 陈文智,谢铖,石教英. 一个构件化嵌入式操作系统的精确控制内核. 计算机学报,2006.

172 何宗键. Windows CE 嵌入式系统. 北京：航空航天大学出版社,2006.

173 王旭东,徐刚. 基于 Windows CE. Net 4.2 嵌入式操作系统多媒体播放器的应用研究. 微计算机信息,2006.

174 Windows CE. NET 4.2 产品概述. http://www. microsoft. com/china/windows/embedded/cenet/evaluation/cenet/default. mspx,2006.

175 UP-NETARM2410-S 快速开始手册(WinCE) V 1.0,博创科技,2006.

176 熊文峰,张永瑞,齐云. Windows CE 下 GPS 与 PDA 串行通信的实现. 电子科技, 2006.

177 马亮,孙艳春. 软件构件概念的变迁[J]. 计算机科学,2002.

178 王志坚,费玉奎,娄渊清. 软件构件技术及其应用. 北京:科学出版社,2005.

179 王景涛,罗燕京,樊东平. MIS 系统构件化开发方法中连接器构件的设计. 控制与决策,2003.

180 Raphael Malveau, Thomas J Mowbray. Software Architect Bootcamp(First Edition). Prentice Hall PTR, 2000.

181 于卫,杨万海,蔡希尧. 软件体系结构的描述方法研究. 计算机研究与发展,2000.

182 古幼鹏. 嵌入式实时软件的构件化开发技术研究. 电子科技大学博士学位论文,2005.

183 Michael Sparling. Lessons Learned Through Six Years of Component-Based Development [J]. Communications of the ACM,2000.

184 Components,Framework,Patterns,Johnson R E,ACM SIGSOFT Software Engineering Notes,1997.

185 陆其明. DirectShow 实务精选[M]. 北京:科学出版社,2004.

186 方波,曾致远. 基于 DirectShow 的流式立体视频播放器的设计与实现[J]. 宽带网络与传输,2004.

187 崔怡,何继淳,刘小丹. 基于构件的远程视频监控系统设计与实现. 计算机工程,2006.

188 陆其明. DirectShow 开发指南[M]. 北京:清华大学出版社,2003.

189 王景涛. MIS 系统构件化开发方法中的构架实例化的研究与实现. 北京航空航天大学硕士学位论文,2003.

190 李刚,金茂忠. 适应性软件体系结构研究. 计算机科学,2002.

191 赵恒,王振宇,叶俊民. 软件连接器规范化描述研究. 计算机应用,2001.

192 张益贞,刘滔. Visual C++实现 MPEG/JPEG 编解码技术. 北京:人民邮电出版社,2002.

193 DirectX SDK Documentation for C++. Microsoft Corp, 2006.

194 覃曦. 基于 Windows CE 的视频点播客户端设计. 电子科技大学硕士学位论文,2004.

195 许毅,赵文耘,彭鑫,张志. 通用连接器模型及其形式化推导研究[J]. 南京大学学报(自然科学版),2005.

196 许峰,刘英,黄皓,王志坚. 基于软件体系结构连接器的构件组装技术研究. 计算机应用,2006.

197 徐玮,葛宁,安琪. COM+构件设计与实现技术研究[J]. 计算机工程与应用,2004.

198 朱强. COM 组件技术探究及基于 COM 的即时通讯软件设计. 郑州大学硕士学位论文,2003.

199 梁青. 基于构件的软件开发. 哈尔滨理工大学硕士学位论文,2004.

200 UP-NETARM2410-S(WINCE) 嵌入式系统实验指导书. Beijing Universal Pioneering Technology Co,LTD,2006.

201 Stephen Prata. 著. C++Primer. 潘爱民译,北京:人民邮电出版社,2004.

202 Pradeep Tapadiya 著. COM+编程. 冯延辉,刘晓铭译. 北京:中国电力出版社出版,2002.

203 Richard C. Leineeker 著. COM+技术大全. 高智勇等译. 北京:机械工业出版社,2001.

204 约翰·斯万特著. COM 编程精彩实例. 徐颖译. 北京:中国电力出版社,2001.

205 杨芙清,梅宏,吕建,等. 浅论软件技术发展[J]. 电子学报,2002.

206 倪光南. 我国软件产业发展的趋势[J]. 中国信息导报,2004.

207 龚海晨. 软件技术"研究纲领"的研究. 东南大学[硕士论文],2006.

208 于旭,马艳红. 以项目驱动教学法改革软件技术专业课程体系. 辽宁高职学报,2008.

209 王刚. 高尔夫模拟器软件构件化连接器的设计及实现. 四川大学[硕士论文],2008.

210 徐云. 基于构件的高尔夫模拟器软件的设计及实现. 四川大学[硕士论文],2008.

211 赵丰. 电信服务在线计费系统的分析于与设计. 复旦大学[硕士论文],2008.

212 童畅. 银行卡统计分析系统设计与实现. 山东大学[硕士论文],2008.

APPENDIX A

附　录　A

三种常用的编码规范

A.1　C语言编码规范

1. 注释

1-1：一般情况下，源程序有效注释量必须在20%以上。

说明：注释的原则是有助于对程序的阅读理解，在该加的地方都要加，注释不宜太多也不能太少，注释语言必须准确、易懂、简洁。

1-2：说明性文件（如头文件 .h 文件、.inc 文件、.def 文件、编译说明文件 .cfg 等）头部应进行注释，注释必须列出版权说明、版本号、生成日期、作者、内容、功能、与其他文件的关系、修改日志等，头文件的注释中还应有函数功能简要说明。

示例：下面这段头文件的头注释比较标准，当然，并不局限于此格式，但上述信息建议应包含在内。

```
/*************************************************
  Copyright (C), 2000 - 2009, XXX. Co., Ltd.
  File name: XXX.c                    //文件名
  Author: Version: Date:              //作者、版本及完成日期
  Description: //用于详细说明此程序文件完成的主要功能,与其他模块
  //或函数的接口,输出值、取值范围、含义及参数间的控制、顺序、独立或
依赖等关系
  Others:                             //其他内容的说明
  Function List: //主要函数列表,每条记录应包括函数名及功能简要说明
    1. ....
  History: //修改历史记录列表,每条修改记录应包括修改日期、修改者
           及修改内容简述
    1. Date:
       Author:
       Modification:
    2. ...
*************************************************/
```

1-3：源文件头部应进行注释，列出内容包括版权说明、版本号、生成日期、作者、模块目的/功能、主要函数及其功能、修改日志等。

示例：下面这段源文件的头注释比较标准，当然，并不局限于此格式，但上述信息建议应包含在内。

```
/************************************************
  Copyright (C), 2000 - 2009, XXX. Co., Ltd.
  FileName: XXX.c
  Author: Version : Date:
  Description:                        //模块描述
  Version:                            //版本信息
  Function List:                      //主要函数及其功能
    1. ...
  History:                            //历史修改记录
      <author><time><version><desc>
      David 1996/10/12 1.0 build this module
************************************************/
```

说明：Description 一项描述本文件的内容、功能、内部各部分之间的关系及本文件与其他文件关系等。History 是修改历史记录列表，每条修改记录应包括修改日期、修改者及修改内容简述。

1-4：函数头部应进行注释，列出内容包括函数的目的/功能、输入参数、输出参数、返回值、调用关系（函数/表）等。

示例：下面这段函数的注释比较标准，当然，并不局限于此格式，但上述信息建议应包含在内。

```
/************************************************
  Function:                           //函数名称
  Description:                        //函数功能、性能等描述
  Calls:                              //被本函数调用的函数清单
  Called By:                          //调用本函数的函数清单
  Table Accessed:                     //被访问的表(此项仅涉及数据库操作的程序)
  Table Updated:                      //被修改的表(此项仅涉及数据库操作的程序)
  Input:                              //输入参数说明,包括每个参数的作
                                      //用、取值说明及参数间关系
  Output:                             //对输出参数的说明
  Return:                             //函数返回值的说明
  Others:                             //其他说明
************************************************/
```

1-5：全局变量要有较详细的注释，包括对其功能、取值范围、哪些函数或过程存取它以及存取时注意事项等说明。

示例：

```
/* The ErrorCode when SCCP translate */
/* Global Title failure, as follows */          //变量作用、含义
/* 0 - SUCCESS 1 - GT Table error */
/* 2 - GT error Others - no use */              //变量取值范围
/* only function SCCPTranslate() in */
/* this module can modify it, and other */
/* module can visit it through call */
```

```
/* the function GetGTTransErrorCode() */              //使用方法
BYTE g_GTTranErrorCode;
```

1-6：对于 switch 语句下的 case 语句，如果因为特殊情况需要处理完一个 case 后进入下一个 case 处理，必须在该 case 语句处理完下一个 case 语句前加上明确的注释。

说明：这样比较清楚程序编写者的意图，有效防止无故遗漏 break 语句。

示例：

```
case CMD_UP:
     ProcessUp();
     break;

case CMD_DOWN:
     ProcessDown();
     break;

case CMD_FWD:
     ProcessFwd();

if (...)
{
     ⋮
     break;
}
else
{
     Process CFW_B();                         //now jump into case CMD_A
}

case CMD_A:
     ProcessA();
     break;

case CMD_B:
     ProcessB();
     break;

case CMD_C:
     ProcessC();
     break;

case CMD_D:
     ProcessD();
Break;
```

2. 可读性

2-1：注意运算符的优先级，并用括号明确表达式的操作顺序，避免使用默认优先级。

说明：防止阅读程序时产生误解，防止因默认的优先级与设计思想不符而导致程序出错。

示例：下列语句中的表达式

```
word = (high <<8) | low          (1)
if ((a | b) && (a & c))          (2)
if ((a | b) <(c & d))            (3)
```

如果书写为

```
high <<8 | low
a | b && a & c
a | b <c & d
```

由于

```
high <<8 | low = ( high <<8) | low,
a | b && a & c = (a | b) && (a & c),
```

(1)、(2)不会出错，但语句不易理解；

```
a | b <c & d = a | (b <c) & d,
```

(3) 造成了判断条件出错。

2-2：避免使用不易理解的数字，用有意义的标识来替代。涉及物理状态或者含有物理意义的常量，不应直接使用数字，必须用有意义的枚举或宏来代替。

示例：如下的程序可读性差。

```
if (Trunk[index].trunk_state == 0)
{
    Trunk[index].trunk_state = 1;
    ... //program code
}
```

应改为如下形式。

```
#define TRUNK_IDLE 0
#define TRUNK_BUSY 1

if (Trunk[index].trunk_state == TRUNK_IDLE)
{
    Trunk[index].trunk_state = TRUNK_BUSY;
    ... //program code
}
```

2-3：源程序中关系较为紧密的代码应尽可能相邻。

说明：便于程序阅读和查找。

示例：以下代码布局不太合理。

```
rect.length = 10;
char_poi = str;
rect.width = 5;
```

若按如下形式书写，可能更清晰一些。

```
rect.length = 10;
```

```
rect.width = 5;                //矩形的长与宽关系较密切,放在一起
char_poi = str;
```

2-4：不要使用难懂的技巧性很高的语句，除非很有必要时。

说明：高技巧语句不等于高效率的程序，实际上程序的效率关键在于算法。

示例：下列表达式考虑不周可能出问题，也较难理解。

```
* stat_poi ++ += 1;

* ++ stat_poi += 1;
```

应分别改为如下。

```
*stat_poi += 1;
stat_poi ++;                   //这两条语句功能相当于" * stat_poi ++ += 1; "

++ stat_poi;
*stat_poi += 1;                //这两条语句功能相当于" * ++ stat_poi += 1; "
```

3. 变量与结构

3-1：去掉没必要的公共变量。

说明：公共变量是增大模块间耦合的原因之一，故应减少没必要的公共变量以降低模块间的耦合度。

3-2：仔细定义并明确公共变量的含义、作用、取值范围及公共变量间的关系。

说明：在对变量声明的同时，应对其含义、作用及取值范围进行注释说明，同时若有必要还应说明与其他变量的关系。

3-3：明确公共变量与操作此公共变量的函数或过程的关系，如访问、修改及创建等。

说明：明确函数或过程操作变量的关系后，将有利于程序的进一步优化、单元测试、系统联调以及代码维护等，这种关系的说明可在注释或文档中描述。

示例：在源文件中，可按如下注释形式说明。

```
RELATION     System_Init     Input_Rec     Print_Rec     Stat_Score
Student      Create          Modify        Access        Access
Score        Create          Modify        Access        Access, Modify
```

注：RELATION 为操作关系；System_Init、Input_Rec、Print_Rec、Stat_Score 为四个不同的函数；Student、Score 为两个全局变量；Create 表示创建，Modify 表示修改，Access 表示访问。

其中，函数 Input_Rec、Stat_Score 都可修改变量 Score，故此变量将引起函数间较大的耦合，并可能增加代码测试、维护的难度。

3-4：当向公共变量传递数据时，要十分小心，防止赋予不合理的值或越界等现象发生。

说明：对公共变量赋值时，若有必要应进行合法性检查，以提高代码的可靠性、稳定性。

3-5：防止局部变量与公共变量同名。

说明：若使用了较好的命名规则，那么此问题可自动消除。

3-6：严禁使用未经初始化的变量作为右值。

说明：特别是在 C/C++中引用未经赋值的指针，经常会引起系统崩溃。

3-7：构造仅有一个模块或函数可以修改、创建，而其余有关模块或函数只能访问的公共变量，防止多个不同模块或函数都可以修改、创建同一公共变量的现象。

说明：降低公共变量耦合度。

3-8：使用严格形式定义的、可移植的数据类型，尽量不要使用与具体硬件或软件环境关系密切的变量。

说明：使用标准的数据类型，有利于程序的移植。

示例：下列例子(在 DOS 下 BC 3.1 环境中)在移植时可能产生问题。

```
void main()
{
    register int index;                    //寄存器变量

    _AX = 0x4000;                          //_AX 是 BC 3.1 提供的寄存器"伪变量"
    ...                                    //program code
}
```

3-9：结构的功能要单一，是针对一种事务的抽象。

说明：设计结构时应力争使结构代表一种现实事务的抽象，而不是同时代表多种。结构中的各元素应代表同一事务的不同侧面，而不应把描述没有关系或关系很弱的不同事务的元素放到同一结构中。

示例：下列结构不太清晰、合理。

```
typedef struct STUDENT_STRU
{
    unsigned char name[8];                 /* student's name */
    unsigned char age;                     /* student's age */
    unsigned char sex;                     /* student's sex, as follows */
                                           /* 0 - FEMALE; 1 - MALE */
    unsigned char teacher_name[8];         /* the student teacher's name */
    unsigned char teacher_sex;             /* his teacher sex */
} STUDENT;
```

若做如下修改，可能更合理些。

```
typedef struct TEACHER_STRU
{
    unsigned char name[8];                 /* teacher name */
    unsigned char sex;                     /* teacher sex, as follows */
                                           /* 0 - FEMALE; 1 - MALE */
} TEACHER;

typedef struct STUDENT_STRU
{
    unsigned char name[8];                 /* student's name */
    unsigned char age;                     /* student's age */
    unsigned char sex;                     /* student's sex, as follows */
                                           /* 0 - FEMALE; 1 - MALE */
    unsigned int teacher_ind;              /* his teacher index */
} STUDENT;
```

3-10:不要设计面面俱到、非常灵活的数据结构。

说明：面面俱到、灵活的数据结构反而容易引起误解和操作困难。

3-11：不同结构间的关系不要过于复杂。

说明：若两个结构间关系较复杂、密切，那么应合为一个结构。

示例：下列两个结构的构造不合理。

```
typedef struct PERSON_ONE_STRU
{
    unsigned char name[8];
    unsigned char addr[40];
    unsigned char sex;
    unsigned char city[15];
} PERSON_ONE;

typedef struct PERSON_TWO_STRU
{
    unsigned char name[8];
    unsigned char age;
    unsigned char tel;
} PERSON_TWO;
```

由于两个结构都是描述同一事物的，那么，不如合成一个结构。

```
typedef struct PERSON_STRU
{
    unsigned char name[8];
    unsigned char age;
    unsigned char sex;
    unsigned char addr[40];
    unsigned char city[15];
    unsigned char tel;
} PERSON;
```

3-12：结构中元素数量应适中。若结构中元素个数过多，可考虑依据某种原则将元素组成不同的子结构，以减少原结构中元素的个数。

说明：增加结构的可理解性、可操作性和可维护性。

示例：假如认为上面的 PERSON 结构元素过多，那么，可进行如下划分。

```
typedef struct PERSON_BASE_INFO_STRU
{
    unsigned char name[8];
    unsigned char age;
    unsigned char sex;
} PERSON_BASE_INFO;

typedef struct PERSON_ADDRESS_STRU
{
    unsigned char addr[40];
    unsigned char city[15];
    unsigned char tel;
```

```
} PERSON_ADDRESS;

typedef struct PERSON_STRU
{
    PERSON_BASE_INFO person_base;
    PERSON_ADDRESS person_addr;
} PERSON;
```

3-13：仔细设计结构中元素的布局与排列顺序，使结构容易理解、节省占用空间，并减少引起误用现象。

说明：合理排列结构中元素顺序，可节省空间并增加可理解性。

示例：下列结构中的位域排列，将占较大空间，可读性也稍差。

```
typedef struct EXAMPLE_STRU
{
    unsigned int valid: 1;
    PERSON person;
    unsigned int set_flg: 1;
} EXAMPLE;
```

若改成下列形式，不仅可节省1字节空间，可读性也变好了。

```
typedef struct EXAMPLE_STRU
{
    unsigned int valid: 1;
    unsigned int set_flg: 1;
    PERSON person;
} EXAMPLE;
```

3-14：结构的设计要尽量考虑向前兼容和以后的版本升级，并为某些未来可能的应用保留余地，如预留一些空间等。

说明：软件向前兼容的特性，是软件产品是否成功的重要标志之一。如果要想使产品具有较好的前向兼容，那么在产品设计之初就应为以后版本升级保留一定余地，并且在产品升级时必须考虑前一版本的各种特性。

3-15：留心具体语言及编译器处理不同数据类型的原则及有关细节。

说明：如在C语言中，static局部变量将在内存“数据区”中生成，而非static局部变量将在“堆栈”中生成，这些细节对程序质量的保证非常重要。

3-16：编程时，要注意数据类型的强制转换。

说明：当进行数据类型强制转换时，其数据的意义、转换后的取值等都有可能发生变化，而这些细节若考虑不周，就很有可能留下隐患。

3-17：对编译系统默认的数据类型转换，也要有充分的认识。

示例：下列赋值多数编译器不会产生告警，但值的含义将稍有变化。

```
char chr;
unsigned short int exam;

chr = -1;
exam = chr;                    //编译器不产生告警，此时 exam 为 0xFFFF
```

3-18：尽量减少没有必要的数据类型默认转换与强制转换。

3-19：设计数据并使用自定义数据类型，避免数据间进行不必要的类型转换。

3-20：对数据类型进行恰当命名，使之成为自描述性的，以提高代码可读性。注意：其命名方式在同一产品中的统一。

说明：使用自定义类型，可以弥补编程语言提供类型少、信息量不足的缺点，并能使程序清晰、简洁。

示例：可参考下列方式声明自定义数据类型。

下面的声明可使数据类型的使用简洁、明了。

```
typedef unsigned char BYTE;
typedef unsigned short WORD;
typedef unsigned int DWORD;
```

下面的声明可使数据类型具有更丰富的含义。

```
typedef float DISTANCE;
typedef float SCORE;
```

3-21：用于分布式环境或不同CPU间通信环境的数据结构时，必须考虑机器的字节顺序、使用的位域及字节对齐等问题。

说明：如Intel CPU与Motorola 68360 CPU，在处理位域及整数时，其在内存存放的"顺序"正好相反。

示例：假如下列短整数及结构。

```
unsigned short int exam;
typedef struct EXAM_BIT_STRU
{                                        /* Intel 68360 */
    unsigned int A1: 1;                  /* bit  0    7  */
    unsigned int A2: 1;                  /* bit  1    6  */
    unsigned int A3: 1;                  /* bit  2    5  */
} EXAM_BIT;
```

下列是Intel CPU生成短整数及位域的方式。

内存： 0 1 2 …（从低到高，以字节为单位）

exam exam 低字节 exam 高字节

内存： 0b 1b 2b …（字节的各"位"）

EXAM_BIT A1 A2 A3

如下是Motorola 68360 CPU生成短整数及位域的方式。

内存：0 1 2 …（从低到高，以字节为单位）

exam exam 高字节 exam 低字节

内存： 7b 6b 5b …（字节的各"位"）

EXAM_BIT A1 A2 A3

说明：在对齐方式下，CPU 的运行效率要快得多。

示例：如下图，当一个 long 型数（如图中 long1）在内存中的位置正好与内存的字边界对齐时，CPU 存取这个数只需访问一次内存，而当一个 long 型数（如图中的 long2）在内存中的位置跨越了字边界时，CPU 存取这个数就需要多次访问内存，如 i960 CPU 访问这样的数需读内存三次（一个 BYTE、一个 SHORT、一个 BYTE，由 CPU 的微代码执行，对软件透明），所有对齐方式下 CPU 的运行效率明显快多了。

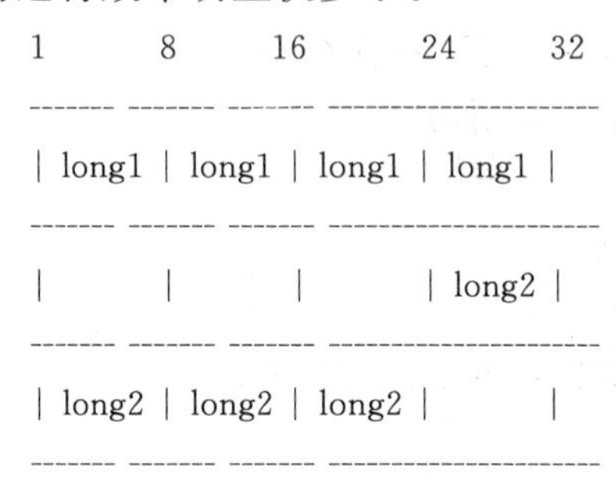

4. 函数与过程

4-1：对所调用函数的错误返回码应仔细、全面地处理。

4-2：明确函数功能，精确（而不是近似）地实现函数设计。

4-3：编写可重入函数时，应注意局部变量的使用（如编写 C/C++语言的可重入函数时，应使用 auto 即默认态局部变量或寄存器变量）。

说明：编写 C/C++语言的可重入函数时，不应使用 static 局部变量，否则必须经过特殊处理，才能使函数具有可重入性。

4-4：编写可重入函数时，若使用全局变量，则应通过关中断、信号量（即 P、V 操作）等手段对其加以保护。

说明：若对所使用的全局变量不加以保护，则此函数就不具有可重入性，即当由多个进程调用此函数时，很有可能使有关全局变量变为不可知状态。

示例：假设 Exam 是 int 型全局变量，函数 Squre_Exam 返回 Exam 平方值，那么下列函数不具有可重入性。

```
unsigned int example( int para )
{
    unsigned int temp;

    Exam = para; //( ** )
    temp = Square_Exam();

    return temp;
}
```

此函数若被多个进程调用的话，其结果可能是未知的，因为当（ ** ）语句刚执行完后，另外一个使用本函数的进程可能正好被激活，那么当新激活的进程执行到此函数时，将使 Exam 赋予另一个不同的 para 值，所以当控制重新回到“temp = Square_Exam()”后，计算出的 temp 很可能不是预想中的结果。此函数应做如下改进。

```
unsigned int example( int para )
{
    unsigned int temp;

    [申请信号量操作]            //若申请不到"信号量",说明另外的进程正处于运行状态
    Exam = para;               //给 Exam 赋值并计算其平方过程中(即正在使用此信号)
    temp = Square_Exam();
    [释放信号量操作]            //其他进程必须等待本进程释放信号量后,才能再使用本信号
    return temp;
}
```

4-5：在同一项目组应明确规定对接口函数参数的合法性检查规则,是应由函数的调用者负责还是由接口函数本身负责,默认是由函数调用者负责。

说明：对于模块之间接口函数参数的合法性检查问题,往往有两个极端现象,即要么是调用者和被调用者对参数均不作合法性检查,结果遗漏了合法性检查这一必要的处理过程,造成问题隐患；要么是调用者和被调用者均对参数进行合法性检查,这种情况虽不会造成问题,但产生了冗余代码,降低了效率。

4-6：防止将函数的参数作为工作变量。

说明：将函数的参数作为工作变量,有可能错误地改变参数内容,所以很危险。对必须改变的参数,最好先用局部变量代替,最后再将该局部变量的内容赋给该参数。

示例：下列函数的实现不合理。

```
void sum_data( unsigned int num, int * data, int * sum )
{
    unsigned int count;

    * sum = 0;
    for (count = 0; count < num; count ++ )
    {
        * sum += data[count];              //sum 成了工作变量,不合理
    }
}
```

若做如下修改,则更好些。

```
void sum_data( unsigned int num, int * data, int * sum )
{
    unsigned int count ;
    int sum_temp;

    sum_temp = 0;
    for (count = 0; count < num; count ++ )
    {
        sum_temp += data[count];
    }

    * sum = sum_temp;
}
```

4-7：函数的规模尽量限制在 200 行以内。

说明：不包括注释和空格行。

4-8：一个函数仅完成一项功能。

4-9：为简单功能编写函数。

说明：虽然为仅用一两行就可完成的功能编函数似乎没有必要，但用函数可使功能明确化，增加程序可读性，亦可方便维护、测试。

示例：下列语句的功能不很明显。

```
value = ( a > b ) ? a : b;
```

做如下修改就很清晰了。

```
int max (int a, int b)
{
    return ((a > b) ? a : b);
}

value = max (a, b);
```

或改为：

```
#define MAX (a, b) (((a) > (b)) ? (a) : (b))

value = MAX (a, b);
```

4-10：不要设计多用途面面俱到的函数。

说明：多功能集于一身的函数，很可能使函数的理解、测试、维护等变得困难。

4-11：函数的功能应该是可以预测的，也就是只要输入数据相同就应产生同样的输出。

说明：带有内部"存储器"函数的功能可能是不可预测的，因为它的输出可能取决于内部存储器(如某标记)的状态，这样的函数既不易于理解又不利于测试和维护。在 C/C++语言中，函数的 static 局部变量是函数的内部存储器，有可能使函数的功能不可预测，然而，当某函数的返回值为指针类型时，则必须是 static 局部变量的地址作为返回值；若为 auto 类型，则返回值错误。

示例：下列函数的返回值(即功能)是不可预测的。

```
unsigned int integer_sum( unsigned int base )
{
    unsigned int index;
    static unsigned int sum = 0;          //注意,是 static 类型的
                                          //若改为 auto 类型,则函数即变为可预测
    for (index = 1; index <= base; index ++ )
    {
        sum += index;
    }

    return sum;
}
```

4-12：尽量不要编写依赖于其他函数内部实现的函数。

说明：此条为函数独立性的基本要求。由于目前大部分高级语言都是结构化的，所以通过具体语言的语法要求与编译器功能，基本可以防止这种情况发生。但在汇编语言中，由于其灵活性，很可能使函数出现这种情况。

示例：下列是在 DOS 下 TASM 的汇编程序例子。过程 Print_Msg 的实现依赖于 Input_Msg 的具体实现，这种程序是非结构化的，难以维护、修改。

```
    ...                         //程序代码
proc Print_Msg                  //过程(函数)Print_Msg
    ...                         //程序代码
    jmp LABEL
    ...                         //程序代码
endp

proc Input_Msg                  //过程(函数)Input_Msg
    ...                         //程序代码
LABEL:
    ...                         //程序代码
endp
```

4-13：避免设计多参数函数，不使用的参数从接口中去掉。

说明：目的减少函数间接口的复杂度。

4-14：非调度函数应减少或防止控制参数，尽量只使用数据参数。

说明：本建议目的是防止函数间的控制耦合。调度函数是指根据输入的消息类型或控制命令，来启动相应的功能实体(即函数或过程)，而本身并不完成具体功能。控制参数是指改变函数功能行为的参数，即函数要根据此参数决定具体怎样工作。非调度函数的控制参数增加了函数间的控制耦合，很可能使函数间的耦合度增大，并使函数的功能不唯一。

示例：下列函数构造不太合理。

```
int add_sub( int a, int b, unsigned char add_sub_flg )
{
    if (add_sub_flg == INTEGER_ADD)
    {
        return (a + b);
    }
    else
    {
        return (a b);
    }
}
```

不如分为如下两个函数清晰。

```
int add( int a, int b )
{
    return (a + b);
}
```

```
int sub( int a, int b )
{
    return (a  b);
}
```

4-15：检查函数所有参数输入的有效性。

4-16：检查函数所有非参数输入的有效性，如数据文件、公共变量等。

说明：函数的输入主要有两种：一种是参数输入；另一种是全局变量、数据文件的输入，即非参数输入。函数在使用输入之前，应进行必要的检查。

4-17：函数名应准确描述函数的功能。

4-18：使用动宾词组为执行某操作的函数命名。如果是 OOP 方法，可以只有动词（名词是对象本身）。

示例：参照下列方式命名函数。

```
void print_record( unsigned int rec_ind );
int input_record( void ) ;
unsigned char get_current_color( void );
```

建议：避免使用无意义或含义不清的动词为函数命名。

说明：避免用含义不清的动词如 process、handle 等为函数命名，因为这些动词并没有说明要具体做什么。

建议：函数的返回值要清楚、明了，让使用者不容易忽视错误情况。

说明：函数的每种出错返回值的意义要清晰、明了、准确，防止使用者误用、理解错误或忽视错误返回码。

4-19：除非必要，最好不要将与函数返回值类型不同的变量，以编译系统默认的转换方式或强制的转换方式作为返回值返回。

4-20：让函数在调用点显得易懂、容易理解。

4-21：在调用函数填写参数时，应尽量减少没有必要的默认数据类型转换或强制数据类型转换。

说明：因为数据类型转换或多或少存在危险。

4-22：避免函数中不必要语句，防止程序中的垃圾代码。

说明：程序中的垃圾代码不仅占用额外的空间，而且还常常影响程序的功能与性能，很可能给程序的测试、维护等造成不必要的麻烦。

4-23：防止将没有关联的语句放到一个函数中。

说明：防止函数或过程内出现随机内聚。随机内聚是指将没有关联或关联很弱的语句放到同一个函数或过程中。随机内聚给函数或过程的维护、测试及以后的升级等造成了不便，同时也使函数或过程的功能不明确。使用随机内聚函数，常常容易出现在一种应用场合需要改进此函数，而另一种应用场合又不允许这种改进，从而陷入困境。

在编程时，经常遇到在不同函数中使用相同的代码，许多开发人员都愿意将这些代码提出来，并构成一个新函数。若这些代码关联较大并且是完成一个功能的，那么这种构造是合理的，否则这种构造将产生随机内聚的函数。

示例：下列函数是一种随机内聚。

```
void Init_Var( void )
{
     Rect.length = 0;
     Rect.width = 0;                       /* 初始化矩形的长与宽 */

     Point.x = 10;
     Point.y = 10;                         /* 初始化"点"的坐标 */
}
```

矩形的长、宽与点的坐标基本没有任何关系，故以上函数是随机内聚。

应分为以下两个函数：

```
void Init_Rect( void )
{
     Rect.length = 0;
     Rect.width = 0;                       /* 初始化矩形的长与宽 */
}

void Init_Point( void )
{
     Point.x = 10;
     Point.y = 10;                         /* 初始化"点"的坐标 */
}
```

4-24：如果多段代码重复做同一件事情，那么在函数的划分上可能存在问题。

说明：若此段代码各语句之间有实质性关联并且是完成同一件功能的，那么可考虑把此段代码构造成一个新的函数。

4-25：功能不明确较小的函数，特别是仅有一个上级函数调用它时，应考虑将它合并到上级函数中，而不必单独存在。

说明：模块中函数划分的过多，一般会使函数间的接口变得复杂，所以过小的函数，特别是扇入很低的或功能不明确的函数，不值得单独存在。

4-26：设计高扇入、合理扇出(小于7)的函数。

说明：扇出是指一个函数直接调用(控制)其他函数的数目，而扇入是指有多少上级函数调用它。

扇出过大，表明函数过分复杂，需要控制和协调过多的下级函数；而扇出过小，如总是1，表明函数的调用层次可能过多，这样不利程序阅读和函数结构的分析，并且程序运行时会对系统资源(如堆栈空间等)造成压力。函数较合理的扇出(调度函数除外)通常是3-5。扇出太大，一般是由于缺乏中间层次，可适当增加中间层次的函数。扇出太小，可把下级函数进一步分解多个函数，或合并到上级函数中。当然分解或合并函数时，不能改变要实现的功能，也不能违背函数间的独立性。

扇入越大，表明使用此函数的上级函数越多，这样的函数使用效率高，但不能违背函数间的独立性而单纯地追求高扇入。公共模块中的函数及底层函数应该有较高的扇入。

较良好的软件结构通常是顶层函数的扇出较高，中层函数的扇出较少，而底层函数则扇入到公共模块中。

4-27：减少函数本身或函数间的递归调用。

说明：递归调用特别是函数间的递归调用(如 A->B->C->A)，影响程序的可理解性，同时，递归调用一般都占用较多的系统资源(如栈空间)，递归调用对程序的测试有一定影响。因此，除非为某些算法或功能的实现方便，应减少无必要的递归调用。

4-28：避免使用 BOOL 参数。

说明：原因有二，其一是 BOOL 参数值无意义，TURE/FALSE 的含义是非常模糊的，在调用时很难知道该参数到底传达的是什么意思；其二是 BOOL 参数值不利于扩充。此外，NULL 也是一个无意义的单词。

4-29：对于提供了返回值的函数，在引用时最好使用其返回值。

4-30：当一个过程(函数)中对较长变量(一般是结构的成员)有较多引用时，可以用一个意义相当的宏代替。

说明：这样可以增加编程效率和程序的可读性。

示例：在某过程中较多引用 TheReceiveBuffer[FirstSocket].byDataPtr，则可以通过以下宏定义来代替：

```
#     define     pSOCKDATA     TheReceiveBuffer[FirstScoket].byDataPtr
```

5. 可测性

5-1：在同一项目组或产品组内，应有一套统一的、为集成测试与系统联调准备的调测开关及相应打印函数，并且应有详细的说明。

说明：本规则是针对项目组或产品组的。

5-2：在同一项目组或产品组内，调测打印出的信息串的格式应有统一的形式，信息串中至少应有所在模块名(或源文件名)及行号。

说明：统一的调测信息格式便于集成测试。

5-3：编程的同时要为单元测试选择恰当的测试点，并仔细构造测试代码、测试用例，同时给出明确的注释说明。测试代码部分应作为模块中的一个子模块，以方便测试代码在模块中的安装与拆卸(通过调测开关)。

说明：为单元测试准备。

5-4：在进行集成测试/系统联调之前，应构造相应的测试环境、测试项目及测试用例，同时仔细分析并优化测试用例，以提高测试效率。

说明：好的测试用例应尽可能模拟出程序所遇到的边界值、各种复杂环境及一些极端情况等。

5-5：使用断言发现软件问题，提高代码可测性。

说明：断言是对某种假设条件进行检查(可理解为若条件成立则无动作，否则应报告)，可以快速发现并定位软件问题，同时对系统错误进行自动报警。断言可对在系统中隐藏很深，用其他手段极难发现的问题进行定位，从而缩短软件问题定位时间，提高系统的可测性。实际应用时，可根据具体情况灵活地设计断言。

示例：下面是 C 语言中的一个断言，用宏来设计的(其中 NULL 为 0L)。

```
#ifdef _EXAM_ASSERT_TEST_                          //若使用断言测试

void exam_assert( char * file_name, unsigned int line_no )
{
    printf( "\n[EXAM]Assert failed: %s, line %u\n",
        file_name, line_no );
    abort();
}

#define EXAM_ASSERT( condition )
    if (condition)                                 //若条件成立,则无动作
        NULL;
    else                                           //否则报告
        exam_assert( __FILE__, __LINE__ )

#else                                              //若不使用断言测试

#define EXAM_ASSERT(condition) NULL

#endif                                             /* end of ASSERT */
```

5-6：用断言检查程序正常运行时不应发生，但在调测时有可能发生的非法情况。

5-7：不能用断言检查最终产品肯定会出现且必须处理的错误情况。

说明：断言是用来处理不应该发生的错误情况的，对于可能会发生的且必须处理的情况应写防错程序，而不是断言。如某模块收到其他模块或链路上的消息后，应对消息的合理性进行检查，此过程为正常的错误检查，不能用断言来实现。

5-8：对较复杂的断言加上明确的注释。

说明：为复杂的断言加注释，可澄清断言含义并减少不必要的误用。

5-9：用断言确认函数的参数。

示例：假设某函数参数中有一个指针，那么使用指针前可对它检查。

```
int exam_fun( unsigned char * str )
{
    EXAM_ASSERT( str != NULL );                    //用断言检查"假设指针不为空"这个条件
    ...                                            //other program code
}
```

5-10：用断言保证没有定义的特性或功能不被使用。

示例：假设某通信模块在设计时，准备提供"无连接"和"连接"两种业务。但当前的版本中仅实现了"无连接"业务，且在此版本的正式发行版中，用户(上层模块)不应产生"连接"业务的请求，那么在测试时可用断言检查用户是否使用"连接"业务。

```
#define EXAM_CONNECTIONLESS 0                      //无连接业务
#define EXAM_CONNECTION 1                          //连接业务

int msg_process( EXAM_MESSAGE * msg )
{
    unsigned char service;                         //message service class
```

```
    EXAM_ASSERT( msg != NULL );

    service = get_msg_service_class( msg );

    EXAM_ASSERT( service != EXAM_CONNECTION );  //假设不使用连接业务

    ...                                        //other program code
}
```

5-11：用断言对程序开发环境（即 OS/Compiler/Hardware）的假设进行检查。

说明：程序运行时所需的软硬件环境及配置要求，不能用断言来检查，而必须由一段专门代码处理。用断言仅对程序开发环境中的假设及所配置的某版本软硬件是否具有某种功能的假设进行检查，如某网卡是否在系统运行环境中正确配置，应由程序中正式代码检查，而此网卡是否具有某设想的功能，则可由断言检查。

对编译器提供的功能及特性假设可用断言检查，原因是软件最终产品（即运行代码或机器码）与编译器已没有任何直接关系，即软件运行过程中（注意不是编译过程中）不会也不应该对编译器的功能提出任何需求。

示例：用断言检查编译器的 int 型数据占用的内存空间是否为 2。

```
EXAM_ASSERT( sizeof( int ) == 2 );
```

5-12：正式软件产品中应把断言及其他调测代码去掉（即将有关的调测开关关掉）。

说明：加快软件运行速度。

5-13：在软件系统中设置与取消有关测试手段，不能对软件实现的功能等产生影响。

说明：含有测试代码的软件和关掉测试代码的软件，在功能行为上应保证一致。

5-14：用调测开关切换软件的 DEBUG 版和正式版，而不要同时存在正式版本和 DEBUG 版本的不同源文件，以减少维护的难度。

5-15：软件的 DEBUG 版本和发行版本应统一维护，不允许分家，并且应时刻注意保证两个版本在实现功能上的一致性。

5-16：在编写代码之前，应预先设计程序调试与测试的方法和手段，并设计各种调测开关及相应测试代码，如打印函数等。

说明：程序的调试与测试是软件生存周期中很重要的一个阶段，如何对软件进行较全面、高效率的测试并尽可能地找出软件中的错误成为很关键的问题。因此，在编写源代码之前，除需要一套比较完善的测试计划外，还应设计一系列代码测试手段，为单元测试、集成测试及系统联调提供方便。

A.2 Java 语言编码规范

1. 命名规定

1-1：Package 的命名

Package 的名字必须由一个小写单词组成。

1-2：Class 的命名

Class 的名字必须由大写字母开头而其他字母都小写的单词组成。

1-3：Class 变量的命名

变量的名字必须用一个小写字母开头，后面的单词用大写字母开头。

1-4：Static Final 变量的命名

Static Final 变量的名字应该都大写，并且指出完整含义。

1-5：参数的命名

参数的名字必须和变量的命名规范一致。

1-6：数组的命名

数组应用下列方式命名：

```
byte[] buffer;
```

而不是：

```
byte buffer[];
```

1-7：方法的参数

使用有意义的参数命名，如果可能，使用和要赋值的字段相同的名字，如：

```
SetCounter(int size){
this.size = size;
}
```

2. 可读性

2-1：Java 文件样式

所有的 Java(*.java)文件都必须遵守如下的样式规则

版权信息必须在 java 文件的开头，如：

```
/*
 * Copyright &reg; 2008 XXX Co. Ltd.
 * All right reserved.
 */
```

其他不需要出现在 JavaDoc 的信息也可以包含在这里。

2-2：Package/Imports

package 行要在 import 行之前，import 中标准的包名要在本地的包名之前，而且按照字母顺序排列。如果 import 行中包含了同一个包中的不同子目录，则应该用 * 来处理，如：

```
package hotlava.net.stats;
import java.io.*;
import java.util.Observable;
import hotlava.util.Application;
```

其中，java.io.* 用来代替 InputStream 和 OutputStream。

2-3：Class

类的注释，一般是用来解释类的。

```
/**
 * A class representing a set of packet and byte counters
 * It is observable to allow it to be watched, but only
 * reports changes when the current set is complete
 */
```

类定义包含在不同行的 extends 和 implements

```
public class CounterSet
extends Observable
implements Cloneable
Class Fields
```

类的成员变量：

```
/**
 * Packet counters
 */
protected int[] packets;
```

public 的成员变量必须生成文档(JavaDoc)。protected、private 和 package 定义的成员变量，如果名字含义明确，可以没有注释。

2-4：存取方法

类变量的存取方法，如果只是简单地将类的变量赋值获取值，可以简单的写在一行上。

```
/**
 * Get the counters
 * @return an array containing the statistical data. This array has been
 * freshly allocated and can be modified by the caller.
 */
public int[] getPackets() { return copyArray(packets, offset); }
public int[] getBytes() { return copyArray(bytes, offset); }
public int[] getPackets() { return packets; }
public void setPackets(int[] packets) { this.packets = packets; }
```

其他方法不要写在一行上。

2-5：构造函数

构造函数，应该用递增的方式写，如参数多的写在后面。

访问类型(public，private 等)和任何 static、final 或 synchronized 应该在一行中，并且方法和参数另写一行，这样可以使方法和参数更易读。

```
public
CounterSet(int size){
this.size = size;
}
```

2-6：克隆方法

如果一个类是可以被克隆的，那么下一步是 clone 方法：

```
public
Object clone() {
```

```
try {
CounterSet obj = (CounterSet)super.clone();
obj.packets = (int[])packets.clone();
obj.size = size;
return obj;
}catch(CloneNotSupportedException e) {
throw     new     InternalError("Unexpected CloneNotSUpportedException: " + e.getMessage());
}
}
```

2-7：类方法

类的编写方法如下：

```
/**
* Set the packet counters
* (such as when restoring from a database)
*/
protected final
void setArray(int[] r1, int[] r2, int[] r3, int[] r4)
throws IllegalArgumentException
{
//
//Ensure the arrays are of equal size
//
if (r1.length != r2.length || r1.length != r3.length || r1.length != r4.length)
throw new IllegalArgumentException("Arrays must be of the same size");
System.arraycopy(r1, 0, r3, 0, r1.length);
System.arraycopy(r2, 0, r4, 0, r1.length);
}
```

2-8：toString 方法

无论如何，每一个类都应该定义 toString 方法：

```
public
String toString() {
String retval = "CounterSet: ";
for (int i = 0; i &lt; data.length(); i ++ ) {
retval += data.bytes.toString();
retval += data.packets.toString();
}
return retval;
}
}
```

2-9：main 方法

如果 main(String[])方法已经定义，那么应该写在类的底部。

3. 代码编写格式

3-1：代码样式

代码应用 UNIX 格式，而不是 Windows 格式，如回车变成回车＋换行。

3-2：文档化

必须用 javadoc 为类生成文档，不仅因为它是标准的，这也是各种 Java 编译器都认可的方法。不推荐使用@author 标记，因为代码不应该是个人拥有的。

3-3：缩进

缩进应该是每行 2 个空格，不要在源文件中保存 Tab 字符。在使用不同的源代码管理工具时，Tab 字符将因为用户设置的不同而扩展为不同的宽度。

如果使用 UltraEdit 作为 Java 源代码编辑器，可以通过如下操作禁止保存 Tab 字符，方法是通过在 UltrEdit 中事先设定 Tab 使用的长度为 2 个空格，然后用 Format | Tabs to Spaces 菜单将 Tab 转换为空格。

3-4：页宽

页宽应该设置为 80 字符，源代码一般不会超过这个宽度，并导致无法完整显示，但这一设置也可以灵活调整。在任何情况下，超长的语句应该在一个逗号或者一个操作符后折行，一条语句折行后，应该比原来的语句再缩进 2 个字符。

3-5：{}对

{}中的语句应该单独作为一行，如下面的第 1 行是错误的，第 2 行是正确的：

```
if (i&gt;0) { i ++ };                              //错误, { 和 } 在同一行

if (i&gt;0) {
i ++
};                                                //正确, { 单独作为一行
}                                                 //} 单独作为一行
```

“}”语句应该缩进到与其相对应的“{”行相对齐的位置。

3-6：括号

左括号和后一个字符之间不应该出现空格，同样，右括号和前一个字符之间也不应该出现空格。下面的例子说明括号和空格的错误及正确使用：

```
CallProc( AParameter );                           //错误
CallProc(AParameter);                             //正确
```

不要在语句中使用无意义的括号，括号只应该为达到某种目的而出现在源代码中。下面的例子说明错误和正确的用法：

```
if ((I) = 42) {                                   //错误,括号毫无意义
if (I == 42) or (J == 42) then                    //正确,的确需要括号
```

4. 程序编写规范

4-1：exit()函数

exit()函数除了在 main()函数中可以被调用外，其他的地方不应该调用，因为这样不给任何代码机会截获退出。一个类似后台服务的程序，不应该由某一个库模块决定是否退出。

4-2：异常处理

申明的错误应该抛出一个 runtimeException 或者派生的异常。

顶层的 main()函数应该截获所有的异常，并且打印(或者记录在日志中)在屏幕上。

4-3：垃圾收集

Java 使用成熟的后台垃圾收集技术代替引用计数，但是这样将导致一个问题，必须在使用完对象的实例以后进行清场工作，如一个 perl 的程序员可能这么写：

```
⋮
{
FileOutputStream fos = new FileOutputStream(projectFile);
project.save(fos, "IDE Project File");
} ...
```

除非输出流一出作用域就关闭，非引用计数的程序语言，如 Java，是不能自动完成变量的清场工作的，必须如下实现变量的清场工作：

```
FileOutputStream fos = new FileOutputStream(projectFile);
project.save(fos, "IDE Project File");
fos.close();
```

4-4：Clone

下面是一种有用的方法：

```
implements Cloneable
public
Object clone()
{
try {
ThisClass obj = (ThisClass)super.clone();
obj.field1 = (int[])field1.clone();
obj.field2 = field2;
return obj;
} catch(CloneNotSupportedException e) {
throw new InternalError("Unexpected CloneNotSUpportedException: " + e.getMessage());
}
}
```

4-5：final 类

不要因为性能的原因将类定义为 final 类，除非程序的框架要求。

如果一个类还没有准备好被继承，最好在类文档中注明，而不要将它定义为 final 类，因为没有人可以保证是否需要继承它。

4-6：访问类的成员变量

大部分的类成员变量应该定义为 protected，防止继承类使用它们。

4-7：应用"int[] packets"，而不是"int packets[]"，后一种一般不要使用，如：

```
public void setPackets(int[] packets) { this.packets = packets; }
CounterSet(int size) {
this.size = size;
}
```

A.3 GNU 编码规范

1. 目的

规范 GNU 相关项目的代码编写规范。

2. 适用范围

适合所有的 GNU 项目。

3. 引用私有程序

3-1：不要在任何情况下，在 GNU 程序中引用 UNIX 的源代码，或者任何其他私有程序的源代码。

3-2：如果你对一个 UNIX 程序内容不确定，应在内部使用不同的代码行组织它，因为这将使你工作的结果在细节上与 UNIX 版本有所不同。

3-3：可以在内核中保存整个输入文件，并且在内存中进行扫描，尽量不使用 stdio 设备和临时文件，而使用比 UNIX 程序更新的、更明智的算法。

3-4：注重一般性，如 UNIX 程序通常使用静态的表格和固定大小的字符串，这导致程序维护更困难，尽量使用动态分配代替，并确认你的程序处理了输入文件为空和其他可能错误的情况。

3-5：可用一个简单的废物收集器而不是在释放内存时精确地进行跟踪，或者使用 obstacks 这样的新的 GNU 工具。

4. 接受他人的代码

4-1：如果其他人提供给一段代码添加到你的程序中，你需要获得准许使用它的法律文件，我们(指 GNU 组织)也同样需要从你那里取得同样的法律文件。仅有主要作者是不够的，GNU 程序的每个重要的贡献者都必须签署某种法律文件，以使得我们可以确定程序的法律状态。

因此，在将其他人的任何共享代码添加到程序之前，通知我们以便做出适当安排，以获取相应的法律文件。在我们已经收到了签署的法律文件后，你才可以实际地使用其他人的代码。

这适用于发行程序之前，也适用于发行之后。如果你收到了一个修正 bug 的补丁，并且其他人做了主要的修改，我们需要他提供的法律文件。

4-2：你不需要为少数几行代码的修改提供法律文件，因为这一般不会涉及到版权问题。此外，如果你从其他人的建议中，获得的仅是一些想法，而不是实际使用的代码，你不需要法律文件。如果你写了一个程序的不同解决方案，你也不需要获得许可文件。

4-3：提供法律文件是十分麻烦的，但如果你不慎重，可能未来会陷入更大的麻烦。如果这个贡献者的雇主不肯签署弃权声明怎么办？你可能不得不再次把代码剔除出来，最糟糕的情况是，如果你忘记通知我们还有其他的贡献者，我们可能因此窘迫地出现在法庭上。

5. 修改日志(Change Logs)

5-1：每个目录需维护一个修改日志，以记述该目录下源文件的修改历史，目的是将来寻找 bug 的人，可以根据日志确定哪些修改导致了错误。通常，一个新的 bug 可以在最近的修改中找到。更重要的是，修改日志可以告诉我们概念冲突产生的历史，有助于消除程序不同部分之间在概念上的不一致性。

5-2：使用编辑器 Emacs 命令 M-x add-change，在修改日志中创建一个新的条目。一个条目应该包含一个星号、被修改文件的名称以及括号内被修改的函数、变量或者任何内容，括号之后是冒号和函数或变量的修改说明。一般用空行将无关的条目分隔开，如果两个条目反映了同一个修改，不必在二者之间使用空行；如果后续的条目针对相同的文件，那么可忽略文件名的星号。

以下是修改日志部分内容的例子：

```
* register.el (insert-register): Return nil.
(jump-to-register): Likewise.
* sort.el (sort-subr): Return nil.
* tex-mode.el (tex-bibtex-file, tex-file, tex-region):
Restart the tex shell if process is gone or stopped.
(tex-shell-running): New function.
* expr.c (store_one_arg): Round size up for move_block_to_reg.
(expand_call): Round up when emitting USE insns.
* stmt.c (assign_parms): Round size up for move_block_from_reg.
```

其中，没有必要叙述修改的完整目录和如何协同工作，将这些说明可作为注释放到代码中，在函数注释说明中描述函数功能就足够了。然而，有时为一大段修改写上一行文字，以描述其整体目的是有用的。

5-3：在概念上，可以将修改日志视为解释原始版本与当前版本区别的"undo 列表"，人们通常需要阅读的是当前版本，不需要了解修改日志的内容，因为从修改日志中得到的是早期版本的清晰解释。

5-4：以简单的方式修改函数的调用顺序，并且修改所有对函数的调用时，不必为所有的调用创建单独的条目，只要在被调用的函数条目中写"All callers changed."即可。

5-5：仅修改注释或者文档字符串时，为该文件写一个条目，而不必提到函数。只要写"Doc fix."，不必为文档文件维护修改日志，这是因为文档不易受到难以修正错误的影响。文档不是由以精确的工程方式相互作用的部分组成的，要修改一个错误，不需要知道这个错误传播的历史。

6. 与其他 UNIX 实现的兼容性

6-1：作为一个特例，对于 GNU 中的工具和程序库，应和 Berkeley UNIX 相应的部分向上兼容。如果标准 C 定义了它们的行为，那么应和标准 C 向上兼容；如果 POSIX 规范定义了它们的行为，那么也应与 POSIX 规范向上兼容。当这些标准发生冲突时，为每个标准提供兼容模式是有用的。

6-2：标准 C 和 POSIX 禁止进行任何形式的扩展，并且使用选项"--ansi"或"--compatible"以关闭扩展。但是如果扩展很可能导致任何实际程序或者脚本的崩溃，那么它不是向上兼容的，可以尝试重新定义其界面。

6-3：当一个特征仅被用户(而不会被程序或者命令文件)所使用时，并且在 UNIX 中运行存在不足，应使用其他不同的方式代替它，如用 Emacs 代替 vi。但是，同时提供兼容模式仍然是值得欢迎的，如现在我们提供的免费 vi 实现。

6-4：欢迎提供 Berkeley UNIX 没有提供的有用功能，UNIX 中没有的附加功能可能是有用的，但我们优先提供现有的 UNIX 功能。

7. Makefile 文件惯例

7-1：Makefile 的通用惯例

每个 Makefile 都应该包含这一行命令：

```
SHELL = /bin/sh
```

以避免从环境中继承 SHELL 变量的系统带来的麻烦，GNU make 永远不会出现此问题。

7-2：不要假定“.”出现在用于寻找可执行命令的路径中。当需要在 make 期间运行其他程序时，如果程序作为 make 的一部分而创建的，请确保使用了“./”路径，或者如果文件是不会被改变的源代码的一部分，请确保使用了“$(srcdir)/”环境变量。

7-3：如果运行“configure”程序时，使用了选项“--srcdir”，那么注意“./”与“$(srcdir)/”之间的区别十分重要，如下列形式的规则：

```
foo.1 : foo.man sedscript
        sed -e sedscript foo.man > foo.1
```

这在当前目录而不是源代码目录的情况下将导致错误，因为“foo.man”和“sedscript”不在当前目录下。

在使用 GNU make 时，由于不论源文件在哪里，“make”的自动变量“$<”都将表示它，所以在只有一个依赖文件的情况下，依靠“VPATH”寻找源文件仍然是可行的。许多版本的 make 只在隐含规则中设置“$<”，如下列的 makefile 目标：

```
foo.o : bar.c
        $(CC) -I. -I$(srcdir) $(CFLAGS) -c bar.c -o foo.o
```

将被下列目标所替代：

```
foo.o : bar.c
        $(CC) $(CFLAGS) $< -o $@
```

以使“VPATH”能够正确地工作。当目标含有多个依赖文件时，显式地使用“$(srcdir)”是让规则正常工作的最简单办法，如上述为“foo.1”提供的目标最好写作：

```
foo.1 : foo.man sedscript
        sed -s $(srcdir)/sedscript $(srcdir)/foo.man > foo.1
```

8. Makefile 中的工具

8-1：应书写能够在 sh，而不是在 csh 中运行的 Makefile 命令以及任何 shell 脚本，如 configure。同时，不要使用任何 ksh 或者 bash 的特殊功能。

8-2：为创建和安装提供的 configure 脚本与 Makefile 规则不要直接使用任何工具，除了以下工具例外：

cat　cmp　cp　echo　egrep　expr　grep

ln mkdir mv pwd rm rmdir sed test touch

8-3：坚持使用程序普遍支持的功能选项，如许多系统不支持 mkdir -p，尽管它可能有时比较方便，但也不要使用它。

8-4：为创建和安装提供的 Makefile 规则还可以使用编译器和相关程序，但应通过 make 变量，以便用户对它们进行替换。下列是一些相关程序：

Ar bison cc flex install ld lex

Make makeinfo ranlib texi2dvi yacc

8-5：在使用 ranlib 时，应测试它是否存在，并且仅在它存在的情况下运行它，以使得发布版本在那些没有 ranlib 的系统中也能够正常工作。

如果使用了符号链接，应为没有符号链接的系统实现一个替代手段。

可以在只用于特定系统的 Makefile 中，使用你能够确认已存在的工具。

9. 为用户提供的标准目标

9-1：所有的 GNU 程序应在它们的 Makefile 中含有下列目标：

all

用于编译整个程序，应是缺省目标，不需要重新创建任何文档文件，Info 文件包含在发布版本中。同时，只有在用户明确地要求创建 DVI 文件时，才创建它。

9-2：install 目标

编译程序将可执行文件、库文件等文件复制到实际应用中存在的位置。如果存在一个可以检测程序是否被正确地安装的简单测试，本目标将首先运行这个测试。

如果文件的安装目录不存在，该命令将创建目录，包括由变量 prefix 和 exec_prefix 值指明的目录，以及需要的所有目录。完成该任务的一种方式是通过目标 installdirs 完成。

在任何用户安装 man 手册的命令之前使用“-”，以使 make 忽略所有的错误，错误通常会在没有安装 UNIX man 手册文档系统的系统中出现。

安装 Info 文件的方式是使用 $(INSTALL_DATA)，将它们复制到“$(infodir)”中(参见为指明命令而提供的变量)，并且如果有程序 install-info 存在，那么就运行它。install-info 是一个脚本，编辑 Info “dir”文件，将给定的 Info 文件添加或者更新目录项的脚本，它将是 Texinfo 包的一个部分。下列是用于安装一个 Info 文件的简单规则：

```
$(infodir)/foo.info: foo.info
# There may be a newer info file in . than in srcdir.
        -if test -f foo.info; then d=.; \
          else d=$(srcdir); fi; \
        $(INSTALL_DATA) $$d/foo.info $@; \
# Run install-info only if it exists.
# Use 'if' instead of just prepending '-' to the
# line so we notice real errors from install-info.
# We use '$(SHELL) -c' because some shells do not
# fail gracefully when there is an unknown command.
        if $(SHELL) -c 'install-info --version' \
             >/dev/null 2>&1; then \
          install-info --infodir=$(infodir) $$d/foo.info; \
        else true; fi
```

9-3：uninstall 目标

删除由 install 目标创建的所有安装文件，但不包括那些由 make all 目标创建的、没有被安装的文件。

9-4：clean 目标

从当前目录中删除所有创建的文件，不删除记录配置情况的文件。有些文件可能是在创建过程中产生的，这些文件也需要保留。

如果“.dvi”文件不是发布版本的一部分，可删除。

9-5：distclean 目标

从当前目录中删除所有在程序的配置和创建过程中产生的文件。如果解包源代码，并且在没有添加任何其他文件的情况下创建程序，make distclean 仅保留出现在发布版本中的文件。

9-6：mostlyclean 目标

类似于 clean，可能不会删除少数通常不希望重新编译的文件，如 GCC 的 mostlyclean 目标不会删除 libgcc.a，这是因为该文件很少需要重新编译，并且重新编译将花费大量的时间。

9-7：realclean 目标

从当前目录中删除所有可由 Makefile 重新创建的文件，通常包括所有由 distclean 删除的文件，以及由 Bison 生成的 C 源文件、标记表(tags tables)、Info 文件等。

但有一个例外，即使 configure 可通过使用 Makefile 中的规则重新创建，make realclean 也不会删除 configure。一般地，make realclean 将不会删除为了运行 configure 而存在的任何文件。

9-8：TAGS 目标

为本程序更新标记表(tags table)。

9-9：info 目标

生成所有需要的 Info 文件，书写该规则的最佳方式是：

```
info: foo.info
foo.info: foo.texi chap1.texi chap2.texi
        $(MAKEINFO) $(srcdir)/foo.texi
```

必须在 Makefile 中定义变量 MAKEINFO，并应运行程序 makeinfo，该程序是 Texinfo 发布版本的一部分。

9-10：dvi 目标

为所有的 TeXinfo 文档创建 dvi 目标，如：

```
dvi: foo.dvi
foo.dvi: foo.texi chap1.texi chap2.texi
        $(TEXI2DVI) $(srcdir)/foo.texi
```

必须在 Makefile 中定义变量 TEXI2DVI，并应运行程序 texi2dvi，该程序也是 Texinfo 发布版本的一部分。作为另一个选择，只写依赖文件并且为 GNU Make 提供该命令。

9-11：dist 目标

为程序创建一个发布版本 tar 文件，设置该 tar 文件的文件名以子目录名开头，该子目录名是用于发布的名字，可以包含版本号，如 GCC 版本 1.40 的发布 tar 文件，将解压 tar 文件到名为“gcc-1.40”的子目录中。

完成该任务的最简单方式是以适当的名称创建一个子目录，使用 ln 或者 cp 将正确的文件安装到该目录中，而后 tar 该子目录。

目标 dist 应该显式地依赖于发布版本中所有的非源文件，以确保它们在发布版本中都不是过时的(参见制作发布包)。

9-12：check 目标

如果存在，执行自检测。用户必须在运行测试之前，但不必在安装程序之前创建程序。应写自检测，以便它们在程序创建之后而未安装之前进行工作。

对于适用于以下目标的程序，建议按照常用的名字提供它们。

9-13：installcheck 目标

如果存在，执行安装监测。用户必须在运行该检测之前创建并安装程序，不应假定“$(bindir)”出现在搜索路径中。

9-14：installdirs 目标

添加一个名为 installdirs 的目标，以便创建安装文件的目录及其父目录。一个名为 mkinstalldirs 的脚本可为此提供便利，在 Texinfo 包中可找到它。可使用下列规则：

```
# Make sure all installation directories (e.g. $(bindir))
# actually exist by making them if necessary.
installdirs: mkinstalldirs
        $(srcdir)/mkinstalldirs $(bindir) $(datadir) \
                                $(libdir) $(infodir) \
                                $(mandir)
```

10. 为指明命令而提供的变量

10-1：Makefile 应提供变量以覆盖某些命令、选项等，特别地，应通过变量运行大部分工具程序。因此，如果使用了 Bison 命令，通过“BISON = bison”定义一个缺省值设定变量 BISON，并且在需要使用 Bison 的所有地方通过 $(BISON)引用它。

在这种方式下，文件管理工具 ln、rm、mv 等并不需要通过变量引用，因为用户通常不需要用其他程序替代它们。

10-2：每个程序名变量都应有一个对应的变量，以便为程序提供选项。将 FLAGS 附加到程序变量名的后面是选项变量名，如 BISONFLAGS，但名字 CFLAGS 是这项规则的一个例外，因为它是标准的而保留。在任何运行预处理器的编译命令中使用 CPPFLAGS，在任何进行链接的编译命令和任何对 ld 的直接使用中采用 LDFLAGS。

如果为了正确地编译某些文件而必须使用 C 编译器的选项，不要将它们包括在 CFLAGS 中，用户希望能够自由地指明 CFLAGS 值。可替代方式是，通过在编译命令行中显式地给出这些必要的选项或者通过定义一条隐含规则，从而以独立于 CFLAGS 的方式将选项传递给 C 编译器，如：

```
CFLAGS = -g
ALL_CFLAGS = -I. $(CFLAGS)
.c.o:
        $(CC) -c $(CPPFLAGS) $(ALL_CFLAGS) $<
```

将选项“-g”包括在 CFLAGS 中，因为对正确的编译来说并不是必要的，可以认为它仅是关于缺省值的一个建议。如果在缺省状态下由 GCC 编译，那么可能还需要将“-O”包括在 CFLAGS 的缺省值中。

将 CFLAGS 放在编译命令行的最后，在包含了其他编译选项的变量之后，以便于用户使用 CFLAGS 覆盖其他的选项。

10-3：每个 Makefile 中都应定义变量 INSTALL，是将一个文件安装到系统中的基本命令。

每个 Makefile 中还应定义变量 INSTALL_PROGRAM 和 INSTALL_DATA，两者的缺省值都是 $(INSTALL)。而后，Makefile 应使用这些变量作为实际安装的命令，分别用于安装可执行文件和不可执行的文件，如可按照下列方式使用这些变量：

```
$(INSTALL_PROGRAM) foo $(bindir)/foo
$(INSTALL_DATA) libfoo.a $(libdir)/libfoo.a
```

总是将文件名，而不是目录名，作为安装命令的第二个参数，为每个需要安装的文件应使用独立的命令。

10-4：为安装目录而提供的变量

安装目录应通过变量命名，以易于将安装包安装在其他非标准的位置。这些变量的标准名是：

```
prefix
```

用于构造下列变量的缺省值前缀，其缺省值是“/usr/local”。

```
exec_prefix
```

用于构造下列某些变量的缺省值前缀，其缺省值是 $(prefix)。

一般来说，$(exec_prefix)指的是用于储存与机器有关文件(如可执行文件和子程序库)的目录，而 $(prefix)则直接用于其他目录。

```
bindir
```

用于储存用户可运行的可执行程序的目录，其缺省值是“/usr/local/bin”，但应写作“$(exec_prefix)/bin”。

```
libdir
```

用于安装由程序运行、而不是由用户运行的可执行文件的目录，Object 文件和 object 代码库也应储存在此目录下。提供该目录的意图是为了储存适用于特殊机器结构，但又不必出现在命令路径中的文件。libdir 的值通常是“/usr/local/lib”，但应写作“$(exec_prefix)/lib”。

```
datadir
```

用于安装程序在运行时需要访问的只读数据文件的目录，该目录用于储存与机器无关的文件，其缺省值是 “/usr/local/lib”，但应写作“$(prefix)/lib”。

```
statedir
```

用于安装程序在运行时需要修改的数据文件的目录。这些文件应与机器无关，并且应在网络安装的情况下在不同的机器之间共享，其缺省值是“/usr/local/lib”，但应写作“$(prefix)/lib”。

```
includedir
```

用于储存用户程序以C预处理指令“#include”引入的头文件目录，其缺省值是“/usr/local/include”，但应写作“$(prefix)/include”。

除了GCC以外，大部分编译器并不在“/usr/local/include”中寻找头文件，因此，以这种方式安装头文件仅适用于GCC。但有些库文件设计成与其他编译器共同工作，应在两个地方安装头文件，一个由includedir变量给出，另一个由oldincludedir变量给出。

```
oldincludedir
```

为除了GCC之外的其他编译器安装头文件的目录，其缺省值是“/usr/include”。

Makefile命令应检测oldincludedir的值是否为空。如果为空，Makefile命令不应试图使用oldincludedir，应放弃对头文件的第二个安装。

除非头文件来自同一个安装包，不应替换已经存在的头文件。因此，如果Foo包中提供了一个头文件“foo.h”，并且如果它没有出现在oldincludedir目录中或者oldincludedir目录中的“foo.h”也是来自Foo包，那么Foo包应将头文件安装到oldincludedir中。

为了判定“foo.h”是否来自于Foo包，可将一个特殊的字符串作为注释的一部分放在文件中，而后用grep搜索这个字符串。

```
mandir
```

安装man手册的目录，应包含对应于正确手册部分的后缀，对于一个工具来说通常是1，其默认值是/usr/local/man/man1，但应写作$(prefix)/man/man1。

```
man1dir
```

安装man手册第一部分的目录。

```
man2dir
```

安装man手册第二部分的目录。

```
manndir
```

如果需要将man手册安装到手册系统的多个部分，用这些名字代替mandir。

不要将man手册作为GNU软件的主要文档，可用Texinfo书写文档代替它。因为Man手册在UNIX上只是一个次要的应用程序，GNU软件才保留的。

```
manext
```

作为需要安装的man手册的文件扩展名，是一个点加上一个适当的数字，通常是“.1”。

```
man1ext
```

将安装到man手册第一部分的文件扩展名。

```
man2ext
```

将安装到 man 手册第二部分的文件扩展名。

```
mannext
```

将 man 手册安装到手册系统的多个部分，用这些名字代替 manext。

```
infodir
```

安装 Info 文件的目录。在缺省状态下，其值是“/usr/local/info”，但应写作“$(prefix)/info”。

```
srcdir
```

用于编译源代码的目录，其值通常是由 configureshell 脚本插入的，如：

```
# Common prefix for installation directories.
# NOTE: This directory must exist when you start the install.
prefix = /usr/local
exec_prefix = $(prefix)
# Where to put the executable for the command 'gcc'.
bindir = $(exec_prefix)/bin
# Where to put the directories used by the compiler.
libdir = $(exec_prefix)/lib
# Where to put the Info files.
infodir = $(prefix)/info
```

如果程序在一个标准的目录中安装了大量的文件，可能为程序特别提供的文件存放到子目录中是有用的。如果这样做，应改写 install 规则以创建这些子目录。

不要指望用户将子目录名包含在上面列出的变量值中，为安装目录提供统一的变量名集合的意图是使得用户可以为一些不同的 GNU 安装包指明完全相同的值。为了使这些规定变得有用，所有的包都必须这样设计，以便在用户需要时，它们能够有效地工作。

11. 配置是如何进行的

每个 GNU 发布版本都包含一个名为 configure 的 shell 脚本，需要将机器类型和系统编译程序作为参数告诉此脚本。configure 脚本记录配置信息，以便它们可以影响编译工作。

一种方式是将一个诸如“config.h”的标准名字与为选定的系统匹配的正确配置文件链接起来。如果使用了该技术，发布版本中不应包含名为“config.h”的文件，这样做是为了保证用户在配置程序之前不能创建它。

configure 做的另一项工作是编辑 Makefile。如果进行了编辑，发布版本中不能包含名为 Makefile 的文件，用“Makefile.in”代替它，并且“Makefile.in”为 configure 的编辑提供了输入。同样，这样做是为了保证用户在配置程序之前不能创建它。

如果 configure 生成了 Makefile，那么 Makefile 应包含一个名为 Makefile 的目标，这个目标将重新运行 configure 以获取与上一次配置相同的配置信息。由 configure 读取的文件，应作为依赖性文件而在 Makefile 中列出。

所有由 configure 脚本生成的文件在第一行都应包含一条注释，以说明是由 configure 自动生成的，这样做是为了确保用户不会试图手工修改它们。

脚本 configure 应写入一个名为 config.status 的文件，该文件说明在程序的最后一次配置中给出了哪些配置选项。该文件应是一个 shell 脚本，如果运行它，将重新生成相同的配置。

脚本 configure 可接受形式为“--srcdir=dirname”的选项，如果源代码不在当前目录中，以指明搜寻源代码的目录。这使得在实际代码目录没有被修改的情况下，独立创建程序成为可能。

如果用户没有给出“--srcdir”选项，那么 configure 将在 . 和 .. 中寻找源文件。如果在上述地方没有发现源文件，应报告没有找到源文件，并且以非零状态退出。

通常，支持“--srcdir”的简单方式是通过编辑 Makefile 中一个 VPATH 的定义。可能有一些规则需要显式地引用，以指明源代码目录。为达到此目的，configure 可将一个名为 srcdir 的变量添加到 Makefile 中，该变量的值是给定的目录。

脚本 configure 还提供一个可指明程序是为哪种系统创建的选项，即：

```
cpu-company-system
```

如一个 Sun 3 系统可能是“m68k-sun-sunos4.1”。

脚本 configure 需要解释对所有机器的似是而非的描述方式，因此，“sun3-sunos4.1”应该是有效的别名。“sun3-bsd4.2”也是如此，因为 SunOS 是基于 BSD 的并且没有其他 BSD 系统用于 Sun。对于许多程序来说，由于 Ultrix 和 BSD 之间的区别很少，所以“vax-dec-ultrix”将是“vax-dec-bsd”的一个别名，但少数程序可能需要区分它们。

有一个称为“config.sub”的 shell 脚本，可将它作为一个子程序使用，以检查系统类型并且对别名进行规范化。

同时，允许出现其他选项以指明机器的软件或者硬件的更多细节，即：

```
--with-package
```

包 package 将被安装，所以将本包配置成与 package 一同工作。package 可能的取值包括“x”、“gnu-as”(或者 gas)、“gnu-ld”、“gnu-libc”和“gdb”。

```
--nfp
```

目标机器没有浮点数处理器。

```
--gas
```

目标机器的汇编器是 GNU 的汇编器 GAS，但该选项已经过时，可用“--with-gnu-as”代替。

```
--x
```

目标机器已安装了 X Window 系统，但该选项已经过时，用“--with-x”代替。

所有的 configure 脚本都应接受这些“细节”选项，而不论它们是否会对特定安装包产生影响。特别地，应接受任何以“--with-”开头的选项，这样做是因为用户可用同一组选项配置整个 GNU 源代码树。

作为编译的一部分，安装包可能支持交叉编译(cross-compliation)，在这种情况下，程序的主机和目标机器可能是不同的。configure 通常将指明的系统类型当作主机和目标机器，因此，将创建与运行机器类型相同的程序。

创建交叉编译器(cross-compiler),交叉汇编器(cross-assembler)或者你自己的程序,通过在运行 configure 时给出选项"--host=hosttype"完成。它在不影响目标机器的情况下,指明了主机名,hosttype 的语法与前面所说的相同。

由于为了互操作(cross-operation)配置整个操作系统是一件没有意义的事,因此,相应的程序不必接受"--host"选项。

有些程序可自动地配置自己,如果程序设置成此种情况,configure 脚本可简单地忽略大部分参数。

12. 使用 C 以外的语言

12-1:在 GNU 项目中,使用 C 以外的语言好像使用非标准特征一样,可能为用户带来麻烦。即使 GCC 能够支持其他语言,用户也可能因为不得不安装其他语言的编译器创建程序而感到不便,因此,请尽量使用 C 语言。

12-2:这条规则有三个例外:

如果有些程序包括了特殊语言的解释器,那么可使用该语言。因此,GNU Emacs 包含 Emacs Lisp 写的代码就没有问题,因为 GNU Emacs 包含了 Lisp 解释器。

如果一个工具是为了某种语言而编写的,那么可使用该种语言,因为需要创建该工具的人必然已经安装了所需语言。

如果一个应用程序没有被广泛地关注,那么该程序的安装不便之处就不是特别重要。

13. 格式化你的源代码

13-1:将 C 函数开头的左花括号放到第零列是十分重要的,并且要避免将其他左花括号、左括号或者左方括号放到第零列。有些工具通过寻找在第零列的左花括号寻找 C 函数的起点,这些工具将不能处理那些不按照这种方式排版的代码。

对于函数定义来说,将函数名的起始字符放到第零列也同样重要,这有助于寻找函数定义,并且可能有助于帮助某些工具识别它们。因此,正确的格式应该是:

```
static char *
concat (s1, s2)                  /* Name starts in column zero here */
        char *s1, *s2;
{                                /* Open brace in column zero here */
         ⋮
}
```

或者,如果你希望使用标准 C,定义的格式是:

```
static char *
concat (char *s1, char *s2)
{
         ⋮
}
```

13-2:在标准 C 中,如果参数不能够美观地放在一行中,按照下列方式将它们分开:

```
int
lots_of_args (int an_integer, long a_long, short a_short,
              double a_double, float a_float)
         ⋮
```

对于函数体，希望按照下列方式排版：

```
if (x < foo (y, z))
    haha = bar[4] + 5;
else
    {
        while (z)
            {
              haha += foo (z, z);
              z--;
            }
        return ++x + bar ();
    }
```

通常，如果在左括号之前以及逗号之后添加空格，将使程序更加容易阅读，尤其是在逗号之后添加空格。

13-3：当将一个表达式分成多行时，在操作符之前而不是之后分割，下列是正确的方式：

```
if (foo_this_is_long && bar > win (x, y, z)
     && remaining_condition)
```

尽力避免让两个不同优先级的操作符出现在相同的对齐方式中，如不要采用下列方式：

```
mode = (inmode[j] == VOIDmode
        || GET_MODE_SIZE (outmode[j]) > GET_MODE_SIZE (inmode[j])
        ? outmode[j] : inmode[j]);
```

13-4：应附加额外的括号，以使得文本缩进可以表示这种嵌套：

```
mode = ((inmode[j] == VOIDmode
          || (GET_MODE_SIZE (outmode[j]) > GET_MODE_SIZE (inmode[j])))
         ? outmode[j] : inmode[j]);
```

插入额外的括号，以使 Emacs 可正确地对齐它们，假如手工完成缩进工作，那么它们看起来不错，但 Emacs 可能将它们混在一起：

```
v = rup->ru_utime.tv_sec*1000 + rup->ru_utime.tv_usec/1000
 + rup->ru_stime.tv_sec*1000 + rup->ru_stime.tv_usec/1000;
```

但添加一组括号可解决此问题：

```
v = (rup->ru_utime.tv_sec*1000 + rup->ru_utime.tv_usec/1000
 + rup->ru_stime.tv_sec*1000 + rup->ru_stime.tv_usec/1000);
```

13-5：按照下列方式排版 do-while 语句：

```
do
  {
    a = foo (a);
  }
while (a > 0);
```

请按照逻辑关系（而不是在函数中）使用走纸字符（control-L），将程序划分成页。页有多长并不重要，因为它们不必放在一个打印页中，走纸字符应单独地出现在一行中。

14. 为你的工作写注释

14-1：每个程序都应以一段简短地、说明其功能的注释开头，如“fmt - filter for simple filling of text”。

请为每个函数书写注释以说明函数做什么，需要哪些种类的参数、参数可能值的含义以及用途。如果按照常见的方式使用C语言类型，没有必要逐字重写C参数声明的含义。如果使用了任何非标准的东西(如一个类型为char *的参数实际上给出了一个字符串的第二个字符，而不是第一个字符的地址)，或者可能导致函数不能正常工作的任何可能值(如不能保证正确处理一个包含了新行的字符串)，请确认对它们进行了注释说明。

14-2：如果存在重要的返回值，也需要对其进行解释。

14-3：请在注释之后添加两个空格，以便Emacs句子命名进行处理。此外，请书写完整的句子并且使头一个单词以大写字母开头。如果小写字母组成的标识符出现在句子的开头，不要将它变成大写的，否则修改拼写构成了不同的标识符。如果不希望句子以小写字母开头，可以采用不同的句子，如“The identifier lower-case is ...”。

14-4：如果使用参数名说明参数值，关于函数的注释会更清晰。变量名本身应该是小写的，但在描述其值而不是变量本身时，可使用大写字母，如“the inode number node_num”比“an inode”要好。

通常在函数之前的注释中没有必要重新提到函数名字，因为读者可以自己看到它。一种可能的例外是，注释太长了，以至于函数本身被挤出了屏幕底端之外。

14-5：对于每个静态变量，可采用下列方式进行注释：

```
/* Nonzero means truncate lines in the display;
   zero means continue them. */

int truncate_lines;
```

除非“#endif”是一个没有嵌套而且很短(只有几行)的条件，每个“#endif”都应包含一个注释。注释应说明结束的条件，包括它的含义。“#else”应包含一个说明条件与随后代码的含义注释，如：

```
#ifdef foo
    ⋮
#else /* not foo */
    ⋮
#endif /* not foo */
```

但相反，按照下列方式为“#ifndef”写注释：

```
#ifndef foo
    ⋮
#else /* foo */
    ⋮
#endif /* foo */
```

15. 清晰地使用C语言成分

15-1：请显式地声明函数的所有参数，不要因为它们是整数就忽略它们。

15-2：外部函数，应该出现在靠近文件开头，第一个函数定义之前的某个地方，不要在函数中放置外部声明。

15-3：过去常见的做法是在同一个函数中将一个局部变量(如名为 tem 的变量)，反复地用于不同的值。但现在，更好的方式是为不同目的，分别定义局部变量，并且给它们以更有意义的名字。这不仅使程序更容易理解，而且会被编译器所优化，还可将局部变量的声明放到包含对它的使用的最小范围内，这可使程序结构变得更清晰。

15-4：不要使用可以遮蔽全局标识符的局部变量和参数。

15-5：不要在跨越行的声明中声明多个变量，在每一行中都以一个新的声明开头，如不应该用下列方式：

```
int       foo,
          bar;
```

而采用这种格式：

```
int foo, bar;
```

或者：

```
int foo;
int bar;
```

如果它们是全局变量，在它们之中的每一个之前都应添加一条注释。

15-6：当在一个 if 语句中嵌套了另一个 if-else 语句，总是用花括号将 if-else 括起来，因此，不要采用下列格式：

```
if (foo)
   if (bar)
      win ();
   else
      lose ();
```

而采用这种格式：

```
if (foo)
   {
      if (bar)
        win ();
      else
        lose ();
   }
```

如果在 else 语句中嵌套了一个 if 语句，即采用下列方式书写 else if：

```
if (foo)
     ⋮
else if (bar)
     ⋮
```

按照与 then 部分代码相同的缩进方式缩进 else if 的 then 部分代码，也可以在花括号中采用下列方式将 if 嵌套起来：

```
if (foo)
    ⋮
else
    {
      if (bar)
          ⋮
    }
```

不要在同一个声明中同时说明结构标识和变量或者结构标识和类型定义(typedef),单独地说明结构标识,而后使用它定义变量或者定义类型。

尽力避免在if的条件中进行赋值,如不要采用下列格式:

```
if ((foo = (char * ) malloc (sizeof * foo)) == 0)
   fatal ("virtual memory exhausted");
```

而采用这种格式:

```
foo = (char * ) malloc (sizeof * foo);
if (foo == 0)
   fatal ("virtual memory exhausted");
```

不要为了通过lint的检查而将程序修改得难看,请不要加入任何关于void的强制类型转换,没有进行类型转换的零作为空指针常量是一种不错的方式。

16. 命名变量和函数

请在名字中使用下划线以分隔单词,以便Emacs单词命令对它们有用。坚持使用小写,将大写字母留给宏和枚举常量,以及根据统一的惯例使用前缀,如应使用类似ignore_space_change_flag的名字,不要使用类似iCantReadThis的名字。

一条注释应说明选项的精确含义,还应说明选项的字母,如:

```
/* Ignore changes in horizontal whitespace (-b). */
int ignore_space_change_flag;
```

当需要为常量整数值定义名字时,使用enum而不是"#define",GDB知道枚举常量。

使用14个字符或者少于14个字符的文件名,以避免可能在System V上产生问题。

17. 使用非标准的特征

许多现有的GNU工具在兼容UNIX工具的基础上,提供了许多方便的扩展,在实现程序时是否使用这些扩展是一个难以回答的问题。

一方面,使用扩展可以使程序变得清晰。但另一方面,除非可以得到其他需要的GNU工具,否则不能创建程序,这可能使得程序只能在较少类型的机器上工作。

对于某些扩展,可能很容易地应付上述两种选择,如可用"关键字"inline定义函数,并且将inline定义成一个宏,可由编译器确定它是否扩展成inline或者扩展成宏。

一般地,如果能够在没有它们的情况下直截了当地完成任务,可能最好的办法是不使用GNU扩展,但如果扩展可大大地改进你的工作,就值得使用扩展。

该规则的一个例外是运行在大量不同系统上的程序,如Emacs,使用GNU扩展将破坏这些程序。

另一个例外是作为编译本身的一部分程序,包括必须用其他编译器进行编译以构造

GNU 编译工具的任何程序。如果这些程序需要 GNU 编译器，那么在没有安装 GNU 编译器的情况下将无法编译这些程序。

由于大部分计算机系统还没有实现标准 C 和使用标准 C 的特征，使用标准 C 就相当于使用 GNU 扩展，所以前面的考虑也适用于这种情况。除了那些令我们失望的标准特征外，如三元组序列(trigraphs)，请不要使用它们。

三元组序列是标准 C 中为了弥补某些终端上可用字符的不足而提供的，用三个字符组合代替一个特殊字符的方法。所有可用的三元组为：“?? ＝”转换成“♯”，“?? /”转换成“\”，“??'”转换成“^”，“?? (”转换成“[”，“??)”转换成“]”，“??!”转换成“|”，“?? ＜”转换成“{”，“?? ＞”转换成“}”、“?? -”转换成“～”。

18. 适用于所有程序的行为

通过动态地分配所有的数据结构，避免对任何数据结构，包括变量名、行、文件和符号的长度和数量施加任何限制。在大多数 UNIX 工具中，长行没有提示地被截断，对于 GNU 工具来说，这是不可接受的。

读入文件的工具不应放弃 NULL 字符，或者任何不可打印的字符，包括那些大于 0177 的字符，唯一的例外是访问不能处理这些字符的特定类型打印机的界面而设计的工具。

为每个系统调用的返回值进行错误检查，除非你希望忽略这些错误。将系统错误文字(来自于 perror 或者它类似程序)包括在每个失败的系统调用导致的错误消息中，如果存在，还要包括文件名和工具名，仅给出 cannot open foo. c 或者 stat failed 是不够的。

检查每个对 malloc 或者 realloc 函数的调用，以察看它是否返回 0，即使在 realloc 使块变小时，也要检查它的返回值。在有些系统中总是将块的大小扩大到 2 的幂次，如果申请一个更少的空间，realloc 可能得到一个不同的块。

在 UNIX 中，如果 realloc 返回 0，那么它可能破坏存储块。GNU realloc 没有这个错误，如果它失败了，原来的块不会被改变。如果希望在 UNIX 上运行你的程序，并且在这种情况下不希望失去内存块，可使用 GNU malloc。

必须假定 free 将改变被释放块的内容，任何希望从块中获得的内容，必须在调用 free 之前获得它。

使用 getopt_long 对参数进行解码，除非参数的语法发生错误。

当静态内存在程序执行时写入的情况下，显式地使用 C 代码初始化它，保留变量值不变的 C 初始化声明。

尽力避免访问晦涩的 UNIX 数据结构的低级界面，如文件目录、utmp 或者内核内存的分布，因为它们通常会降低兼容性。如果希望找到目录中的所有文件，使用 readdir 或者其他高级的界面，GNU 兼容地支持它们。

在缺省状态下，GNU 系统将提供 BSD 的信号处理函数和 POSIX 的信号处理函数，因此，GNU 软件应使用它们。

在错误中检测到“不可能”的条件是，只要退出即可，没有理由打印任何消息。这些检查表明有 bug 存在，任何希望修正错误的人都必须阅读源代码并且运行调试器，因此，在源代码中需要给出问题的解释。相关的数据将储存在变量中，这些变量很容易被调试器检测到，所以不应将它们转移到其他任何地方。

19. 格式化错误信息

来自于编译器的错误信息应使用格式：

```
source-file-name:lineno: message
```

如果有合适的源文件存在，则来自于非交互式程序的错误信息应使用格式：

```
program:source-file-name:lineno: message
```

或者，如果没有相关的源文件，则应使用格式：

```
program: message
```

在一个交互式程序(从终端读入命令的程序)中，不应将程序名包含在错误信息中，指明程序正在运行的地方应是提示符或者屏幕的布局。当相同的程序在运行时，从源文件中，而不是从终端中读取输入，不属于交互式的，并且最好按照非交互方式风格打印错误信息。

在字符串 message 放置在程序名或文件名之后时，不应以大写字母开头，也不应该以句点结尾。

来自于交互式程序的错误信息，以及其他类似信息，应以大写字母开头，但它们不应以句点结尾。

20. 库的行为

应使库函数成为可再入的。如果它们需要进行动态内存分配，至少要试图避免任何来自 malloc 本身的不可再入问题。

这里给出了库的一些命名惯例，以避免名字的冲突。

为库选择一个多于两个字符的命名前缀，所有的外部函数和变量名都应以这个前缀开头。另外，在任何给定的库成员中，仅应含有一个函数或者变量，这通常意味着要将每个函数和变量都放在单独的源文件中。

一个例外是如果两个符号总是在一起使用，而使得没有任何一个程序只需要使用其中的一个符号，那么它们可以放在同一个文件中。

标示没有在文档中给予说明的调用点外部符号名字应该以“_”开头，还应包括为库选择的名字前缀，以防止与其他库可能产生冲突。如果你愿意，它们可以和用户调用点放在同一个文件中。

可按照你的意愿使用静态函数和静态变量，并且它们不需要服从任何命名惯例。

21. 适用于 GNU 的移植性

在 UNIX 世界中，“移植性”往往指的是移植到不同的 UNIX 版本中。对于 GNU 软件来说是次要的，因为它们的主要目的是运行在 GNU 内核上而且仅运行于其上，使用 GNU C 编译器编译并且仅由它进行编译。不同 CPU 上的各种 GNU 系统变种数量，可能与不同 CPU 上的 Berkeley 4.3 系统变种一样多。

目前所有的用户都在非 GNU 系统上运行 GNU 软件，因此，有必要支持各种非 GNU 系统，但这不是特别重要。在合理范围的系统上获得可移植性的最简单方式是使用 Autoconf，由于大部分程序需要知道关于主机的类型已经由 Autoconf 记录下来，因此，程序不太可能需要知道比 Autoconf 所能够提供的更多情况。

因为目前GNU内核还没有完全完成，因此，难以确定GNU内核将提供哪些工具。同时，只要避免使用更高级的替代结构(readdir)存在的半内部数据结构(如directories)即可。

可自由地假设任何合理C语言标准工具、库或者内核，因为在完整的GNU系统中已支持它们，一些现有的内核或者C编译器所缺少的功能与GNU内核和C编译器对它们的支持没有关系。

另外一个需要担心的是cpy类型之间的不同，如字节顺序(byte order)的不同和对齐限制的不同。16位的机器恐怕不会被GNU所支持，因此，没有必要花费任何时间考虑整数少于32位的可能性。

可假定所有的指针都具有相同的格式，而不论它们指向什么，并且它们实际上都是一个整数。在一些怪异的机器上不是这样，但它们并不重要，不要为迎合它们而浪费时间。此外，最终将函数原型放到所有的GNU程序中，而可能使你的程序即使在怪异的机器上也能够工作。

因为一些重要的机器(包括Motorola 68000 CPU)是高位开头(big-endian)，不能假定整数对象的地址是最低位字节(least-significant)的地址是十分重要的。因此，不要犯下列的错误：

```
int c;
⋮
while ((c = getchar()) != EOF)
      write(file_descriptor, &c, 1);
```

可假定使用1MB内存是合理的，不要为减少内存的使用而费力。如果程序创建了复杂的数据结构，可将它们存放在内核中，并且在malloc返回0时给出一个致命错误即可。

如果一个程序按照行工作并且可用于任何用户提供的输入文件，它应在内存仅保存一行，因为这并不十分困难，并且用户将需要操作比内核能够处理的文件更大的输入文件。

22. 命令行界面标准

请不要让工具的行为依赖于调用它的名字，有时需要将一个工具链接到不同的名字，并且这将不会改变它的功能。

作为替代，可在运行时使用选项或者编译器选项，或者同时使用两者选择不同的程序行为。

遵循POSIX关于程序命令行选项的指导是一个好主意，这样做的最简单方式是使用getopt分析选项。需要指出的是，除非使用了特殊参数“--”，GNU版本的getopt通常允许选项出现在参数中的任何位置，这不是POSIX的规定，而是GNU的扩展。

请为UNIX风格的单字符选项定义等价的长名字选项，希望此方式使GNU对用户更加友好，通过使用GNU函数getopt_long很容易做到这一点。

通常仅将普通参数给出的文件名当作输入文件，所有输出文件都应通过“-o”选项给出。即使为了保持兼容性而允许将普通参数当作输出文件名，仍可为输出文件名提供一个合适的选项，这将为GNU工具带来更多的一致性，以减少用户需要记忆的特征。

程序还应支持一个用于输出程序的版本号选项“--version”，以及支持一个用于输出选项用法帮助信息的选项“--help”。

23. 为程序制作文档

为GNU程序制作文档,请使用Texinfo(参见Texinfo手册,硬拷贝或者GNU Emacs Info子系统中的版本都行)。作为例子,可以浏览现有的GNU Texinfo文件,如在GNU Emacs发布版本中"man/"目录下的Texinfo文件。

手册的标题页应该说明本手册适用于程序的版本,手册的顶节点也应包含这个信息。如果手册比程序改变得还要快,后者与程序是无关的,请在上述两个地方说明手册的版本号。

手册应说明所有的命令行参数和所有的命令,应给出使用它们的例子。但不要将手册组织成一个特征的列表,相反,在手册中按照将用户需要理解的概念放在特征之前的方式组织文档,说明用户可能需要达到的目的,并且解释如何完成它们。不要将UNIX man手册作为书写GNU文档的模式,它们不是值得模仿的好例子。

手册中应有一个名为"program Invocation","program Invoke"或者"Invoking program"的节点,其中program是该程序的程序名,也就是在shell中输入程序的名字。该节点(如果它有子节点,也包括子节点)应说明程序的命令行参数,以及如何运行它(类似于在man手册中看到的信息),以"@example"开头包含一个程序可使用的所有选项和参数的模板。

另一种方式是,在某些菜单中添加一个符合上述模式的菜单项,表明由菜单项指出的节点是为此而创建的,而不管这个节点的实际名字是什么。

将会有一个自动的功能使得用户可以给出程序名,并且只需要快速地阅读手册的相关部分。

如果一个手册说明了多个程序,那么手册应为每个所说明的程序定义一个节点。

除了程序包的手册之外,还应包含一个名为NEWS的文件,是一个对用户来说是可见的、并且值得一提的修改。在每个新的发行版本中,在文件的前面添加新的条目并且指出适用于它们的版本。不要删除原来的条目,将它们保留在新条目的后面。按照此方式,从以前的版本升级中用户可看出有哪些新的功能。

如果NEWS文件变得太长了,可将一些陈旧的条目放到一个名为ONEWS的文件中,并且在NEWS文件的结尾加一个说明以告知用户参考ONEWS。

如果你愿意,可在提供Texinfo手册的同时,提供man手册。但请记住,维护man手册需要在每次程序改变时都付出努力,花费在man手册上的任何时间都消耗了本来能够用在贡献更有价值的工作上的时间。

因此,即使用户自愿提供man手册,可能会发现此手册太麻烦而不值得接受。除非手头有时间,并且除非有志愿者愿意承担维护它的全部责任,以至于你可以将维护工作完整地交给他,拒绝提供man手册可能会更好一些。如果志愿者停止维护man手册,那么也不必感到有责任让自己承担,在其他志愿者维护它之前撤销man手册也许更好一些。

另一种方式是,如果希望man手册的内容与实际情况区别很小而使得man手册仍然有用,可以在man手册的开头给出显著的声明以说明你没有维护它,并且Texinfo手册是更加权威的,同时指出如何访问Texinfo文档。

24. 制作发行包

发行Foo的版本69.96的tar文件包名字是"foo-69.96.tar"。它应解包到名为"foo-69.96"

的子目录中。

对程序的创建和安装不应该修改发布版本中的任何文件，这意味着作为程序正式部分的所有文件都必须分成源文件和非源文件两类。源文件由人手工编写，并且不会被自动改变；非源文件则在 Makefile 的控制下由程序从源文件中自动生成。

自然地，所有源文件必须出现在发布版本中。只有在非源文件不是过时的、并且与机器是无关的情况下，从而在创建发布版本时将不会需要修改它们，才将非源文件包含在发布版本中。我们一般将 Bison、Lex、TeX 和 Makeinfo 生成的非源文件包括进去，这有助于避免在发布版本中引入不必要的依赖性，以使用户可以安装他们需要的安装包。

不要将实际上可能在程序的创建和安装中被修改的非源文件包含在发布版本中，因此，如果发布非源文件，在制作新的发布时，总要确认它们没有过时。

确保从发布包中解开的目录（以及所有的子目录）对于所有人来说都是可写的（八进制权限模式 777），这样做是为了保留从 tar 包中取出的文件所有权（ownership）和许可权（permissions），即使在用户没有授权的情况下也能够提正常使用。

确保在发布版本中没有多于 14 个字符的文件名，同样地，由程序创建的文件都不含有长于 14 个字符的文件名，这样做的原因是有些系统坚持 POSIX 标准的“愚蠢”解释，并且拒绝打开长文件名，而不是像过去那样将文件名截短。

不要在发布版本本身包含任何符号链接。如果 tar 文件包括符号链接，那么不能在不支持符号链接的系统上打开包。此外，不要在不同的目录中为一个文件使用多个名字，因为某些文件系统不能处理它，并且这使得安装包不能在这类文件系统上被打开。

试着确保所有的文件名在 MS-DOS 下都是唯一的。在 MS-DOS 下文件名由 8 个字符组成，后面还可以附加一个点和至多三个字符，MS-DOS 将截断点之前和之后的多余字符。因此，“foobarhacker. c”和“foobarhacker. o”不会被混淆，被截断成“foobarha. c”和“foobarha. o”是相同的，虽然它们是截然不同的。

在发布版本中包含一个用来测试打印所有“ *. texinfo”文件的“texinfo. tex”副本。同样地，如果程序使用了诸如 regex、getopt、obstack 或者 termcap 之类的小 GNU 软件包，将它们包含在发布文件中。如果将它们排除在外，会使发布文件小一些，但代价是给需要额外文件的用户带来不便。

读者意见反馈

亲爱的读者：

感谢您一直以来对清华版计算机教材的支持和爱护。为了今后为您提供更优秀的教材，请您抽出宝贵的时间来填写下面的意见反馈表，以便我们更好地对本教材做进一步改进。同时如果您在使用本教材的过程中遇到了什么问题，或者有什么好的建议，也请您来信告诉我们。

地址：北京市海淀区双清路学研大厦A座602室　计算机与信息分社营销室　收
邮编：100084　电子邮件：jsjjc@tup.tsinghua.edu.cn
电话：010-62770175-4608/4409　邮购电话：010-62786544

教材名称：软件开发实践

ISBN：978-7-302-21068-9

个人资料

姓名：__________　年龄：________所在院校/专业：________________

文化程度：________　通信地址：________________________

联系电话：________　电子信箱：________________________

您使用本书是作为： □指定教材 □选用教材 □辅导教材 □自学教材

您对本书封面设计的满意度：

□很满意 □满意 □一般 □不满意　改进建议____________________

您对本书印刷质量的满意度：

□很满意 □满意 □一般 □不满意　改进建议____________________

您对本书的总体满意度：

从语言质量角度看　□很满意 □满意 □一般 □不满意

从科技含量角度看　□很满意 □满意 □一般 □不满意

本书最令您满意的是：

□指导明确 □内容充实 □讲解详尽 □实例丰富

您认为本书在哪些地方应进行修改？（可附页）

____

____

您希望本书在哪些方面进行改进？（可附页）

____

____

电子教案支持

敬爱的教师：

为了配合本课程的教学需要，本教材配有配套的电子教案（素材），有需求的教师可以与我们联系，我们将向使用本教材进行教学的教师免费赠送电子教案（素材），希望有助于教学活动的开展。相关信息请拨打电话010-62776969或发送电子邮件至jsjjc@tup.tsinghua.edu.cn咨询，也可以到清华大学出版社主页（http://www.tup.com.cn或http://www.tup.tsinghua.edu.cn）上查询。